高职高专工业机器人专业系列教材

工业机器人离线编程技术

主　编　聂振华　李　俊
副主编　杨仁强　赖武军

西安电子科技大学出版社

内 容 简 介

本书共 10 章，分为两个部分。第一部分介绍三菱工业机器人离线编程仿真；第二部分介绍 ABB 工业机器人离线编程仿真。第一部分主要内容包括工业机器人离线编程技术概述、三菱离线编程仿真软件安装、RT ToolBox2 的使用、三菱机器人常用控制指令、SolidWorks 下仿真环境的搭建及仿真；第二部分主要内容包括 RobotStudio 软件概述、RobotStudio 中工作站的创建、RobotStudio 环境下建模、RobotStudio 仿真以及 RobotStudio 仿真环境编程语言介绍。

本书适合作为普通本科及高职高专院校工业机器人、电气自动化、机电一体化等专业的教学用书，也可作为工程人员的培训教材。

图书在版编目(CIP)数据

工业机器人离线编程技术 / 聂振华，李俊主编. —西安：西安电子科技大学出版社，2020.9
(2023.1 重印)
ISBN 978-7-5606-5873-5

Ⅰ. ① 工…　Ⅱ. ① 聂…　② 李…　Ⅲ. ① 工业机器人—程序设计—高等学校—教材
Ⅳ. ① TP242.2

中国版本图书馆 CIP 数据核字(2020)第 166168 号

责任编辑　万晶晶　李鹏飞
出版发行　西安电子科技大学出版社(西安市太白南路 2 号)
电　　话　(029)88202421　88201467　　邮　　编　710071
网　　址　www.xduph.com　　电子邮箱　xdupfxb001@163.com
经　　销　新华书店
印刷单位　西安日报社印务中心
版　　次　2020 年 9 月第 1 版　2023 年 1 月第 2 次印刷
开　　本　787 毫米×1092 毫米　1/16　印　张　12
字　　数　281 千字
定　　价　30.00 元
ISBN 978－7－5606－5873－5/TP
XDUP 6175001－2
如有印装问题可调换

前 言

目前，在智能制造的大背景下，工业机器人在各行各业的应用越来越广泛，各企业对工业机器人技术人才的需求量不断增加。特别是近些年，我国机器人行业在国家政策的支持下发展迅速，远超德国、韩国和日本等国家，已经成为世界第一大工业机器人市场。我国工业机器人市场之所以能有如此迅速的增长，主要源于以下三个方面：

(1) 国家战略需求。工业机器人作为高端制造装备的重要组成部分，技术附加值高，应用范围广，是我国先进制造业的重要支撑技术和信息化社会的重要生产装备，对工业生产、社会发展以及增强军事国防实力等都具有十分重要的意义。

(2) 企业转型升级的迫切需求。随着全球制造业转移的持续深入，先进制造业回流，我国的低端制造业面临产业转移的风险，迫切需要转变传统的制造模式，降低企业运行成本，提高企业发展效率，提升工厂的自动化、智能化程度。而工业机器人的大量应用，是提升企业产能和产品质量的重要手段。

(3) 劳动力的供需矛盾。这主要体现为劳动力成本的上升和劳动力供给的下降。在很多产业，尤其在中低端工业产业，劳动力的供需矛盾非常突出，这对实施“机器换人”计划提出了迫切需求。

随着机器人技术及智能化水平的提高，工业机器人已在众多领域得到了广泛的应用。其中，汽车、电子产品、冶金、化工、塑料、橡胶是我国使用机器人最多的几个行业。未来十年，工业机器人是看不到“天花板”的行业。虽然多种因素推动着我国工业机器人行业的不断发展，但应用人才严重缺失的问题清晰地摆在我们面前，这是我国推行工业机器人技术的最大瓶颈。中国机械工业联合会的统计数据表明，我国当前机器人应用人才缺口为 20 万人，并且以每年 20%～30%的速度持续递增。工业机器人作为一种高科技集成装备，对专业人才有着多层次的需求，主要分为研发工程师、系统设计与应用工程师、调试工程师和操作及维护人员四个层次。其中，需求量最大的是基础的操作及维护人员以及掌握基本工业机器人应用技术的调试工程师和更高层次的应用工程师，工业机器人专业人才的培养，要更加着力于应用型人才的培养。

针对目前的需求，作者编写了这本书。机器人编程主要涉及离线编程和在线编程，在线编程需要满足工业机器人设备的要求或者需要搭建一些具体的工作环境，在目前不能满足设备要求的条件下，离线编程的优势便显现出来。

本书以三菱和 ABB 工业机器人为对象，主要从仿真软件的安装、仿真软件的使用、编程指令的介绍、仿真环境的搭建以及模拟仿真实例几个方面分别介绍了三菱和 ABB 工业机器人仿真。目前市面上的离线仿真编程教材主要是讲解和 Robotstudio 相关的离线仿真，涉及三菱工业机器人离线编程的教材较少。针对这样的情况，本书前半部分较详细地介绍了三菱工业机器人离线编程仿真，这是本书的一个特色。另外，针对目前使用比较多的 ABB 工业机器人仿真，本书后半部分重点介绍了 Robotstudio 离线编程仿真。

本书共分为 10 章，聂振华、杨仁强主要负责第一章至第五章的编写工作；李俊、赖武军主要负责第六章至第十章的编写工作。

由于编者水平有限，书中难免有不妥之处，欢迎广大读者批评指正。

编　者

2020 年 4 月

目　　录

第一章 工业机器人离线编程技术概述

机器人编程可分为在线示教编程和离线编程。本书重点介绍了两种机器人的离线编程：一种是三菱工业机器人离线编程；另一种是 ABB 工业机器人离线编程。对于三菱工业机器人离线编程，主要包含离线编程技术概述，离线编程软件 SolidWorks、RT Toolbox2、MELFA-Works 的介绍及安装，RT Toolbox 离线编程软件的使用，三菱离线编程软件的控制指令，MELFA-Works 中结合 SolidWorks 搭建仿真工作环境及仿真这五个模块；对于 ABB 工业机器人离线编程，主要包含离线编程软件概述、离线编程软件中工作站的创建、离线编程软件环境下的建模、离线编程软件的仿真、离线编程仿真软件编程语言五个模块。

1.1 机器人示教编程方式

1. 机器人在线示教编程

所谓在线示教编程，即操作人员通过示教器，手动控制机器人的关节运动，以使机器人运动到预定的位置，同时将该位置进行记录，并传递到机器人控制器中，之后机器人可根据指令自动重复该任务，操作人员也可以选择不同的坐标系对机器人进行示教。

在线示教编程在实际应用中主要存在以下问题：

(1) 编程过程繁琐、效率低。

(2) 精度完全靠示教者目测决定，而且对于复杂的路径，示教在线编程难以取得令人满意的效果。

2. 机器人离线编程

所谓离线编程，是通过软件，在计算机中重建整个工作场景的三维虚拟环境，然后软件可以根据要加工零件的大小、形状、材料，同时配合软件操作者的一些操作，自动生成机器人的运动轨迹，即控制指令，然后在软件中仿真与调整轨迹，最后生成机器人程序传输给机器人。

离线编程克服了在线示教编程的很多缺点，充分利用了计算机的功能，减少了编写机器人程序所需要的时间成本，同时也降低了在线示教编程的不便。其具体优点如下：

(1) 减少机器人的停机时间，当对下一个任务进行编程时，机器人仍可在生产线上进行工作。

(2) 使编程者远离危险的工作环境，改善了编程环境。

(3) 离线编程系统使用范围广，可以对各种机器人编程，并能方便地实现优化编程。

(4) 可对复杂任务进行编程。

(5) 便于修改机器人程序。

目前，机器人离线编程广泛应用于打磨、去毛刺、焊接、激光切割、数控加工等工作中。

1.2 机器人离线编程技术

目前，机器人已成为现代工业不可缺少的工具，它标志着工业的现代化程度。而随着计算机技术、微电子技术以及网络技术的快速发展，机器人技术也得到了迅猛的发展。机器人是一个可编程的机械装置，其功能的灵活性和智能性很大程度上取决于机器人的编程能力。

由于机器人应用范围的扩大和所完成任务的复杂程度不断增加，机器人工作任务的编制已成为一个重要的问题，而传统示教方式存在一些弊端，于是离线编程成为了新时代的宠儿。

20 世纪 70 年代末，国外就开始了机器人离线编程规划和系统的研究。在众多的机器人仿真与离线编程系统中，以以色列 Tecnomatic 公司在 1986 年推出的 Robcad 机器人计算机辅助设计及仿真系统最具代表性，其集通用化、完整化、智能化和商品化于一体。

近年来，国内外许多大中型企业都装备了自动化加工设备和计算机辅助设备与系统。这些设备与系统为计算机编程技术的推广提供了基本的条件，使离线编程的应用日益广泛。

1. 离线编程软件的种类

目前，机器人仿真软件可分为两类：一类是通用型离线编程软件；一类是专用型离线编程软件。

通用型离线编程软件是第三方公司开发的，适用于多个品牌的机器人，能够实现仿真、轨迹编程和程序输出，但兼容性不够。常用的通用型离线编程软件有 RobotMaster、RobotWorks、Robotmove、RobotCAD、DELMIA、RobotArt、SprutCAM、RobotSim、中科川思特、亚龙、旭上、汇博等。

专用型离线编程软件是由机器人本厂开发或委托第三方公司开发的，其特点是只适用于其对应型号的机器人，也就是说，只支持同品牌的机器人，其优点是功能强大，实用性更强，与机器人的兼容性也更好。这类软件如 RobotStudio(ABB 原厂的离线软件)、RoboGuide(FANUC 原厂的离线软件)、KUKA Sim(KUKA 原厂的离线软件)。

国内在离线编程方面起步较晚，但因投入较大、重视程度较高，所以发展比较迅速。最值得一提的就是北京华航唯实推出的 RobotArt 离线编程软件，这款软件是目前离线编程软件国内品牌中的顶尖软件，其最大特点是能根据虚拟场景中的零件形状自动生成加工轨迹，并且可以控制大部分主流机器人，为国内机器人提供了有力的支持。该软件可根据几何模型的拓扑信息生成机器人运动轨迹，其后的轨迹仿真、路径优化、后置代码一气呵成，同时集碰撞检测、场景渲染、动画输出于一体，可快速生成效果逼真的模拟动画。该软件广泛应用于打磨、去毛刺、焊接、激光切割、数控加工等领域。

2. 离线编程软件的作用

在长期的操作过程中，发现示教编程的精确度不高，且对于复杂的工件，编程的工作量较大、效率低。为了追求高效和高精度编程方法，离线编程应运而生。运用离线编程软件，可以远离操作现场工作环境进行机器人仿真、轨迹编程和焊接轨迹程序的输出。离线编程可以使焊接轨迹运行精度更高，从而弥补示教编程的不足。示教编程和离线编程应该根据实际工作情况进行选择，使两者在适合的环境中将自身的作用发挥到极致。

学校的机器人教学实习设备数量有限，且教学环境不适合实际工作情况，这使得机器人离线编程软件在教学中的应用显得更为重要。

1.3　主流机器人离线编程软件介绍

目前的主流机器人离线编程软件主要有如下几种。

1. RobotArt

RobotArt 教育版针对教学实际情况，增加了模拟示教器、自由装配等功能，帮助初学者在虚拟环境中快速认识机器人，快速学会机器人示教器的基本操作，可大大缩短学习周期，降低学习成本。图 1.1 为 RobotArt 软件界面。

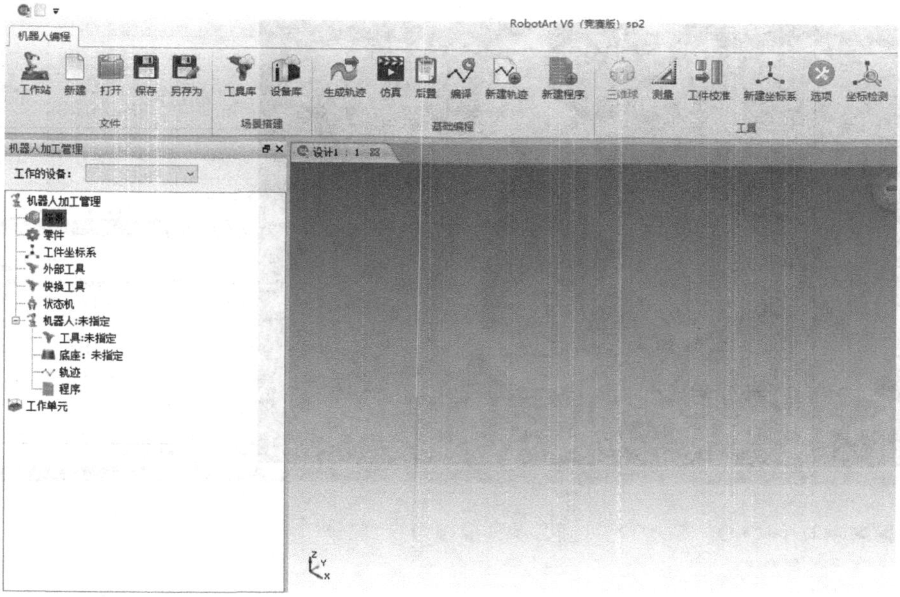

图 1.1　RobotArt 软件界面

RobotArt 软件的特点如下：

1) 优点

(1) 支持多种格式的三维 CAD 模型，可导入扩展名为 step、igs、stl、x_t、prt(UG)、prt(ProE)、CATPart、sldpart 等格式的文件。

(2) 支持多种品牌的工业机器人离线编程操作，如 ABB、KUKA、FANUC、YASKAWA、STÄUBLI、KEBA 系列、新时达、广数等。

(3) 拥有大量航空航天高端应用经验。

(4) 自动识别与搜索 CAD 模型的点、线、面信息，生成轨迹。

(5) 轨迹与CAD模型特征关联，模型若移动或变形，轨迹会自动变化。

(6) 一键优化轨迹与几何级别的碰撞检测。

(7) 支持多种工艺包，如切割、焊接、喷涂、去毛刺、数控加工。

(8) 支持将整个工作站仿真动画发布到网页、手机端。

2) 缺点

该软件不支持整个生产线仿真，对外国小品牌机器人也不支持。

2. RobotMaster

RobotMaster来自加拿大，是目前离线编程软件国外品牌中顶尖的软件，几乎支持市场上绝大多数机器人品牌(如 KUKA、ABB、FANUC、Motoman、史陶比尔(STÄUBLI)、柯马(COMAU)、三菱、DENSO、松下等)。图1.2为RobotMaster软件界面。

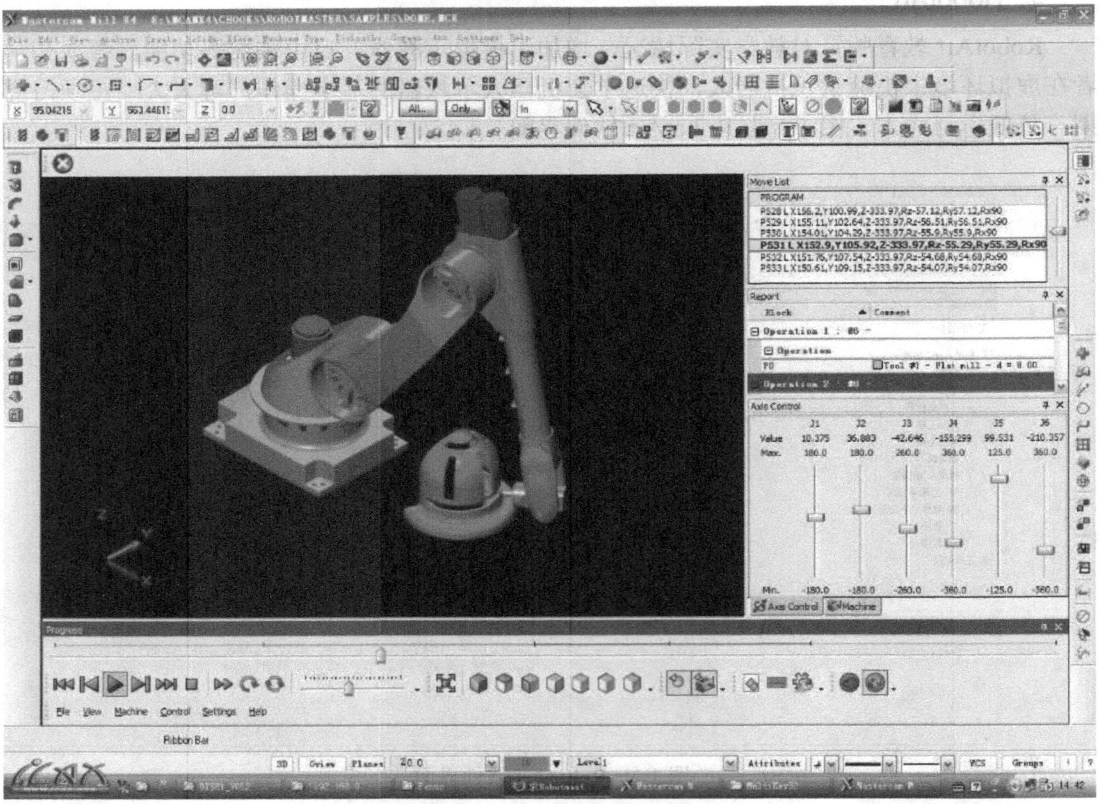

图1.2 RobotMaster软件界面

RobotMaster软件的特点如下：

1) 主要功能

RobotMaster在MasterCAM中无缝集成了机器人编程、仿真和代码生成功能，提高了机器人编程速度。

2) 优点

RobotMaster可以按照产品数模生成程序，适用于切割、铣削、焊接、喷涂等。其具有独特的优化功能，运动学规划和碰撞检测非常精确，支持外部轴(直线导轨系统、旋转系统)，并支持复合外部轴组合系统。

3) 缺点

RobotMaster 暂时不支持多台机器人同时模拟仿真，是在 MasterCAM 基础上进行二次开发而成，价格昂贵，企业版在 20 万元人民币左右。

3. RobotWorks

RobotWorks 是来自以色列的机器人离线编程仿真软件，与 RobotMaster 类似，是在 SolidWorks 基础上进行二次开发而成，使用时需要先购买 SolidWorks。

1) 主要功能

(1) 全面的数据接口：RobotWorks 基于 SolidWorks 平台开发，SolidWorks 可以通过 IGES、DXF、DWG、PrarSolid、Step、VDA、SAT 等标准接口进行数据转换。

(2) 强大的编程能力：从输入 CAD 数据到输出机器人加工代码只需四步。

① 从 SolidWorks 直接创建或直接导入其他三维 CAD 数据，选取定义好的机器人工具与要加工的工件组合成装配体。所有装配夹具和工具客户均可以用 SolidWorks 自行创建调用。

② RobotWorks 选取工具，然后直接选取曲面的边缘或者样条曲线进行加工，产生数据点。

③ 调用所需的机器人数据库，开始做碰撞检查和仿真，在每个数据点均可以自动修正，包含工具角度控制、引线设置、增加/减少加工点、调整切割次序以及在每个点增加工艺参数。

④ RobotWorks 自动产生各种机器人代码，包含笛卡尔坐标数据、关节坐标数据、工具与坐标系数据、加工工艺等，按照工艺要求保存不同的代码。

(3) 强大的工业机器人数据库：系统支持市场上大多数主流工业机器人，提供各大工业机器人各个型号的三维数模。

(4) 完美的仿真模拟：独特的机器人加工仿真系统可对机器人手臂和工具与工件之间的运动进行自动碰撞检查和轴超限检查，自动删除不合格路径并调整，还可以自动优化路径，减少空跑时间。

(5) 开放的工艺库定义：系统提供了完全开放的加工工艺指令文件库，用户可以按照自己的实际需求自行定义添加、设置自己的独特工艺，添加的任何指令都能输出到机器人加工数据中。

2) 优点

RobotWorks 的生成轨迹方式多样，支持多种机器人，且支持外部轴。

3) 缺点

RobotWorks 基于 SolidWorks，但 SolidWorks 本身不带 CAM 功能，因此编程繁琐，机器人运动学规划策略智能化程度低。

4. ROBCAD

ROBCAD 是西门子旗下的软件。2004 年，Tecnomatix 公司被美国 UGS 并购，2007 年西门子公司将 UGS 收入旗下，ROBCAD 成为西门子完整的产品生命周期管理软件 Siemens PLM Software 中的一个重要组成部分。该软件较庞大，重点在生产线仿真，价格也是同类软件中较昂贵的。软件支持离线点焊、多台机器人仿真、非机器人运动机构仿真以及精确的节拍仿真。ROBCAD 软件界面如图 1.3 所示，其主要应用于产品生命周期中的概念设计和结构设计两个前期阶段。

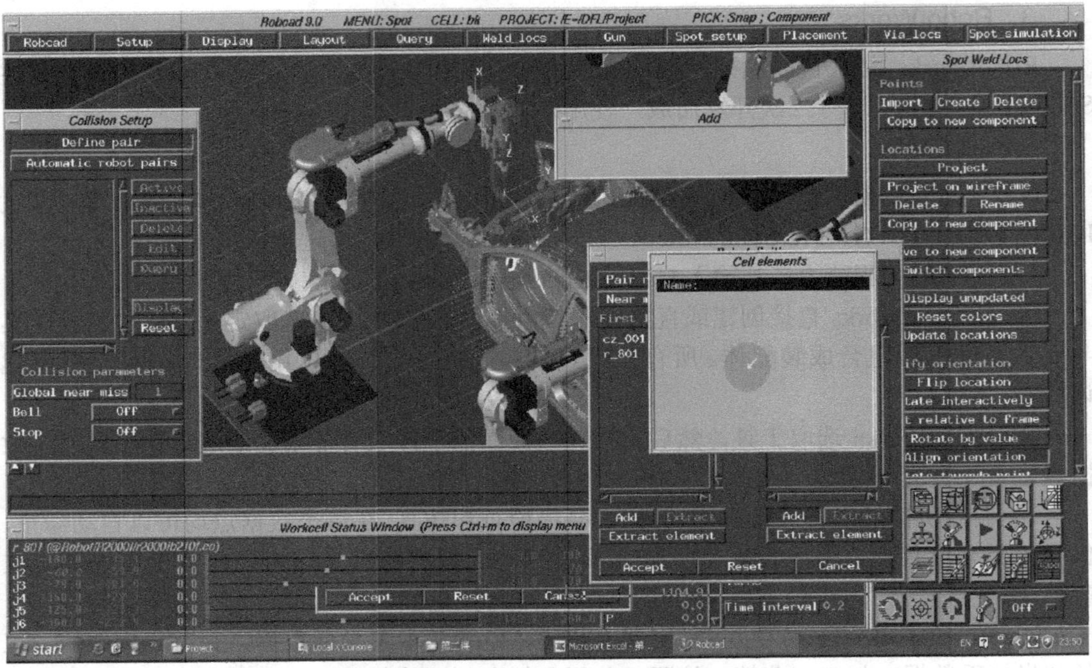

图 1.3　ROBCAD 软件界面

1) 主要特点

(1) 可与主流的 CAD 软件(如 NX、CATIA、IDEAS)无缝集成。

(2) 可实现工具工装、机器人和操作者的三维可视化。

(3) 可实现制造单元、测试和编程的仿真。

2) 主要功能

(1) Workcell and Modeling：对白车身(Body-in-White)生产线进行设计、管理和信息控制。

(2) Spot and OLP：完成点焊工艺设计和离线编程。

(3) Human：实现人因工程分析。

(4) Application 中的 Paint、Arc、Laser 等模块：实现生产制造中的喷涂、弧焊、激光加工、绲边等工艺的仿真验证及离线程序输出。

(5) Paint 模块：可实现喷漆的设计、优化和离线编程。其功能包括喷漆路线的自动生成、多种颜色喷漆厚度的仿真及喷漆过程的优化。

5. DELMIA

DELMIA 是达索旗下的 CAM 软件，它有六大模块，其中 Robotics 模块解决方案涵盖汽车领域的发动机、总装和白车身，航空领域的机身装配和维修、维护，以及一般制造业的制造工艺。

DELMIA 的机器人模块 Robotics 是一个可伸缩的解决方案，利用强大的 PPR(Process Product Resource)集成中枢快速进行机器人工作单元建立、仿真与验证，是一个完整的、可伸缩的、柔性的解决方案。使用 DELMIA 机器人模块，用户可体验到如下功能：

(1) 从可搜索的含有超过 400 种以上的机器人的资源目录中下载机器人和其他的工具资源。

(2) 利用工厂布置规划工程师所完成的工作。

(3) 加入工作单元中工艺所需的资源，进一步细化布局。

6. RobotStudio

RobotStudio 是瑞士 ABB 公司配套的软件，是机器人本体商中做得最好的一款软件。RobotStudio 支持机器人的整个生命周期，使用图形化编程、编辑和调试机器人系统来创建机器人的运行程序，并模拟优化现有的机器人程序。

图 1.4 为 RobotStudio 软件界面。

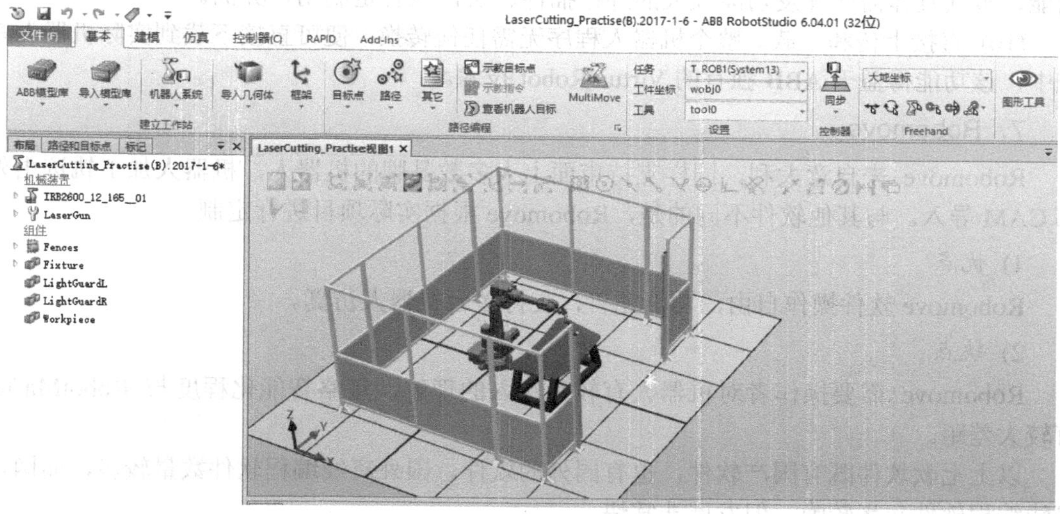

图 1.4　RobotStudio 软件界面

RobotStudio 的主要功能如下：

(1) CAD 导入。RobotStudio 可方便地导入各种主流 CAD 格式的数据，包括 IGES、STEP、VRML、VDAFS、ACIS 及 CATIA 等。机器人程序员可依据这些精确的数据编制精度更高的机器人程序，从而提高产品质量。

(2) AutoPath 功能。该功能通过使用待加工零件的 CAD 模型，在数分钟之内便可自动生成跟踪加工曲线所需要的机器人位置(路径)，而这项任务以往通常需要数小时甚至数天。

(3) 程序编辑器。RobotStudio 可生成机器人程序，使用户能够在 Windows 环境中离线开发或维护机器人程序，可显著缩短编程时间、改进程序结构。

(4) 路径优化。如果程序包含接近奇异点的机器人动作，RobotStudio 可自动将其检测出来并发出警报，从而防止实际运行中发生这种现象。仿真监视器是一种用于机器人运动优化的可视工具，红色线条显示可改进之处，以使机器人按照最有效的方式运行。RobotStudio 可以对 TCP 速度、加速度、奇异点或轴线等进行优化，缩短周期。

(5) 可达性分析。RobotStudio 通过 Autoreach 可自动进行可达性分析，使用十分方便，用户可通过该功能任意移动机器人或工件，直到所有位置均可到达，在数分钟之内便可完成工作单元平面布置验证和优化。

(6) 虚拟示教台。该功能是实际示教台的图形显示，其核心技术是 VirtualRobot。从本质上讲，所有可以在实际示教台上进行的工作都可以在虚拟示教台(QuickTeach)上完成，因而是一种非常出色的教学和培训工具。

(7) 事件表。这是一种用于验证程序的结构与逻辑的理想工具。程序执行期间，用户可通过该工具直接观察工作单元的 I/O 状态；还可将 I/O 连接到仿真事件，实现工位内机器人及所有设备的仿真。这是一种十分理想的调试工具。

(8) 碰撞检测。碰撞检测功能可避免设备碰撞造成的严重损失。选定检测对象后，RobotStudio 可自动监测并显示程序执行时这些对象是否发生了碰撞。

(9) VBA 功能。用户可采用 VBA(Visual Basic for Applications)改进和扩充 RobotStudio 功能，根据具体需要开发功能强大的外接插件、宏，或者定制用户界面。

(10) 直接上传和下载。整个机器人程序无需任何转换，便可直接下载到实际机器人系统中，该功能得益于 ABB 独有的 VirtualRobot 技术。

7. Robomove

Robomove 来自意大利，同样支持市面上大多数品牌的机器人，机器人加工轨迹由外部 CAM 导入。与其他软件不同的是，Robomove 根据实际项目进行定制。

1) 优点

Robomove 软件操作自由，功能完善，支持多台机器人仿真。

2) 缺点

Robomove 需要操作者对机器人有较为深入的理解，策略智能化程度与 RobotMaster 有较大差距。

以上七款软件既有国产软件，也有国外的软件。国外离线编程软件数量较多，而国内离线编程软件起步较晚，但发展非常快。

1.4 离线编程发展趋势

与数控机床和 CAM 软件的发展规律类似，机器人应用的早期(20 世纪 80 年代)即出现了离线编程软件的概念。

近年来，伴随着工业机器人的大规模应用，各机器人大厂(ABB、FANUC、YASKAWA、KUKA 等)均提供了适配自家品牌的机器人离线编程软件，这些软件可以和自家品牌设备直连，实现准确的节拍仿真，ABB 的 RobotStudio 更是可以做生产线仿真。但对于轨迹的计算，大多数以离线示教为主，根据三维模型计算轨迹(CAM)的能力较弱。

数控加工领域中各大 CAM 软件厂商(NX/UG、达索、Delcam、MasterCAM 等)利用自身在 CAM 功能上多年的积累，通过收购等方式，也提供了通用机器人 CAM(离线编程)软件，如 MasterCAM 下发展出的 RobotMaster；西门子收购 ROBCAD 后，在自身 PLM 体系中提供了机器人离线编程功能。

国内的科研团队及公司也推出了离线编程软件，如由北京华航唯实公司开发的在教育市场中表现较突出的RobotArt，在切割、抛光等实际工业应用场景中快速发展的HiperMOS，华中数控旗下佛山机器人研究院推出的 InteRobot，等等。

无论是在国外还是国内，机器人离线编程软件除了需要在计算轨迹和仿真方面越来越完善外，具体到工业生产中，还需要针对各种工艺应用逐步完善相应的工艺包，这样才能真正满足大多数情况下的实际生产需要。有些特殊的工艺还需要定制开发软件，在这方面，国内机器人离线编程软件在现场、技术沟通、性价比等方面占据了相当大的优势。

未来，工业生产对机器人智能化的要求越来越高，离线编程也会向着智能化和全自动化的方向发展。离线、在线的界限会模糊，人工智能、云计算也会结合各种传感器，将离线编程与机器人控制器共同融入车间级的智能处理系统中。

第二章 三菱离线编程仿真软件安装

要完成三菱工业机器人离线编程仿真，需要安装三个应用软件：SolidWorks、MELFA-Works、RT Toolbox。这三个软件在仿真环境中所起的作用如下：

(1) SolidWorks 用于创建各种三维虚拟零件和相应的坐标系。机器人的工作环境需要在 SolidWorks 中搭建。

(2) MELFA-Works 用于创建程序文件、虚拟仿真。在 MELFA-Works 中可以创建程序，最关键的是通过 MELFA-Works 可以定位仿真环境中的位置；另外，最终机器人的仿真运行是在 MELFA-Works 中执行的。

(3) RT Toolbox 将在 MELFA-Works 中创建的模板程序文件转化为实际控制系统能运行的机器人程序并调试。

2.1 SolidWorks 2016 的安装

达索公司负责系统性的软件供应，并为制造厂商提供具有 Internet 整合能力的支援服务。该公司提供涵盖整个产品生命周期的系统，包括设计、工程、制造和产品数据管理等各个领域中的最佳软件系统，著名的 CATIAV5 就出自该公司。目前达索的 CAD 产品市场占有率居世界前列。

SolidWorks 公司成立于 1993 年，由 PTC 公司的技术副总裁与 CV 公司的副总裁发起，总部位于马萨诸塞州的康克尔郡，当初的目标是希望在每一个工程师的桌面上提供一套具有生产力的实体模型设计系统。从 1995 年推出第一套三维机械设计软件 SolidWorks 至 2010 年，该公司已经拥有覆盖全球的办事处，并经由 300 家经销商在全球 140 个国家销售与分销该产品。1997 年，SolidWorks 被法国达索公司收购，并被作为达索中端主流市场的主打品牌。

1. SolidWorks 2016 的主要功能模块

1) 零件模块

SolidWorks 零件模块主要可以实现实体建模、曲面建模、模具设计、钣金设计及焊件设计等。

(1) 实体建模。SolidWorks 提供了十分强大的、基于特征的实体建模功能，通过拉伸、旋转、扫描、放样、特征的阵列及打孔等操作来实现产品的设计，通过对特征和草图的动态修改，用拖曳的方式实现实时的设计修改；另外，SolidWorks 中提供的三维草图功能可以为扫描、放样等特征生成三维草图路径，或者为管道、电缆线和管线生成路径。

(2) 曲面建模。通过带控制线的扫描曲面、放样曲面、边界曲面以及拖动可控制的相切操作，可产生非常复杂的曲面，并可以直观地对已存在的曲面进行修剪、延伸、缝合和圆角等操作。

(3) 模具设计。SolidWorks 提供内置模具设计工具，可以自动创建型芯及型腔。在整个模具的生成过程中，可以使用一系列的工具加以控制。SolidWorks 模具设计的主要过程包括分型线的自动生成、分型面的自动生成、闭合曲面的自动生成和型芯—型腔的自动生成。

(4) 钣金设计。SolidWorks 提供了顶端的、全相关的钣金设计技术，可以直接使用各种类型的法兰、薄片等特征，应用正交切除、角处理及边线切口等功能，使钣金操作变得非常容易。SolidWorks 2016 环境中的钣金件可以直接进行交叉折断。

(5) 焊件设计。SolidWorks 可以在单个零件文档中设计结构焊件和平板焊件。焊件工具主要包括圆角焊缝结构构件库、角撑板以及焊件切割、顶端盖剪裁和延伸结构构件。

2) 装配模块

SolidWorks 提供了非常强大的装配功能，其优点如下：

(1) 在 SolidWorks 的装配环境中可以方便地设计及修改零部件。

(2) SolidWorks 可以动态地观察整个装配体中的所有运动，并且可以对运动的零部件进行动态的干涉检查及间隙检测。

(3) 对于由上千个零部件组成的大型装配体，SolidWorks 的功能也可以得到充分发挥。

(4) 镜像零部件是 SolidWorks 技术的一个巨大突破，通过镜像零部件，用户可以用现有的对称设计创建出新的零部件及装配体。

(5) 在 SolidWorks 中，可以用捕捉配合的智能化装配技术进行快速的总体装配。

(6) 智能化装配技术可以自动捕捉并定义装配关系，使用智能零件技术可以自动完成重复的装配设计。

3) 工程图模块

SolidWorks 的工程图模块具有如下优点：

(1) 可以从零件的三维模型(或装配体)中自动生成工程图，包括各个视图及尺寸的标注等。

(2) SolidWorks 提供了生成完整的、生产过程认可的详细工程图的工具。

(3) 工程图是完全相关的，当用户修改图样时，零件模型、所有视图及装配体都会自动被修改。

(4) 使用交替位置显示视图可以方便地表现出零部件的不同位置，以便了解运动的顺序。交替位置显示视图是专门为具有运动关系的装配体设计的独特的工程图功能。

(5) RapidDraft 技术可以将工程图与零件模型(或装配体)脱离，进行单独操作，以加快工程图的操作，但仍保持与零件模型(或装配体)的完全相关。

(6) 增强了详细视图及剖视图的功能，包括生成剖视图、支持零部件的图层、熟悉二维草图功能以及详图中的属性管理。

2. SolidWorks 2016 的安装

SolidWorks 2016 的安装步骤如下：

(1) 安装 SolidWorks 之前先断网。首先添加序列号，下载完文件后，解压，双击 SolidWorksSerialNumbers2016.reg，然后单击“是”按钮，再单击“确定”按钮。SolidWorks 安装包文件如图 2.1 所示。

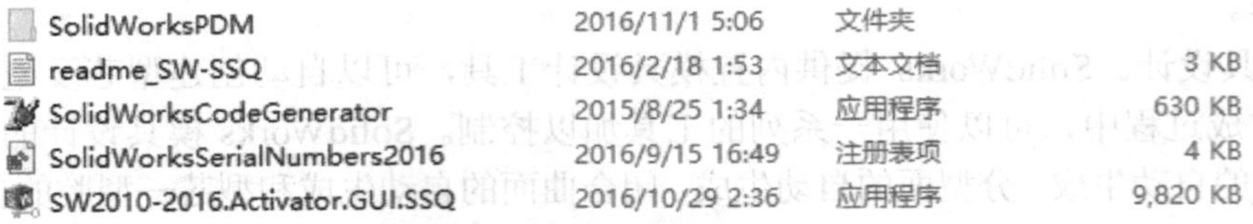
SolidWorksPDM 2016/11/1 5:06 文件夹
readme_SW-SSQ 2016/2/18 1:53 文本文档 3 KB
SolidWorksCodeGenerator 2015/8/25 1:34 应用程序 630 KB
SolidWorksSerialNumbers2016 2016/9/15 16:49 注册表项 4 KB
SW2010-2016.Activator.GUI.SSQ 2016/10/29 2:36 应用程序 9,820 KB

图 2.1　SolidWorks 安装包文件

(2) 返回安装包，用虚拟光驱加载 SolidWorks_2016_SP0.0_Full_DVD1.iso。计算机中没装虚拟光驱的需要先装一个虚拟光驱，然后进入加载的虚拟光驱，如图 2.2 所示。

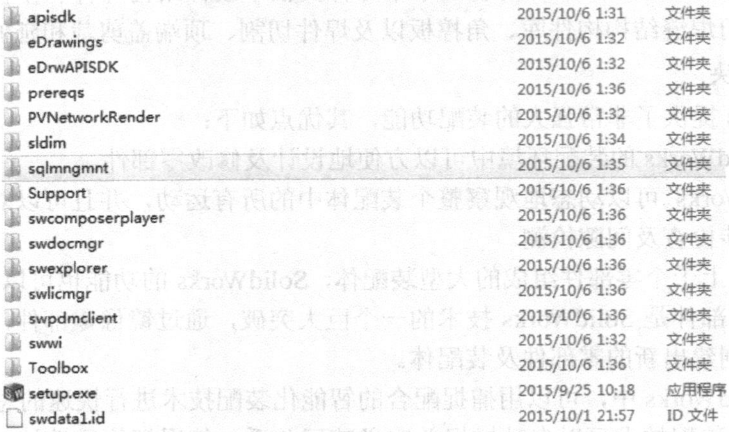
apisdk 2015/10/6 1:31 文件夹
eDrawings 2015/10/6 1:32 文件夹
eDrwAPISDK 2015/10/6 1:32 文件夹
prereqs 2015/10/6 1:36 文件夹
PVNetworkRender 2015/10/6 1:32 文件夹
sldim 2015/10/6 1:34 文件夹
sqlmngmnt 2015/10/6 1:35 文件夹
Support 2015/10/6 1:36 文件夹
swcomposerplayer 2015/10/6 1:36 文件夹
swdocmgr 2015/10/6 1:36 文件夹
swexplorer 2015/10/6 1:36 文件夹
swlicmgr 2015/10/6 1:36 文件夹
swpdmclient 2015/10/6 1:36 文件夹
swwi 2015/10/6 1:32 文件夹
Toolbox 2015/10/6 1:36 文件夹
setup.exe 2015/9/25 10:18 应用程序
swdata1.id 2015/10/1 21:57 ID 文件

图 2.2　SolidWorks 安装文件夹

(3) 双击 setup.exe，跳出“SOLIDWORKS 安装管理程序”对话框，单击“确定”按钮，然后选择单机安装，如图 2.3 所示。

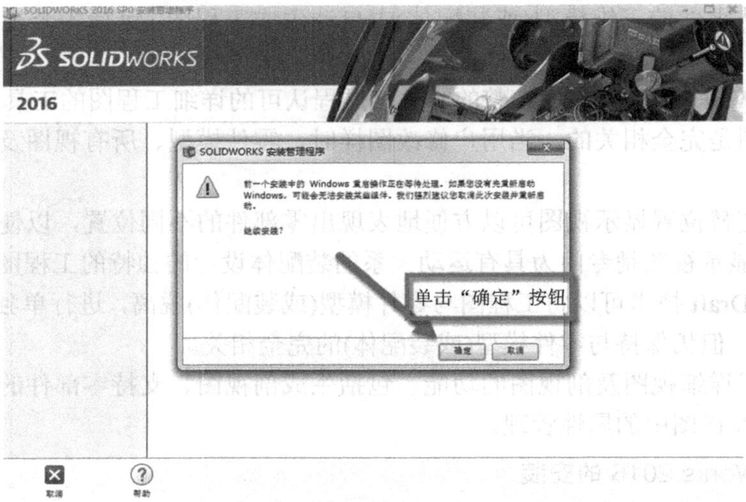

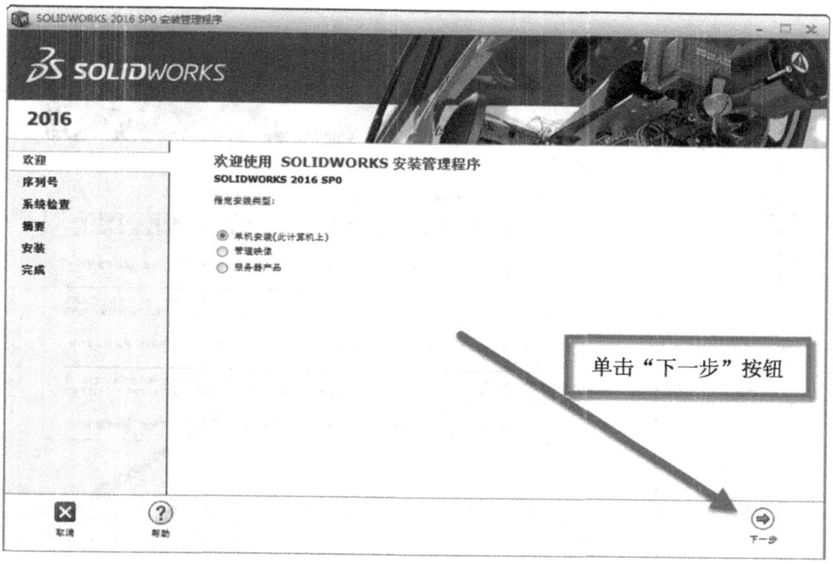

图 2.3　“SolidWorks 管理程序”对话框

(4) 选择单机安装后，序列号不需要自己手动输入，因为第(1)步中已经执行了添加序列号的操作，所以这一步中序列号自动导入，直接单击“下一步”按钮，得到如图 2.4 所示界面。

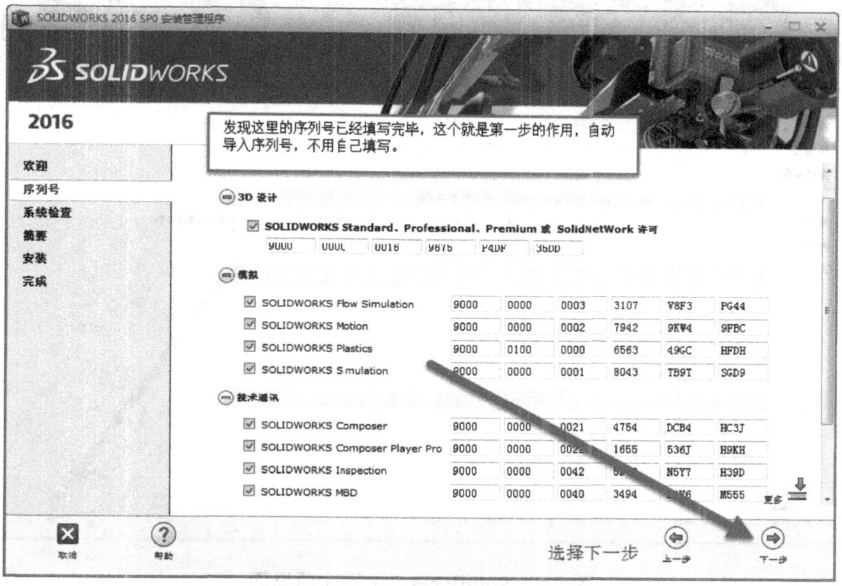

图 2.4　自动填写序列号

(5) 在完成第(4)步的操作之后，跳出序列号检查对话框，耐心等待，序列号检查完成后会显示系统检查警告信息，可以不予理会，单击“下一步”按钮，如图 2.5 所示。

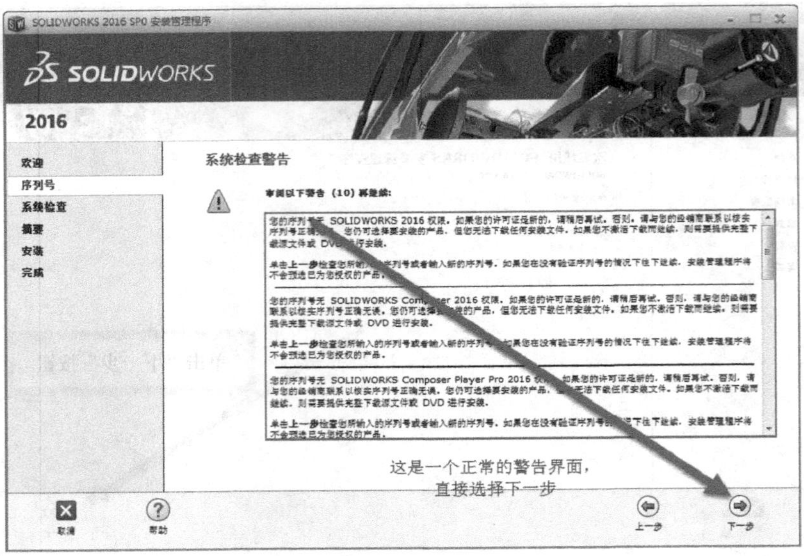

图 2.5　序列号检查

(6) 进入系统安装选项界面，在这个界面中选择“生成 SOLIDWORKS 2016 SPO 的新安装”，然后单击“下一步”按钮，如图 2.6 所示。

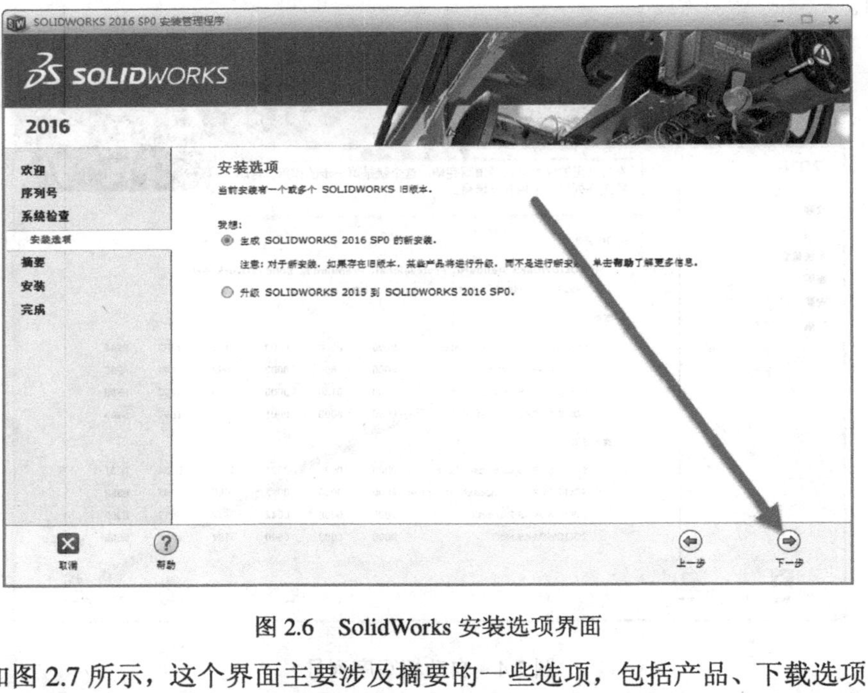

图 2.6　SolidWorks 安装选项界面

(7) 如图 2.7 所示，这个界面主要涉及摘要的一些选项，包括产品、下载选项、安装位置等。这里主要考虑是否需要更改安装目录，默认是 C 盘，根据需要可以安装到其他盘，选择完成后，单击选中复选框“我接受 SOLIDWORKS 条款”，再单击“现在安装”，进入下一步。

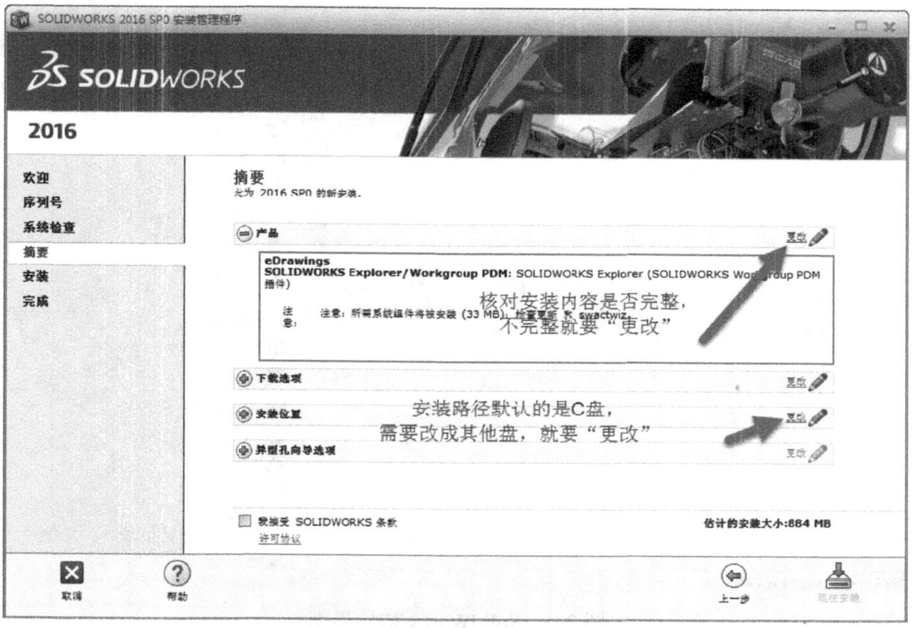

图 2.7　摘要界面

(8) 如图 2.8 所示，呈现的是产品选择的安装界面，根据需要安装模块，如果第一次使用不知道需要安装些什么，可以全选，整个安装的过程会久一点。

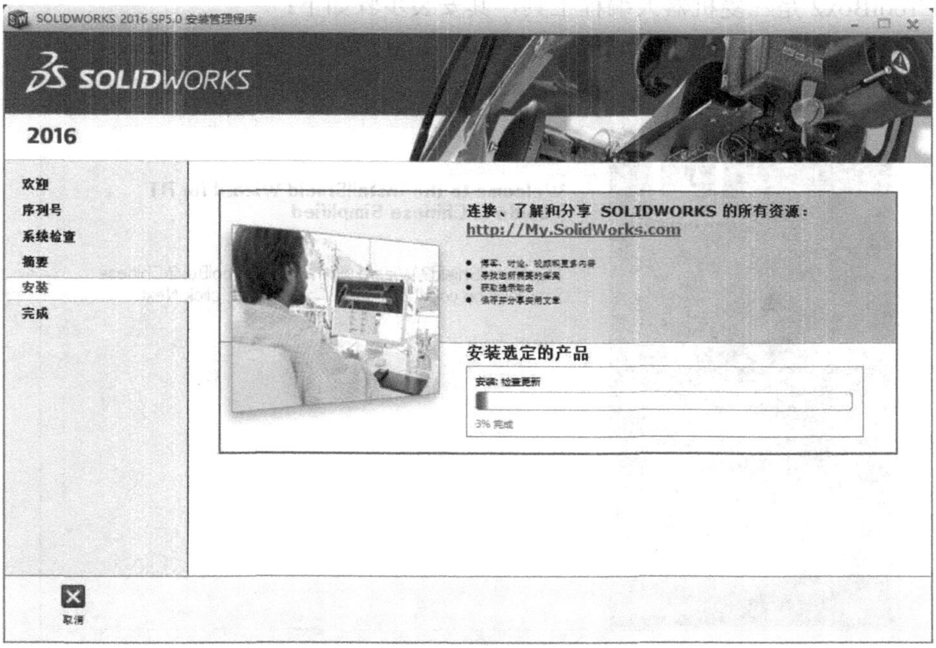

图 2.8　安装界面

整个系统安装完成后，打开 SolidWorks 2016，显示如图 2.9 所示的界面。

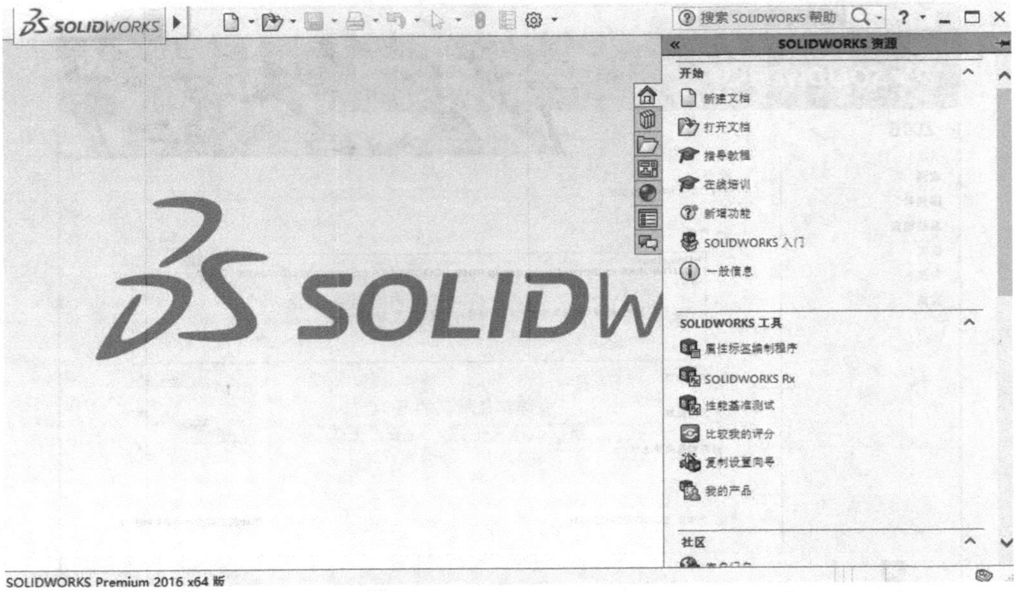

图 2.9　SolidWorks 初始界面

2.2　RT ToolBox2 的安装

RT ToolBox2 是三菱机器人编程工具，其安装步骤如下：

(1) 双击安装文件中的“Setup”，显示如图 2.10 所示界面。

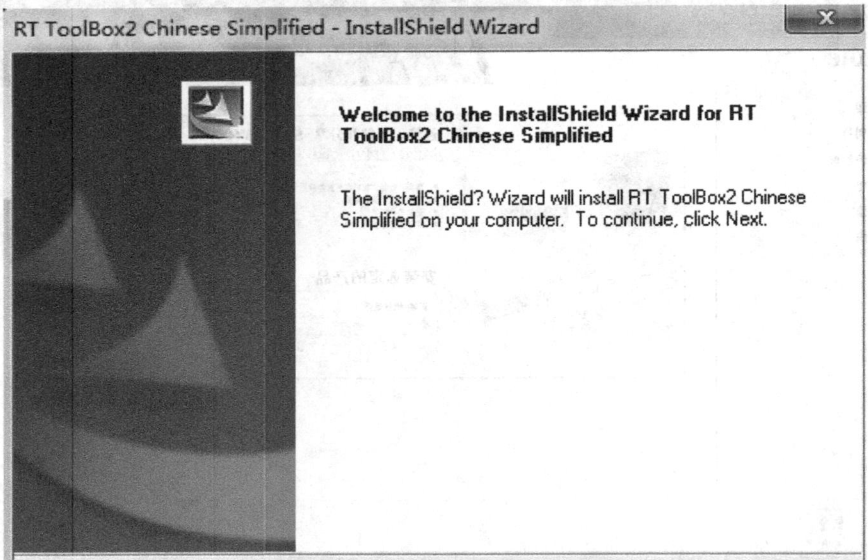

图 2.10　RT ToolBox2 安装步骤(1)

(2) 选择“I accept the terms of the license agreement”项，单击“Next”按钮，如图 2.11 所示。

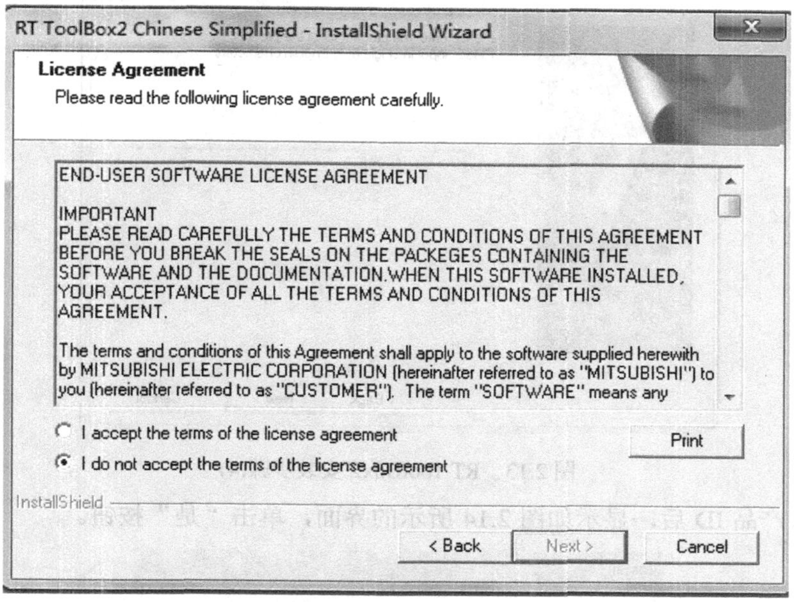

图 2.11　RT ToolBox2 安装步骤(2)

(3) 输入 User Name(用户名)和 Company Name(公司名)，单击“Next”按钮，如图 2.12 所示。

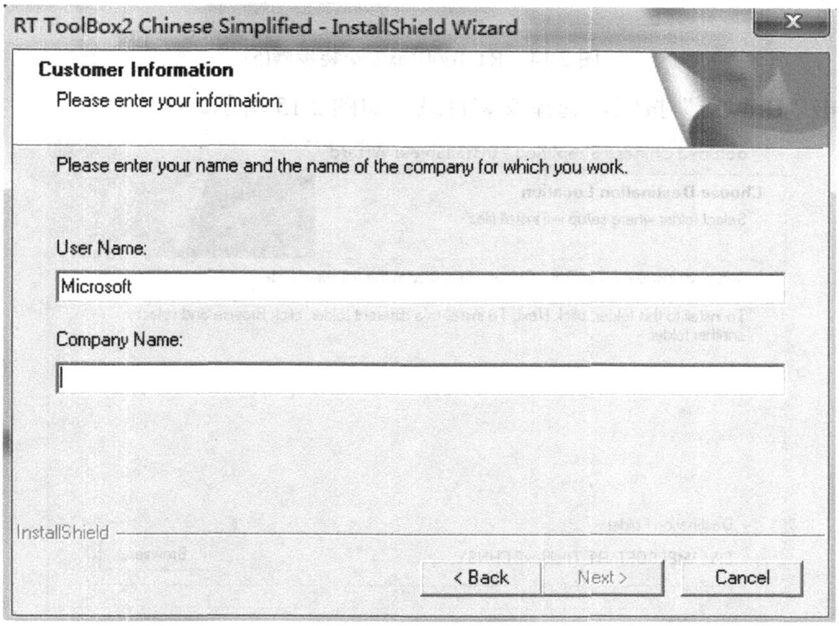

图 2.12　RT ToolBox2 安装步骤(3)

(4) 输入产品 ID，单击“Next”按钮，如图 2.13 所示。

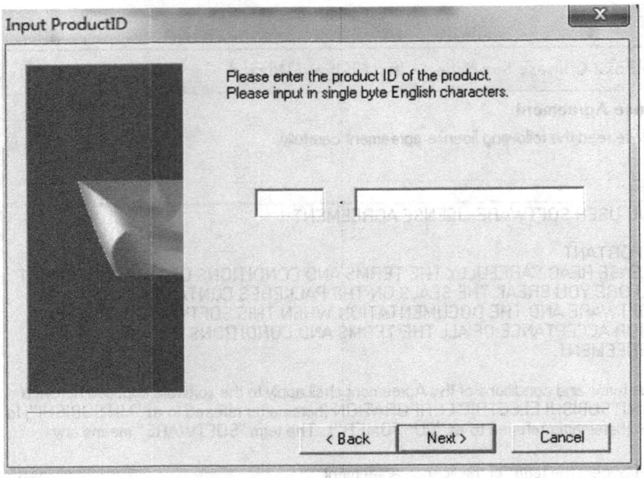

图 2.13　RT ToolBox2 安装步骤(4)

(5) 输入产品 ID 后，显示如图 2.14 所示的界面，单击“是”按钮。

图 2.14　RT ToolBox2 安装步骤(5)

(6) 单击“Browse”按钮，选择安装目录，如图 2.15 所示。

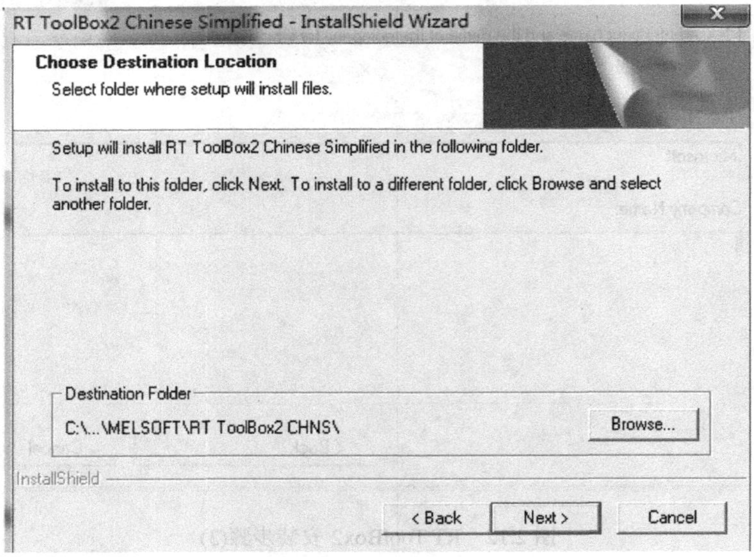

图 2.15　RT ToolBox2 安装步骤(6)

(7) 单击“Next”按钮，完成安装。

2.3　MELFA-Works 的安装

MELFA-Works 是作为一个插件安装在 SolidWorks 下的，需要借助 SolidWorks 这个三维软件平台来使用三菱虚拟工厂软件 MELFA-Works。

MELFA-Works 的安装步骤如下：

(1) 打开安装文件，安装文件有 32 位和 64 位的，根据自己的系统选择安装。这里以 64 位为例，打开 64 位的安装文件夹，双击“Setup”，然后等待，如图 2.16 所示。

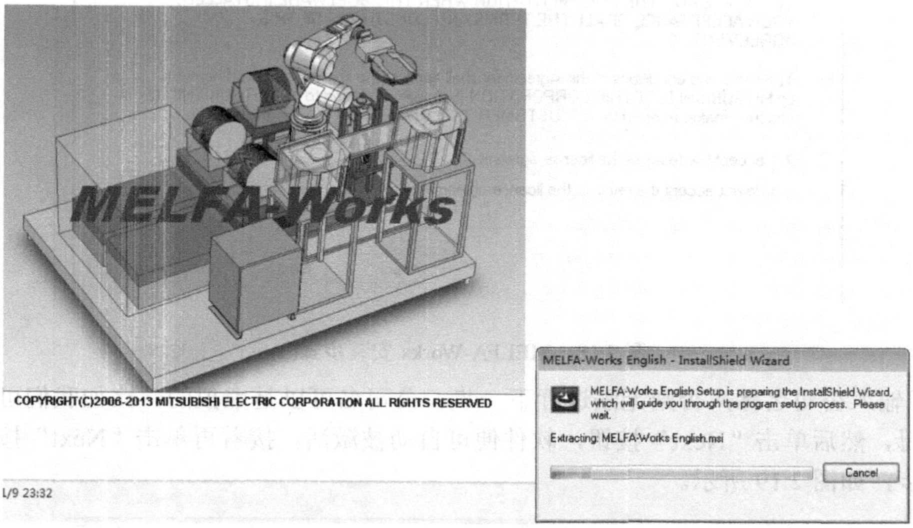

图 2.16　MELFA-Works 安装步骤(1)

(2) 待显示 MELFA-Works 安装向导界面后，单击“Next”按钮，如图 2.17 所示。

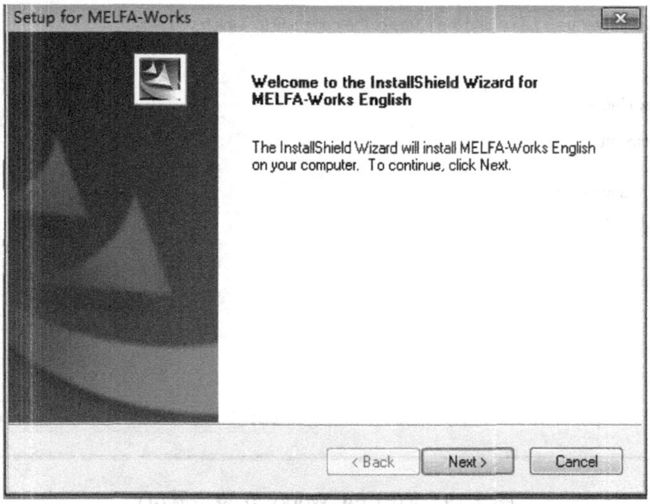

图 2.17　MELFA-Works 安装步骤(2)

(3) 选择“I accept the terms of the license agreement”项，然后单击“Next”按钮才可以激活；如果不选择，就无法进行下一步，如图 2.18 所示。

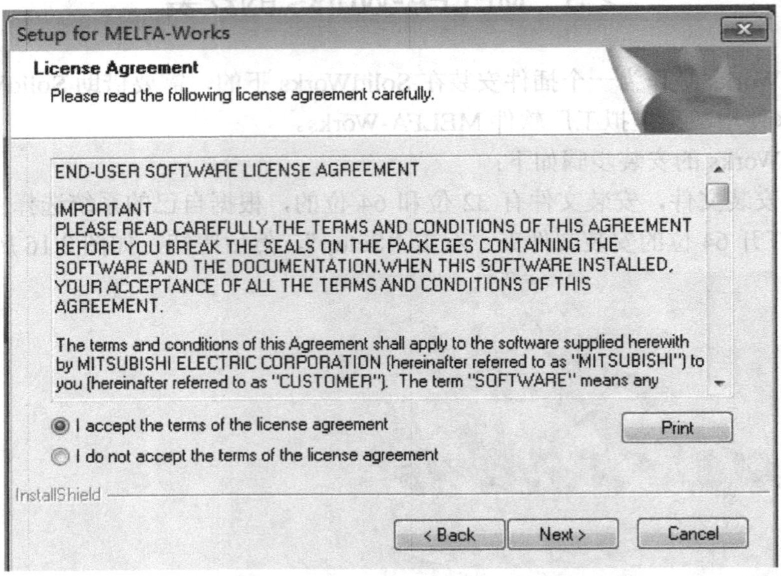

图 2.18　MELFA-Works 安装步骤(3)

(4) 输入公司名称，否则无法进行下一步。公司名可以是虚拟的，比如我们可以输入几个字母，然后单击“Next”按钮，软件便可自动被激活，接着再单击“Next”按钮，进入下一步，如图 2.19 所示。

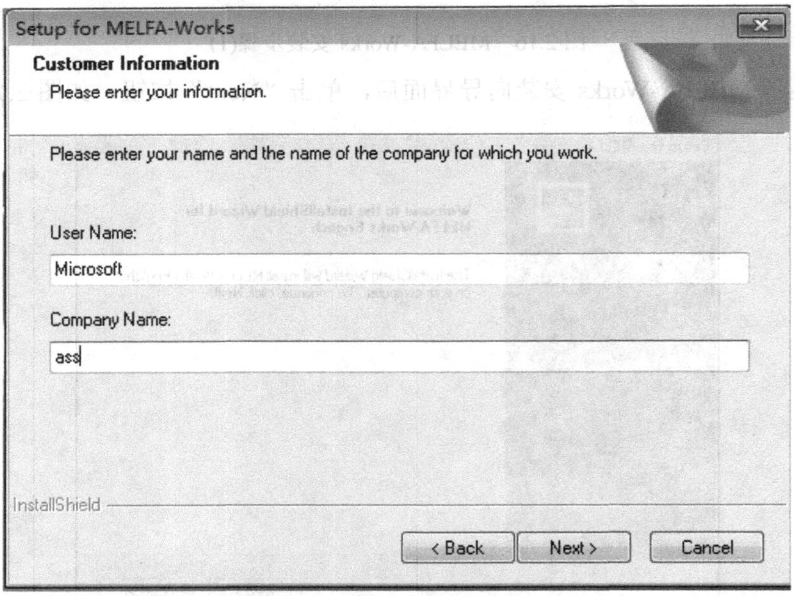

图 2.19　MELFA-Works 安装步骤(4)

(5) 这一步需要输入ProductID，也就是输入产品的ID，产品ID一定要正确，否则无法完成安装，界面会显示ID错误。产品的ID可以通过三菱官网申请。申请到ID之后，输入正确的ID，再单击“Next”按钮，如图2.20所示。

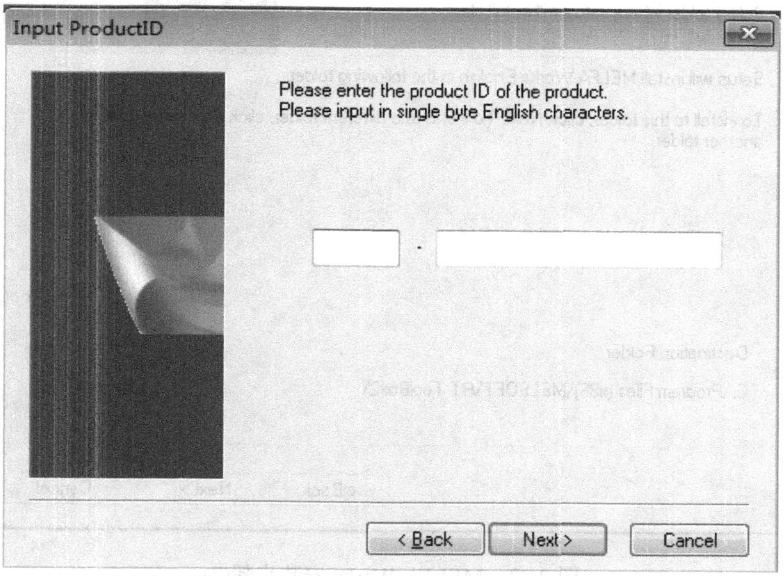

图2.20　MELFA-Works安装步骤(5)

(6) 完成上一步操作之后，页面弹出一个对话框，询问是否需要安装这个产品。单击“是”按钮，进入下一步，如图2.21所示。

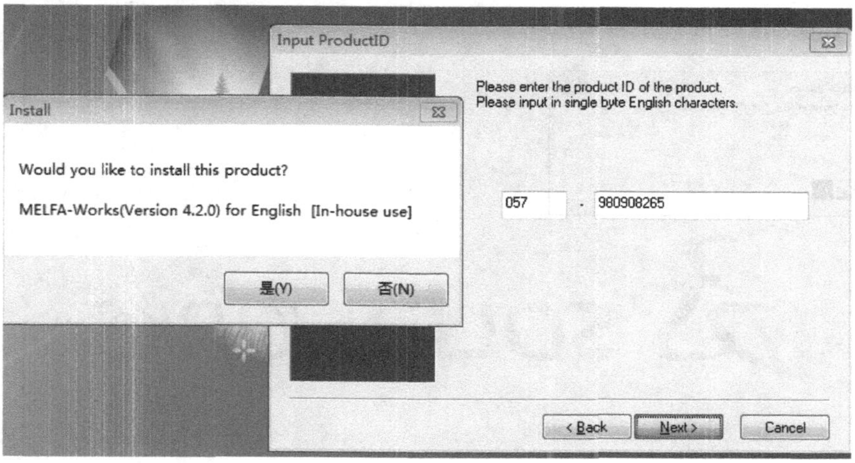

图2.21　MELFA-Works安装步骤(6)

(7) 单击“Browse”按钮，选择安装程序的具体位置(具体安装在哪个盘的哪个文件下)，然后单击“Next”按钮，执行MELFA-Works的安装，安装过程需要持续几分钟(这里需要特别强调一下，MELFA-Works一定要安装在RT ToolBox2下，所以此处不要更改安装位置，默认的安装位置就在 RT ToolBox2 下)，如图 2.22 所示。

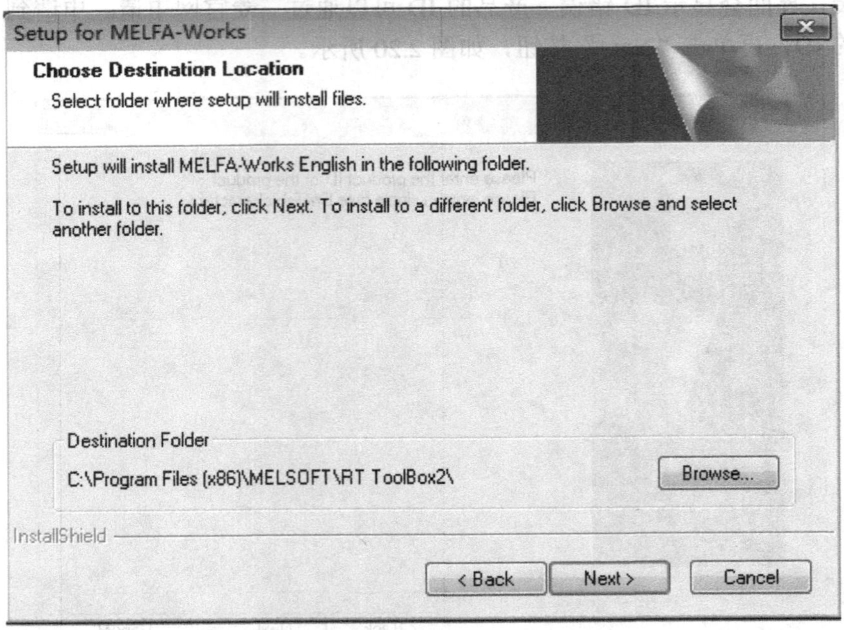

图 2.22　MELFA-Works 安装步骤(7)

(8) 安装完 MELFA-Works 后，打开 SolidWorks，选择“工具”菜单，在“工具”菜单下选择“MELFA-Works”，再选择“Start”，显示如图 2.23 所示的界面，这样 MELFA-Works 就安装完成了。

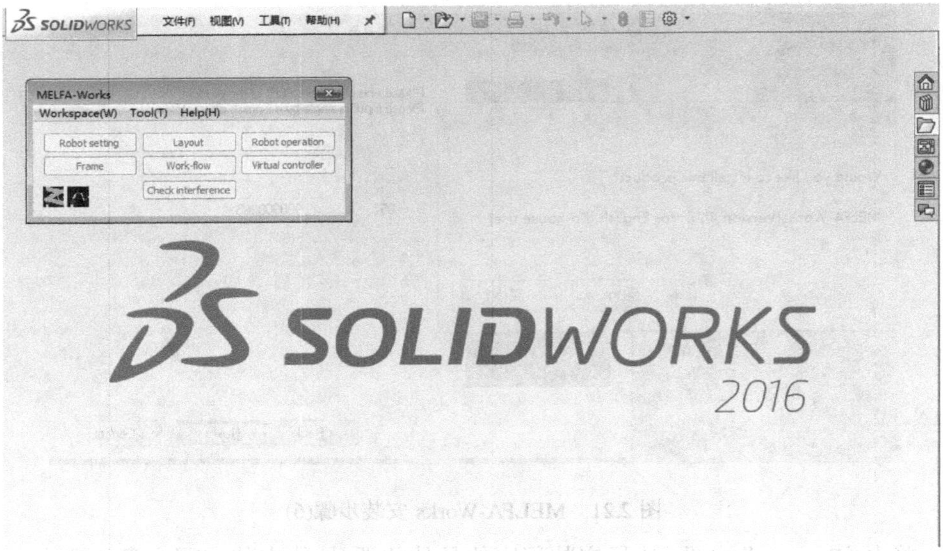

图 2.23　MELFA-Works 安装步骤(8)

第三章　RT ToolBox2 的使用

3.1　机器人软件的认识

RT ToolBox2 的一个功能是将 MELFA-Works 创建的模板程序文件转化为实际控制系统能运行的机器人程序并调试；RT ToolBox2 的另外一个功能是预先将机器人程序写好，然后通过 USB 接口将程序下载到机器人控制器中，这种方式与通过机器人示教器来输入程序比较，效率更高；另外，在没有实际设备的情况下，可以通过这个软件学习三菱工业机器人的指令和进行一些比较简单的仿真训练。

RT ToolBox2 的使用方法如下：

(1) 安装完“RT ToolBox2 Chinese Simplified”后，双击桌面图标运行软件，如图 3.1 所示；或者单击“开始”→“所有程序”→“MELSOFT Application”→“RT ToolBox2 Chinese Simplified”运行软件。

图 3.1　RT ToolBox2 桌面图标

软件打开后的界面如图 3.2 所示。

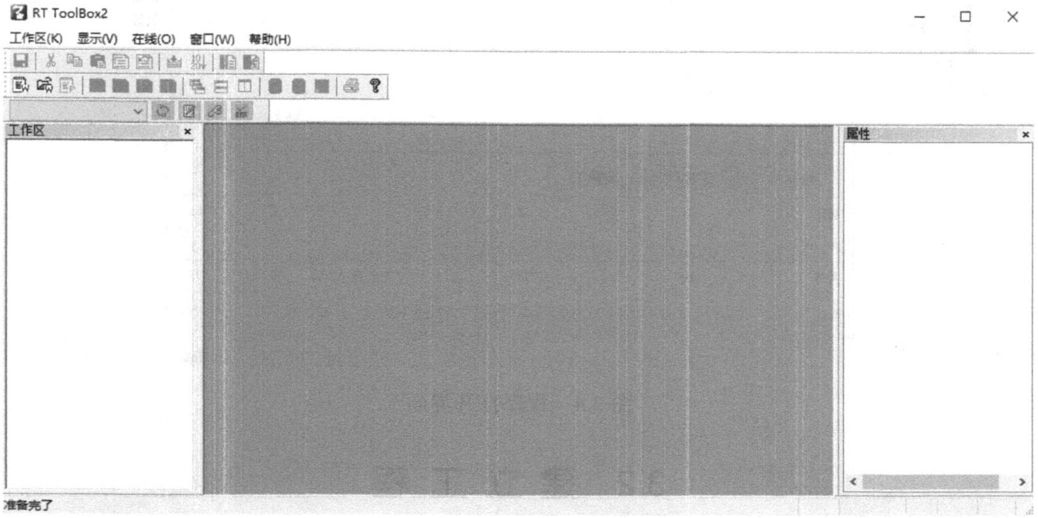

图 3.2　RT ToolBox2 软件界面

(2) 单击菜单“工作区”中的“打开”，弹出如图 3.3 所示的对话框，单击“参照”按钮选择程序存储的路径，然后选中样例程序“robot”，再单击“OK”按钮。

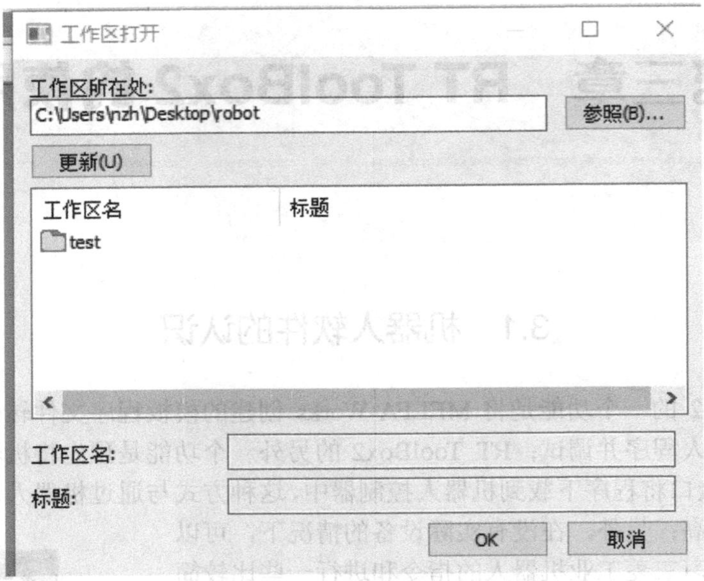

图 3.3　“工作区打开”界面

打开程序后，显示如图 3.4 所示的界面。

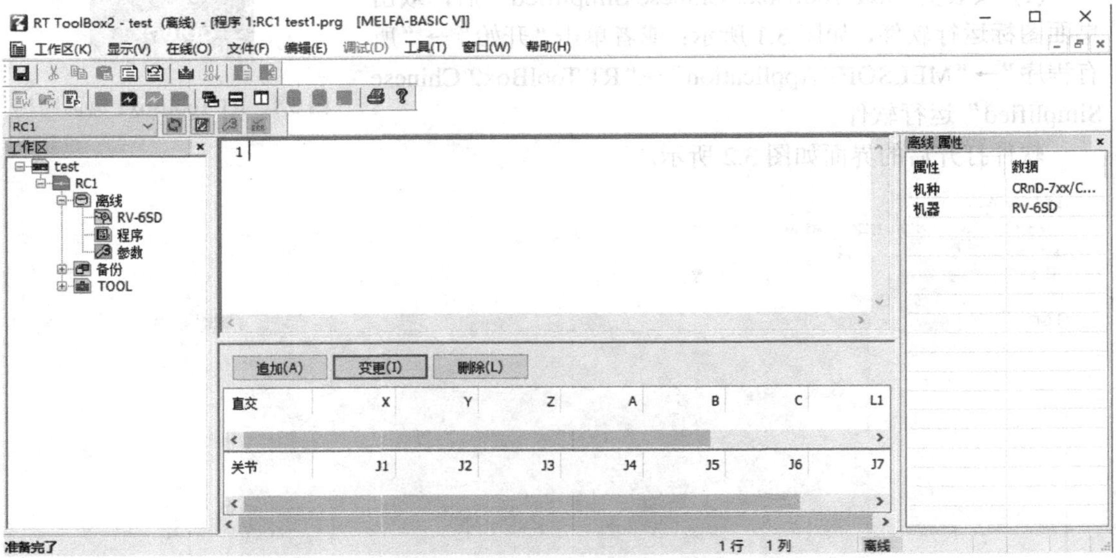

图 3.4　程序打开界面

3.2 建 立 工 程

通过 RT ToolBox2 编程之前，首先需要在 RT ToolBox2 中建立一个工程项目，步骤如下：

(1) 单击菜单“工作区”→“新建”，然后单击“工作区所在处”右侧的“参照”按钮，选择工程存储的路径，在“工作区名”后输入新建工程的名称，最后单击“OK”按钮，完成建立，如图 3.5 所示。

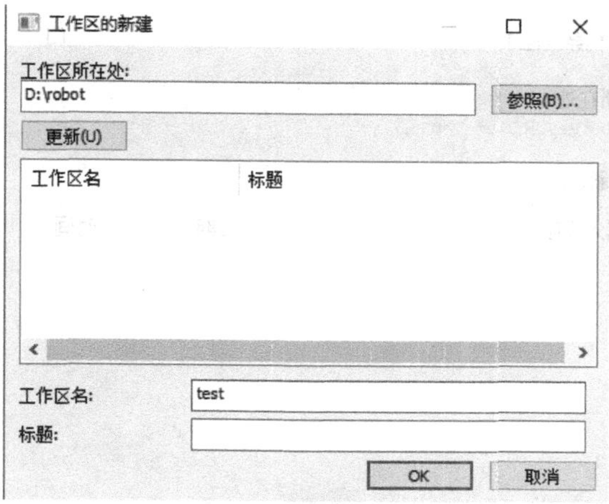

图 3.5　工作区名输入界面

(2) 在“工作区”中右键单击“RC1”→“工程的编辑”，进入“工程编辑”界面，如图 3.6 所示。在“工程编辑”界面中的“工程名”后输入自定义的工程名称。

(3) 在“通信设定”的“控制器”中选择“CRnD-7xx/CR75x-D”，并在“通信设定”中选择当前使用的方式，若使用网络连接，请选择“TCP/IP”，并在“详细设定”中填写控制器 IP 地址。

(4) 在“机种名”中单击“选择”按钮，在菜单中选择“RV-3SD”，最后单击“OK”按钮保存参数。

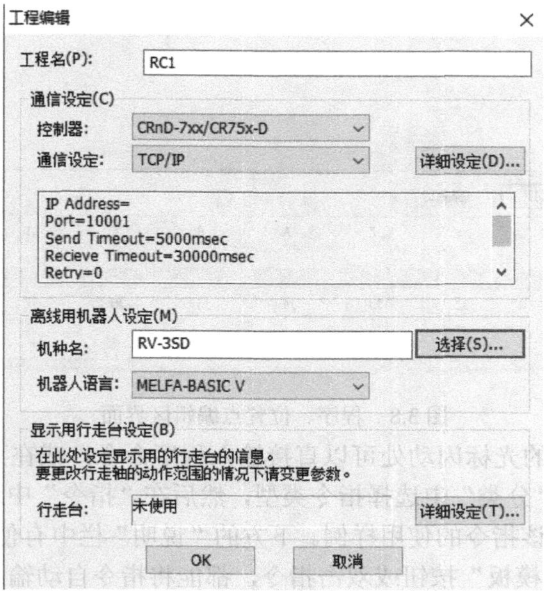

图 3.6　“工程编辑”界面

(5) 在“工作区”工程“RC1”下的“离线”→“程序”上单击右键，在出现的菜单中单击“新建”，在弹出的“新机器人程序”界面的“机器人程序”后面输入程序名，最后单击“OK”按钮，如图 3.7 所示。

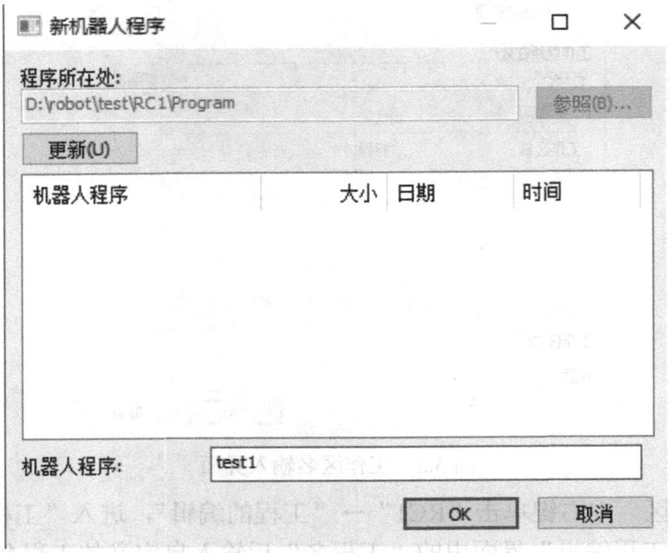

图 3.7　“新机器人程序”界面

(6) 完成程序的建立后，弹出如图 3.8 所示的程序编辑界面，其中，上半部分是程序编辑区，下半部分是位置点编辑区。

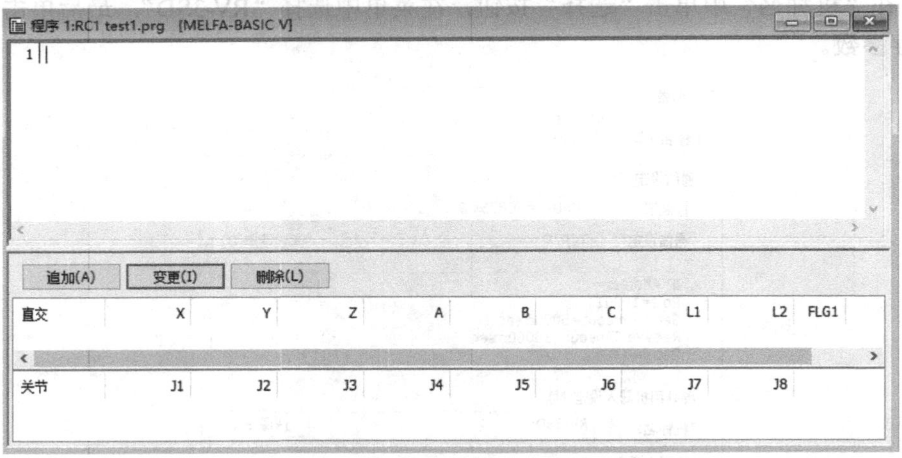

图 3.8　程序、位置点编辑区界面

(7) 在程序编辑区的光标闪动处可以直接输入程序命令，或在菜单“工具”中选择并单击“指令模板”，在“分类”中选择指令类型，然后在“指令”中选择合适的指令，最后在“模板”中可以看到该指令的使用样例。下方的“说明”栏中有使用此指令的简单说明，选中指令后单击“插入模板”按钮或双击指令，都能将指令自动输入到程序编辑区，如图 3.9 所示。

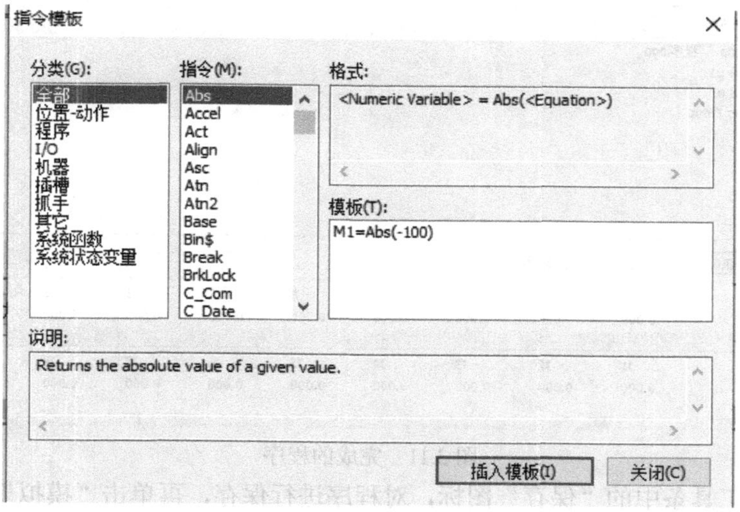

图 3.9 “指令模板”界面

(8) 指令输入完成后，在位置点编辑区单击“追加”，增加新位置点，在“位置数据的编辑”界面的“变量名”后输入与程序中相对应的名字，对“类型”进行选择，默认为“直交型”。如编辑时无法确定具体数值，可单击“OK”按钮先完成变量的添加，再用示教的方式进行编辑，如图 3.10 所示。

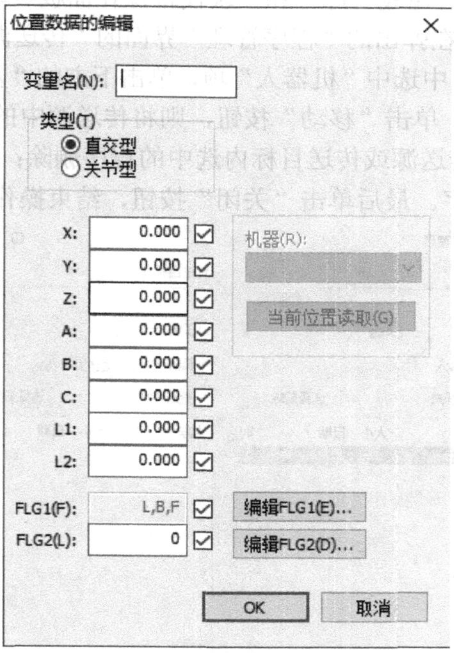

图 3.10 “位置数据的编辑”界面

(9) 完成编辑后的程序如图 3.11 所示。此程序运行后将控制机器人在两个位置点之间循环移动。各指令后以“'”开始输入的文字为注释，有助于对程序的理解和记忆。符号“'”在半角英文标点输入下才有效，否则程序会报错。

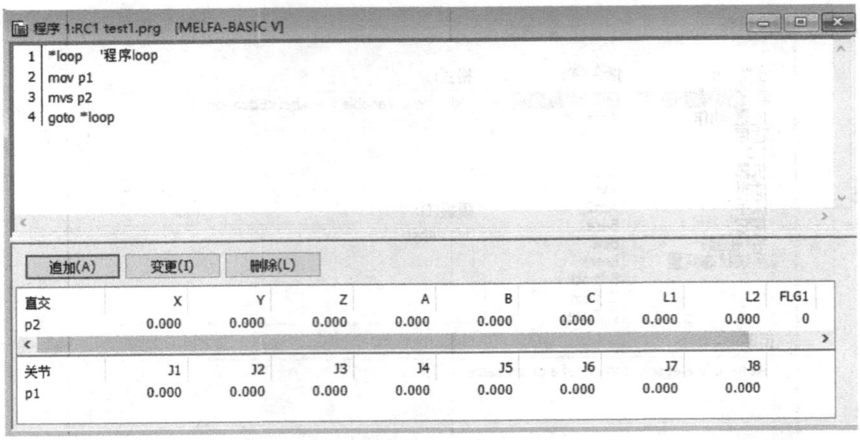

图 3.11 完成的程序

(10) 单击工具条中的“保存”图标，对程序进行保存，再单击“模拟”图标，进入模拟仿真环境，工具条如图 3.12 所示。

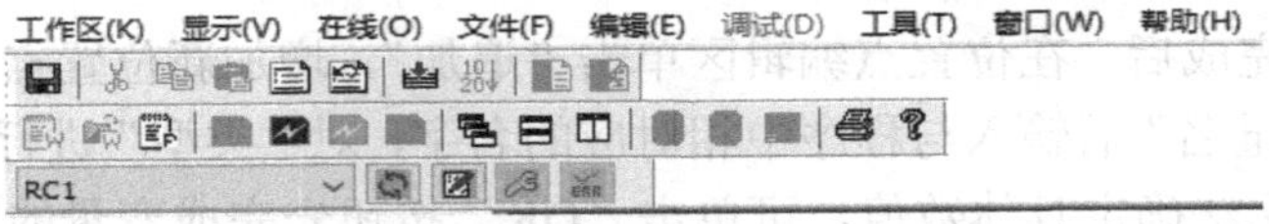

图 3.12 工具条

(11) 在工作区中增加“在线”部分和一块模拟操作面板。单击“在线”→“程序”，再右击选中“程序管理”，在弹出的“程序管理”界面的“传送源”中选中“工程”项，再选中工程，在“传送目标”中选中“机器人”项，单击下方的“复制”按钮，将“test1.prg”工程复制到模拟机器人中；单击“移动”按钮，则将传送源中的程序剪切到传送目标中；单击“删除”按钮，则将传送源或传送目标内选中的程序删除；单击“名字的变更”按钮，则可以改变选中程序的名字。最后单击“关闭”按钮，结束操作，如图 3.13 所示。

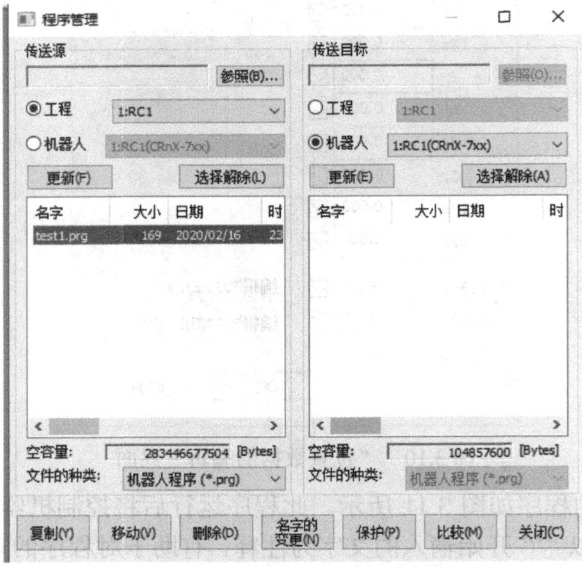

图 3.13 “程序管理”界面

(12) 双击“工作区”的工程“RC1”→“在线”→“程序”下的“test1”，打开程序；双击“工作区”的工程“RC1”→“在线”下的“RV-3SD”，打开仿真机器人监视界面。在模拟操作面板上单击“JOG 操作”按钮，将操作模式选择为“直交”。在位置点编辑区先选中“P0”，再单击“变量(变更)”按钮，然后在“位置数据的编辑”中单击“当前位置读取”按钮，将此位置定义为 P0 点。

单击各轴右侧的“–”“+”按钮对位置进行调整，完成后将位置定义为 P1 点，并进行保存，如图 3.14 所示。

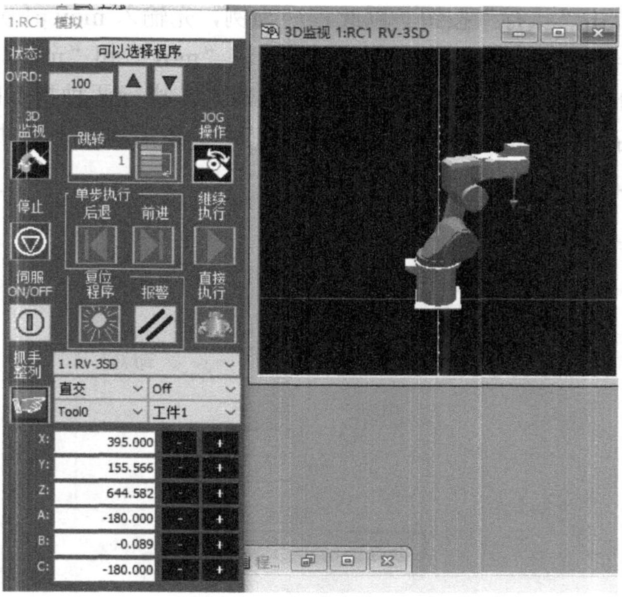

图 3.14 模拟操作界面

(13) 选中“工作区”的工程“RC1”→“在线”→“程序”下的“test1”，单击右键，选择“调试状态下的打开”，此时模拟操作面板如图 3.15 所示。单击“OVRD”右侧的上、下调整按钮调节机器人运行速度，并显示在中间的显示框内。单击“单步执行”中的“前进”按钮，使程序单步执行；单击“继续执行”按钮，则程序连续运行。同时，左侧程序编辑栏中有三角箭头指示当前的执行步位置，如图 3.15 所示。

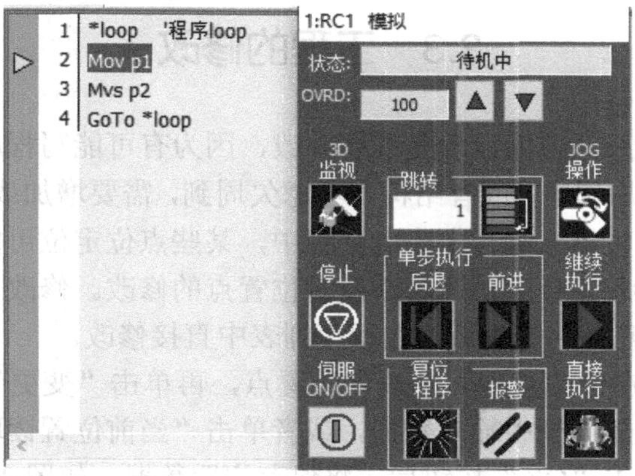

图 3.15 模拟操作面板

(14) 运行中出现错误时，会在“状态”右侧的显示框内闪现“警告 报警号 XXXX”信息，同时机器人伺服关闭。单击“报警确认”，弹出报警信号说明，单击“复位”中的“报警”按钮可以清除警报。根据报警信息修改程序相关部分，单击“伺服 ON/OFF”按钮后重新执行程序。

(15) 对需要调试的程序段，可以在“跳转”中直接输入程序段号并单击图标，直接跳转到指定的程序段运行。

(16) 在调试时，如要使用非程序内指令段，可单击“直接执行”按钮，在“指令”中输入新的指令段后单击“执行”按钮。以此程序为例，先输入 mov p1 并执行，再输入 mvs p1 并执行，观察机器人运行的动作轨迹。为了比较“mov”和“mvs”指令的区别，先输入 mov p2 并执行，再输入 mvs p2 并执行，观察机器人在执行两种指令时运动轨迹的不同。“历史”栏中将保存输入过的指令，可直接双击其中一条后执行。单击“清除”按钮可将记录的历史指令进行清除，如图 3.16 所示。

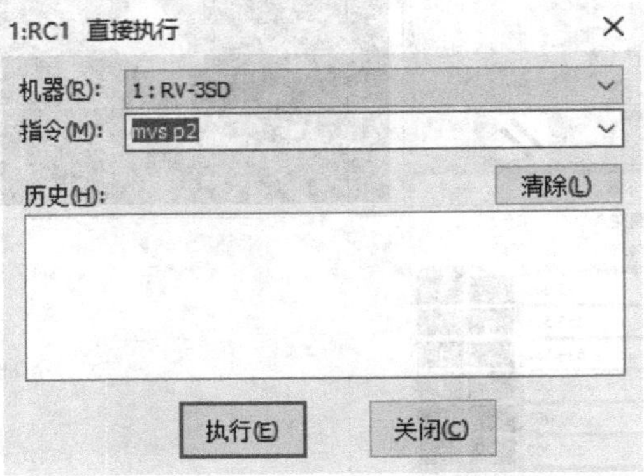

图 3.16 “直接执行”界面

(17) 仿真运行完成后单击在线程序界面的关闭按钮，同时保存工程。然后将修改过的程序通过“工程管理”复制并覆盖到原工程中。

(18) 单击工具条上的“在线”图标，连接到机器人控制器。之后的操作与模拟操作时的相同，先将工程文件复制到机器人控制器中，再调试程序。

3.3 工程的修改

工程的修改主要涉及两方面：一是程序修改，因为有可能写程序的过程中没有考虑到某些点位，这就需要增加程序，或者结构上考虑欠周到，需要增加或修改相应的控制结构；二是位置点修改，工业机器人编程定点的过程中，某些点位定位可能不够精确，造成机械手不能将相应的工件放入工位中，这就涉及对位置点的修改。修改工程的具体方法如下：

(1) 程序修改：打开样例工程后，在程序列表中直接修改。

(2) 位置点修改：在位置点列表中选中位置点，再单击“变更”按钮，在弹出的界面中可以直接在对应的轴数据框中输入数据，或者单击“当前位置读取”按钮，自动输入各轴的当前位置数据，单击“OK”按钮后，将保存位置数据，如图 3.17 所示。

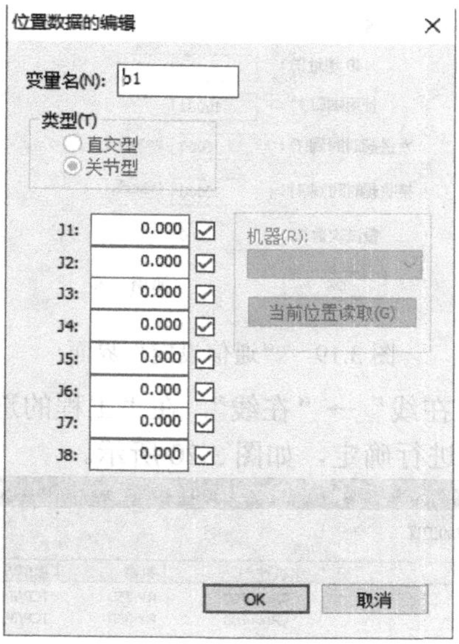

图 3.17　位置点修改界面

3.4　在 线 操 作

(1) 在“工作区”中右键单击“RC1”→“工程的编辑”，弹出“工程编辑”界面，如图 3.18 所示。

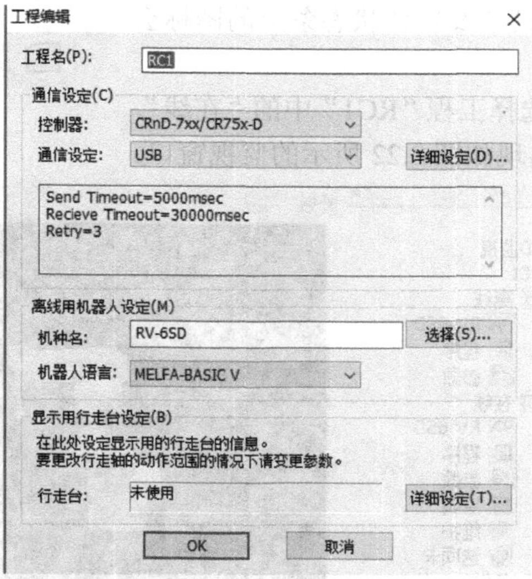

图 3.18　“工程编辑”界面

(2) 在“通信设定”中选择“TCP/IP”方式，再单击“详细设定”按钮，在“IP 地址”中输入机器人控制的 IP 地址(可在控制器上电后按动“CHNG DISP”键，直到显示“No Message”时再按“UP”键，此时将显示出控制器的 IP 地址)，同时设置计算机的 IP 地址在同一网段内且地址不冲突，如图 3.19 所示。

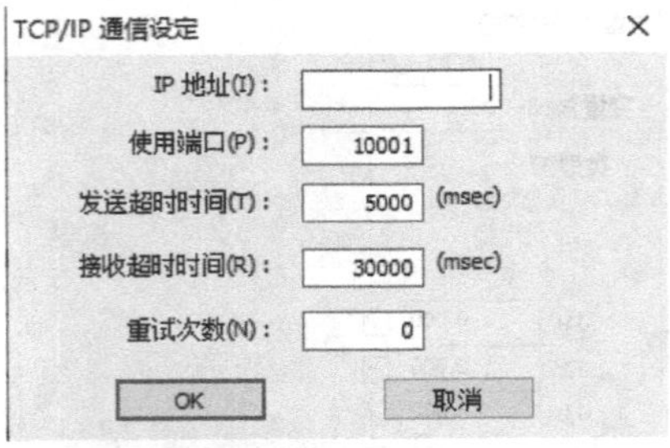

图 3.19 “通信设定”界面

(3) 在菜单选项中单击“在线”→“在线”，在“工程的选择”界面中选择要连接在线的工程后，单击“OK”按钮进行确定，如图 3.20 所示。

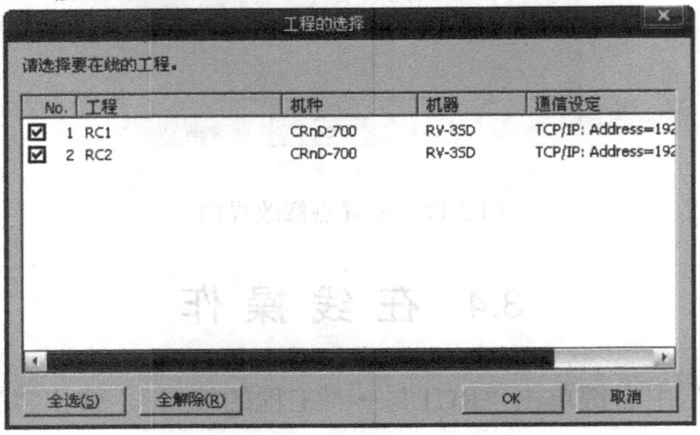

图 3.20 “工程的选择”界面

(4) 连接正常后，工具条及软件状态条上的图标会改变，如图 3.21 所示。

图 3.21 软件状态条

(5) 在“工作区”中选择工程“RC1”中的“在线”，双击其下的“RV-6SD”，出现如图 3.22 所示的监视窗口。

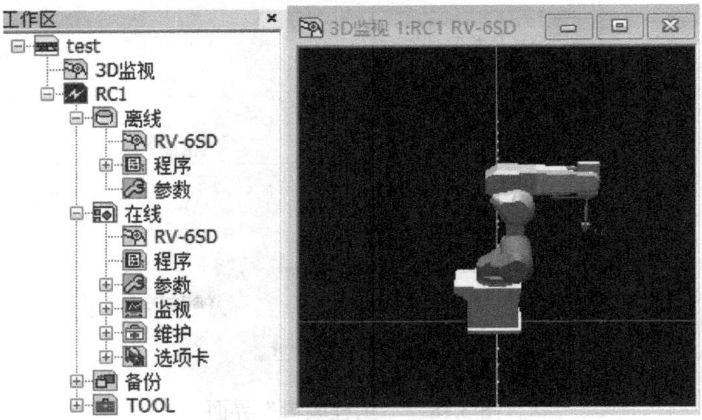

图 3.22 RV-6SD 界面

(6) 在工具条中单击“面板的显示”，监视窗口左侧会显示如图 3.23 所示的侧边栏。点击“Zoom”旁边的上升、下降图标，可对窗口中的机器人图像进行放大、缩小；点击 X 轴、Y 轴、Z 轴旁边的上升(+)、下降(–)图标，可使窗口中的机器人图像沿 X、Y、Z 轴的正负方向运动。

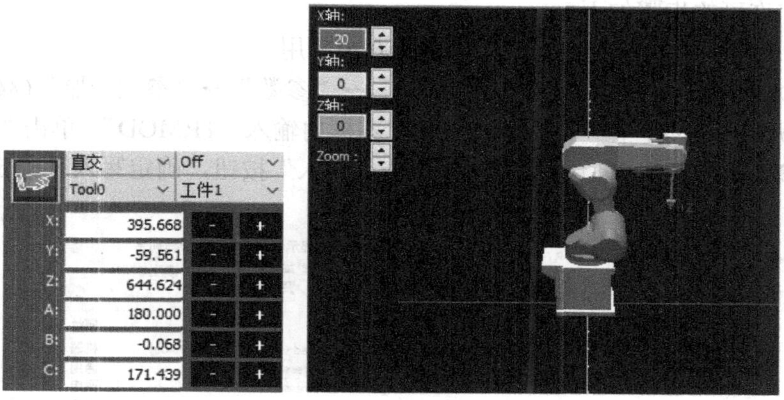

图 3.23　“面板的显示”界面

3.5　机器人参数设置

1. 机器人序列号设置

每一台机器人本体都有一个唯一的序列号，标识在本体 J1 轴后面(线缆接口座上方)的标签上，如“SERIAL DA106019R”。

使用机器人软件并联机，选择“在线”→“参数”→“参数一览”(双击打开)，打开如图 3.24 所示的界面，在“参数名”后的文本框内输入“SERIAL”，单击“读出”按钮，在弹出的“参数的编辑”窗口中将目标机器人的序列号输入到文本框中，单击“写入”按钮，确定写入并确定重启控制器完成设置。

图 3.24　机器人序列号设置界面

2. 跟踪许可设置

设置跟踪许可的步骤如下：

(1) 跟踪许可设置，输入 1 为使用，输入 0 为禁用。

(2) 使用机器人软件并联机，选择“在线”→“参数”→“参数一览”(双击打开)，打开如图 3.25 所示的界面，在“参数名”后的文本框内输入“TRMOD”，单击“读出”按钮，在弹出的“参数的编辑”窗口中输入 1，单击“写入”按钮，确定写入并确定重启控制器完成设置。

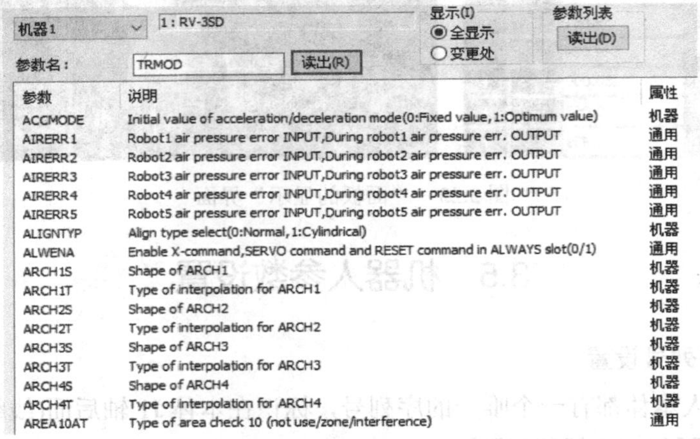

图 3.25　跟踪许可设置界面

3. 网络设置

设置网络的步骤如下：

(1) 以太网通信设置包括本机 IP 地址、与之组网的智能视觉系统和 PLC 的 IP 地址及端口号的设置。

(2) 使用机器人软件并联机，选择“在线”→“参数”→“Ethernet 设定”(双击打开)，在“线路和设备的设定”区“COM2:”后的下拉框中选择“OPT11”，在“COM3:”后的下拉框中选择“OPT12”；在“通信设定”区“NETIP”后的文本框中输入本机 IP 地址“192.168.0.20”，如图 3.26 所示。

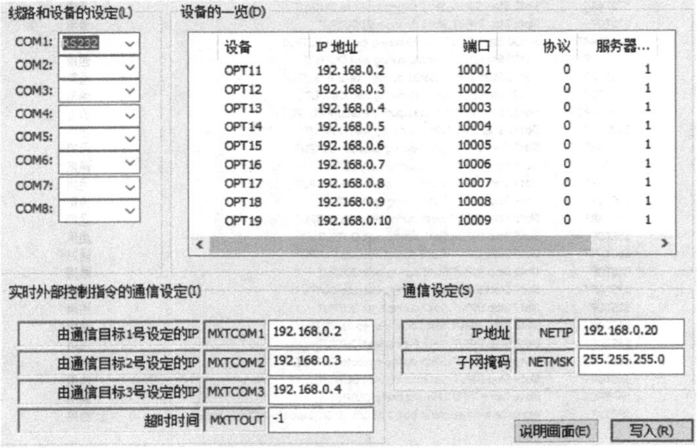

图 3.26　网络设置界面

(3) 双击“设备的一览”中的“OPT11”所在行，设置与视觉传感器的通信参数：IP 地址为 192.168.1.2，端口号为 10001，协议为 2，服务器设定为 0，结束编码为 0。单击“OK”按钮确定，如图 3.27 所示。

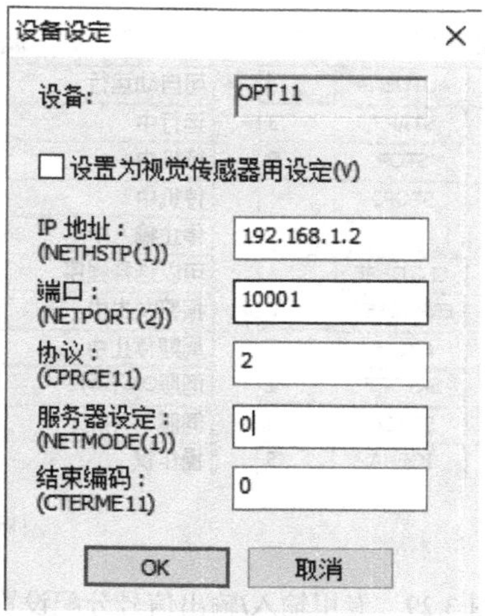

图 3.27　视觉通信参数设置界面

(4) 双击“设备的一览”中的“OPT12”所在行，设置与 PLC 的通信参数：IP 地址为 192.168.1.9，端口号为 10002，协议为 2，服务器设定为 1，结束编码为 0。单击“OK”按钮确定，如图 3.28 所示。

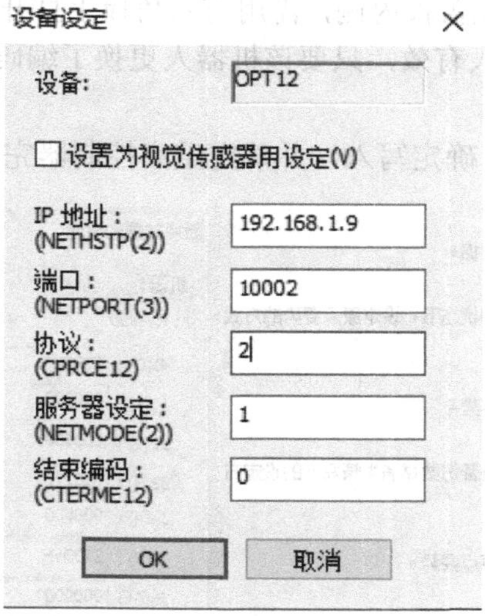

图 3.28　PLC 通信参数设置界面

(5) 在“Ethernet 设定”窗口的右下方，单击“写入”按钮，确定写入，并确定重启控制器完成设置。

4. 专用输入/输出信号分配设置

专用输入/输出信号分配设置步骤如下：

(1) 使用机器人软件并联机，选择“在线”→“参数”→“专用输入输出信号分配”→“通用 1”(双击打开)，按图 3.29 进行设置。

(2) 单击“写入”按钮，确定重启控制器完成设置。

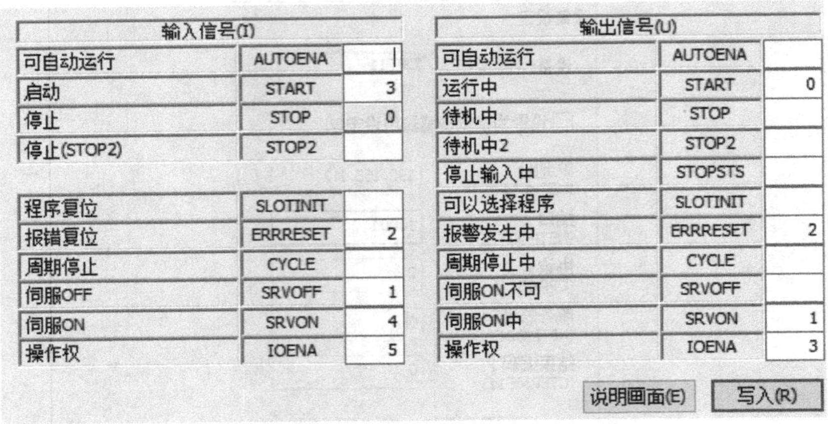

图 3.29　专用输入/输出信号分配设置

5. 机器人原点设置

机器人原点设置步骤如下：

(1) 使用机器人软件并联机，选择“在线”→“维护”→“原点数据”(双击打开)，单击“原点数据输入方式”按钮，输入与机器人本体内部标识一致的字符串(该字符串标识在机器人本体 J2 轴背部的外壳盖板内侧，需用内六角扳手打开盖板才能看到)。注：此种原点输入方式只针对新的机器人有效，只要该机器人更换了编码器电池(本体内部的 5 只 A6 BAT)，此种方式就无效了。

(2) 单击“写入”按钮，确定写入，并确定重启控制器完成设置，如图 3.30 所示。

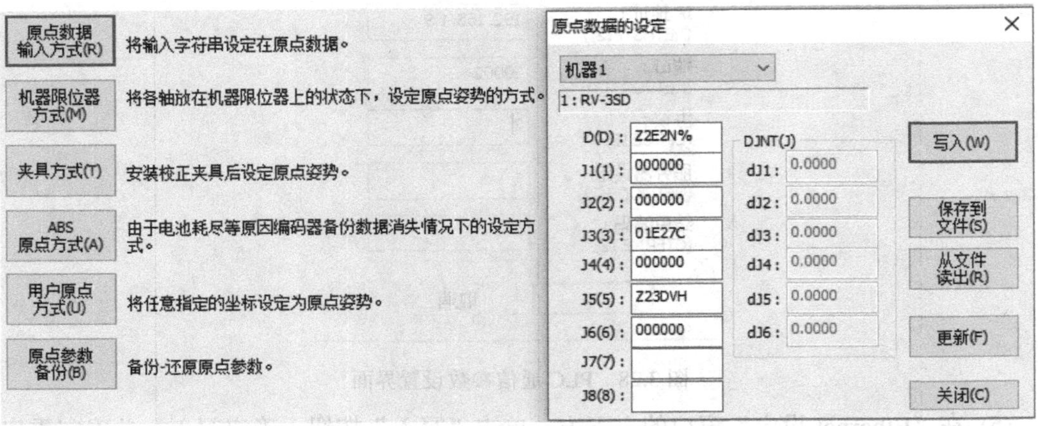

图 3.30　机器人原点设置

6. 更换电池后的原点设置

更换电池后的原点设置步骤如下：

(1) 当机器人内部的电池电压低时，原点数据会丢失，此时字符串输入方式设置无效，可以尝试其他原点设置方式，但必须先将机器人的各关节调节到机械原点位置(使各关节的三角对准)。

(2) 原点数据丢失时，往往无法用常规手动方式移动机器人，可以先尝试用常规手动方式操作机器人，看能不能将机器人各关节调节到机械原点位置；如果不行，此时有两种特殊方式可以将各关节调节到机械原点位置。

方式一：示教单元强制操作。

机器人控制器打到手动，按下示教单元 TB ENABLE，按住示教单元有效开关(背面三挡开关)，打开“伺服”，按“JOG”键，再按“FUNCTION”键选择关节模式，同时按住“CHARACTER”键，这时可以按 J1～J6 的“+”“-”控制关节，选择合适的速度，使关节的三角对准。

方式二：解除抱闸人工操作。

机器人控制器打到手动，按下示教单元 TB ENABLE，示教单元在主菜单下按 4 进入“原点/抱闸”界面，按 2 进入“解除抱闸”界面，默认 J1～J6 的解除抱闸参数都为“0”，按方向键选择需要解闸的关节，并将当前关节的参数改为“1”，这时按住示教单元有效开关(背面三挡开关)，同时按住 F1 不放，机器人当前关节就解除了抱闸，可以靠人力移动了，使机器人当前关节的三角对准。

(3) 当机器人的各关节调节到机械原点位置(各关节的三角对准)后，先进行一次“用户原点方式”设置操作。使用机器人软件并联机，选择“在线”→“维护”→“原点数据”(双击打开)，单击“用户原点方式”按钮，将 J1(0)、J2(0)、J3(90)、J4(0)、J5(0)、J6(0)打上勾，单击“原点设定”按钮，确定写入、确定重启控制器完成设置。

(4) 接着再进行“ABS 原点方式”设置操作，使用机器人软件并联机，“在线”→“维护”→“原点数据”(双击打开)，单击“ABS 原点方式”，将 J1(0)、J2(-90)、J3(170)、J4(0)、J5(4)、J6(0)打上勾，单击“原点设定”按钮，确定写入，并确定重启控制器完成设置，如图 3.31 所示。

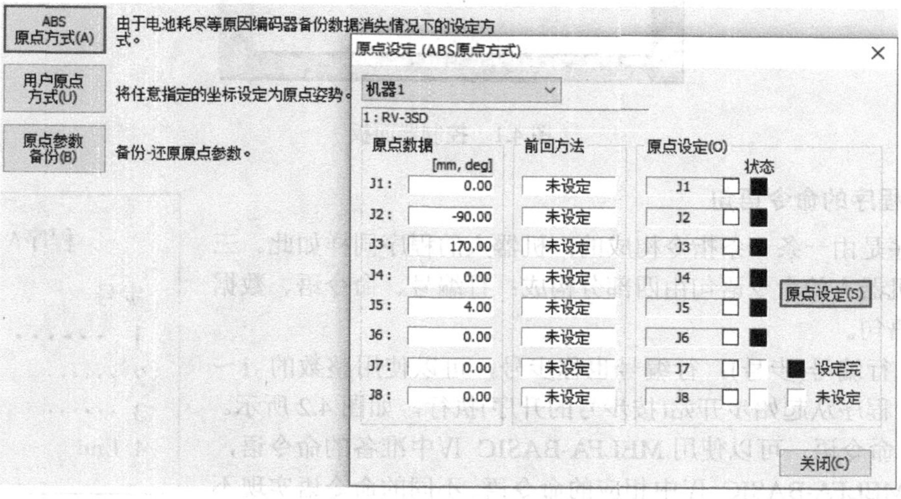

图 3.31 更换电池后原点设置

第四章　三菱机器人常用控制指令

目前每一种工业机器人使用的编程语言都有区别，三菱工业机器人 MELFA 系列使用的语言为 MELFA-BASIC Ⅴ，本章介绍使用该语言进行编程的有关内容。

4.1　MELFA-BASIC Ⅴ的规格

MELFA-BASIC Ⅴ是三菱工业机器人使用的编程语言，MELFA-BASIC Ⅴ的语言规则主要包含三部分内容：一是程序名的命名规则，即程序命名必须符合相应的规则；二是程序的命令语句，它由行编号、命令语、数据、附随语句构成；三是程序的常量及变量，机器人程序也是一种编程语言，对于任何一种编程语言，必然涉及常量和变量。

1. 程序名称

程序的名称由英文大写字母、数字组成，最多可显示 12 个字符。控制器的面板中最多可显示的字符为 4 个，如图 4.1 所示。

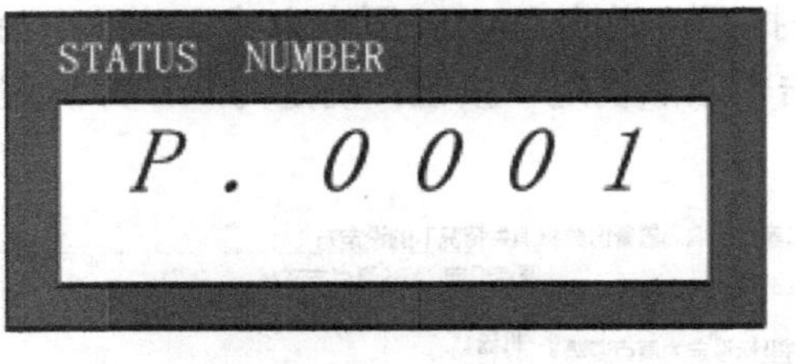

图 4.1　控制器面板

2. 程序的命令语句

程序是由一条一条指令构成的，机器人的程序同样如此。三菱工业机器人的命令语句由四部分构成：行编号、命令语、数据和附随语句。

(1) 行编号(步号)：行编号也称步号，可以使用整数的 1～32 767，程序从起始步开始(按步号的升序)执行，如图 4.2 所示。

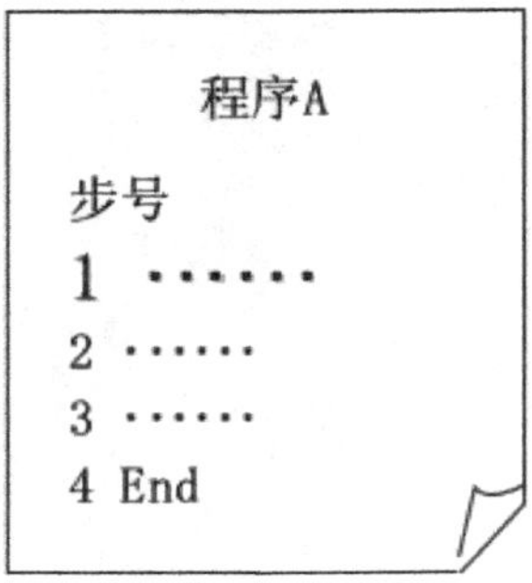

图 4.2　程序步号

(2) 命令语：可以使用 MELFA-BASIC Ⅳ中准备的命令语，也就是 MELFA-BASIC Ⅳ中相应的命令语。不同的命令语实现不同的功能。

(3) 数据：记述常量及变量。常量包括 5 种类型，即数值、字符串、位置、关节和角度；变量也包括五种类型，即计算式、字符串、位置、关节和输入/输出类型，如图 4.3 所示。

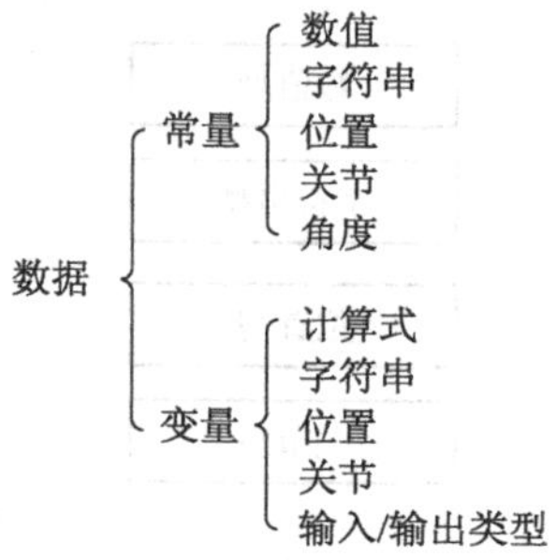

图 4.3　数据类型

(4) 附随语句：只能对移动命令附随处理命令。附随语句的含义是某个命令必须在一定的条件下才能执行。如图 4.4 所示，这条指令的含义就是要执行 MOV P1，前提条件必须满足 M_OUT(17)=0。

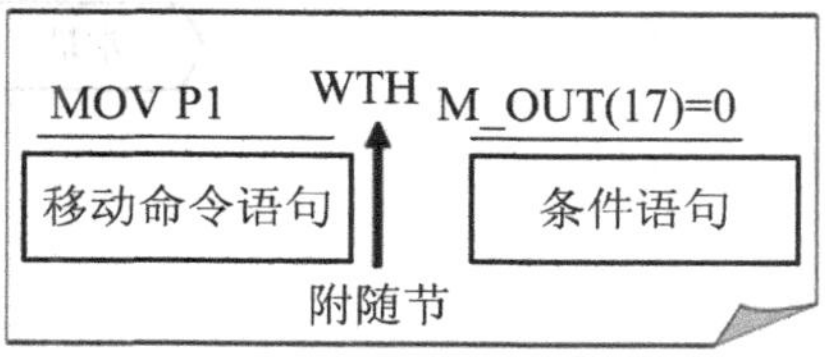

图 4.4　附随语句

(5) 标识：用于在程序中指定分支目标。程序在执行过程中可能会发生跳转，这种跳转有可能是无条件的跳转，也有可能是有条件的跳转，在跳转的过程中就会使用标识，用来表示跳转的符号地址，如图 4.5 所示。

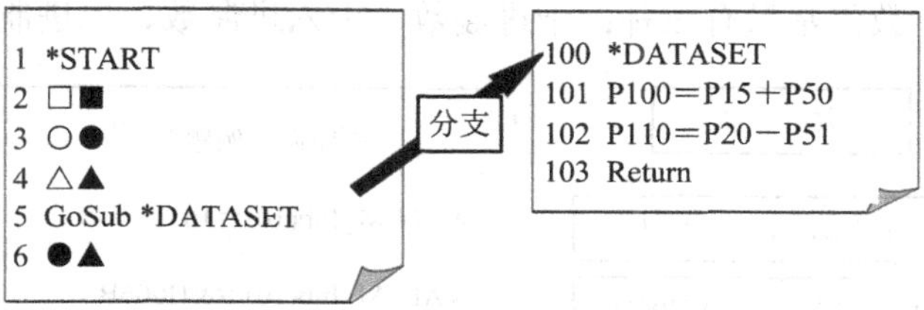

图 4.5　标识

(6) 特殊字符：主要包括英文字母、数字、符号、空白、下划线五类，如图 4.6 所示。

<table>
<tr><th>区分</th><th>可以使用的字符</th></tr>
<tr><td>英文字母</td><td>ABCDEFGHIJKLMNOPQRSTUVWXYZ
abcdefghijklmnopqrxtuvwxyz</td></tr>
<tr><td>数字</td><td>0123456789</td></tr>
<tr><td>符号</td><td>! " # $ % & ( ) * + − . , / : ; = < > ? @ '
[\ ] ^ { } ~ |</td></tr>
<tr><td>空白</td><td>空白字符 ＜ 空格</td></tr>
<tr><td>下划线</td><td>_ ＜ 下划线</td></tr>
</table>

图 4.6　特殊字符

3. 程序的常量及变量

(1) 数据类型。数据类型的变量有四种：数值型、字符串型、位置型、关节型，如图4.7所示。

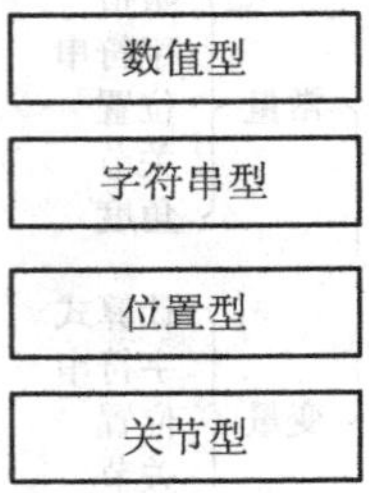

图 4.7　数据类型

(2) 常量。常量有五种类型：数值、字符串、位置、关节、角度，如图4.8所示。

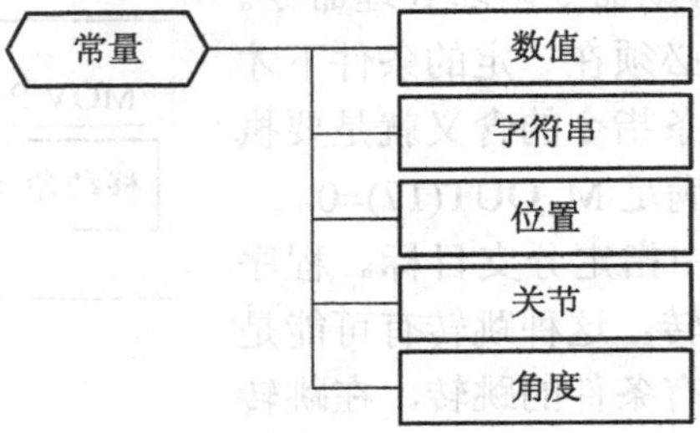

图 4.8　常量

(3) 数值常量。数值常量有三种：十进制数、十六进制数、二进制数，如图4.9所示。

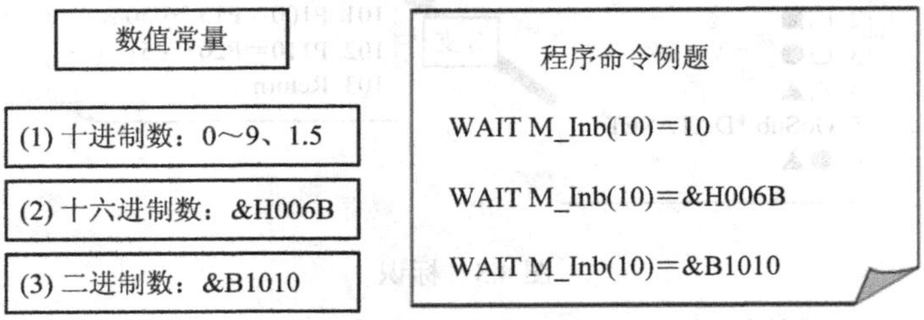

图 4.9　数值常量

(4) 位置常量。位置常量由包括附加轴在内的 8 轴的位置数据及表示姿势的结构标志构成，如图4.10所示。

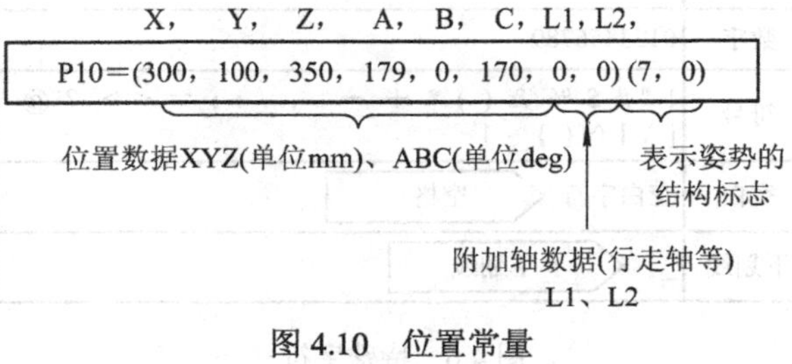

图 4.10　位置常量

(5) 其他常量。其他常量有将各轴用角度表示的关节常量、表示字符串信息的字符串常量，如图 4.11 所示。

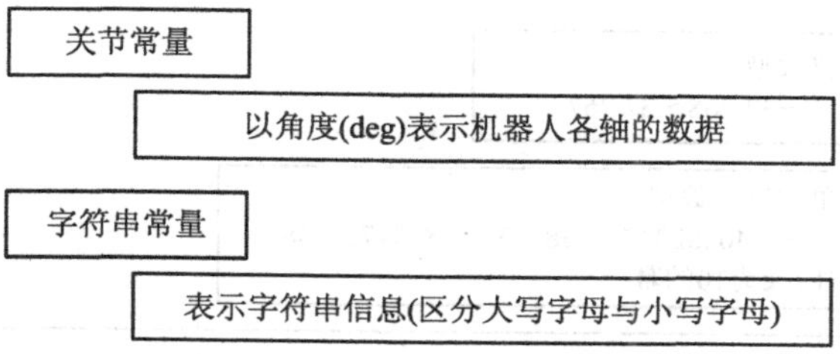

图 4.11　其他常量

(6) 变量。变量包括五种类型：算术型、字符串型、位置型、关节型、输入/输出型，如图 4.12 所示。

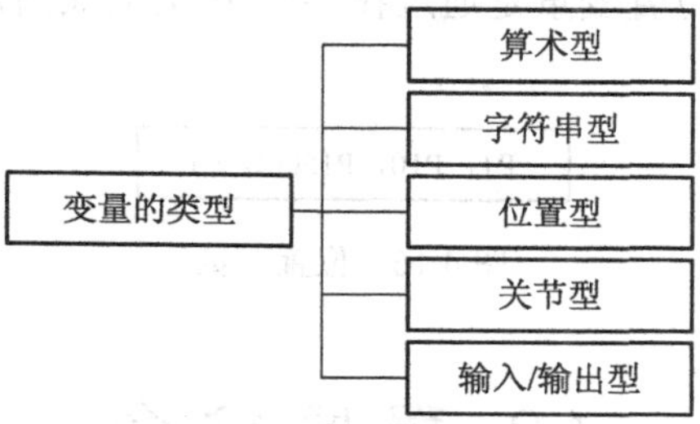

图 4.12　变量

变量类型中还有包括以下字母的类型：将 M 附加在最前面的数值变量，将 P 附加在最前面的位置变量，将 J 附加在最前面的关节变量以及将 C 附加在最前面的字符串变量，如图 4.13 所示。

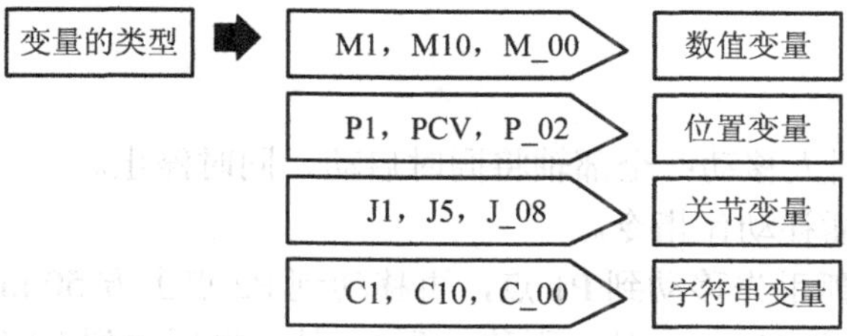

图 4.13　变量类型

变量按不同标准还可分为仅在一个程序内有效的局部变量和全部程序之间共用的外部变量，如图 4.14 所示。

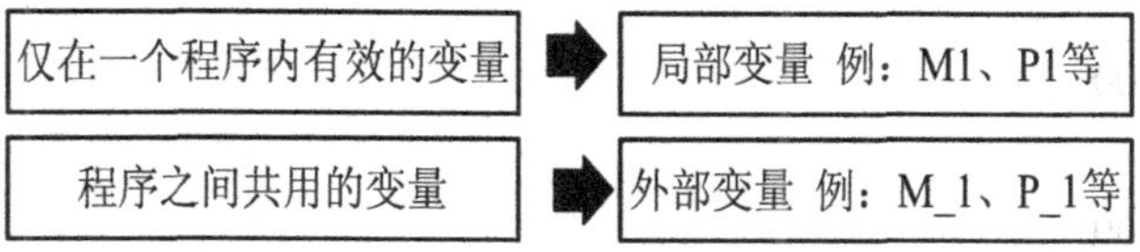

图 4.14　局部变量、外部变量

(7) 数值变量的类型。数值变量包含三种类型：整数型、单精度实数型和双精度实数型，如图 4.15 所示。

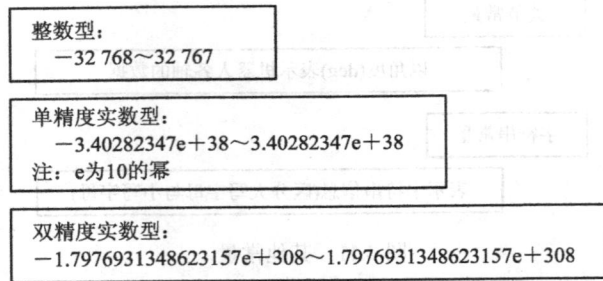

整数型：
−32 768～32 767

单精度实数型：
−3.40282347e+38～3.40282347e+38
注：e为10的幂

双精度实数型：
−1.7976931348623157e+308～1.7976931348623157e+308

图 4.15　数值变量

(8) 位置变量的构成。位置变量是通过在字母 P 的后面附加数字、英文字符、成分等构成，如图 4.16 所示。

P1，P10，P150(数字)

图 4.16　位置变量

4.2　程序命令

要控制机器人运动，除了具备相应的硬件(机器人本体及控制器)，还需要编写相应的控制程序，而机器人的控制程序是由一条一条的指令构成的。本节主要介绍三菱机械手的常用指令，这些指令主要包括插补命令、速度命令、抓手处理命令、子程序命令、分支命令、循环命令等。

1．插补命令

该命令用于使机器人移动；全部轴将同时启动、同时停止。

(1) MOV：关节插补动作指令。

以图 4.17 为例，抓手先移动到 P1 点，再移动到 P2 点上方 50 mm 处，然后移动到 P2 处，接着移动到 P3 后方 100 mm 处，再移动到 P3 处，最后回到 P3 后方 100 mm 处。根据图中动作轨迹，使用关节插补动作指令，相应程序如下：

```
MOV P1
MOV P2，-50
MOV P2
MOV P3，-100
MOV P3
MOV P3，-100
END
```

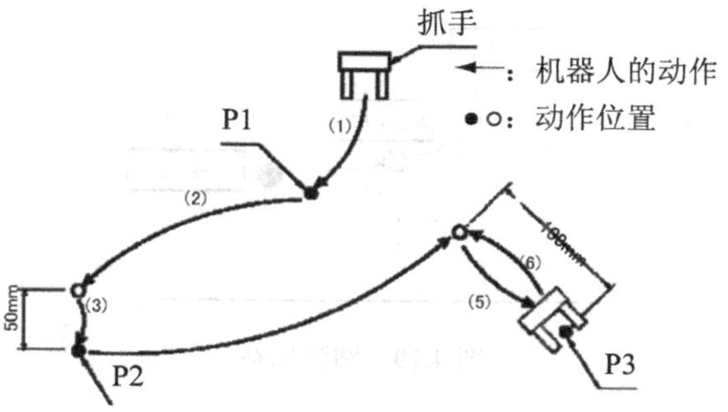

图 4.17　关节插补

(2) MVS：直线插补动作指令。

以图 4.18 为例，抓手先移动到 P1 点，再移动到 P2 点上方 50 mm 处，然后移动到 P2 处，接着移动到 P3 后方 100 mm 处，再移动到 P3 处，最后回到 P3 后方 100 mm 处，根据图中动作轨迹，使用直线插补动作指令，相应程序如下：

```
MVS P1
MVS P2，-50
MVS P2
MVS P3，-100
MVS P3
MVS P3，-100
END
```

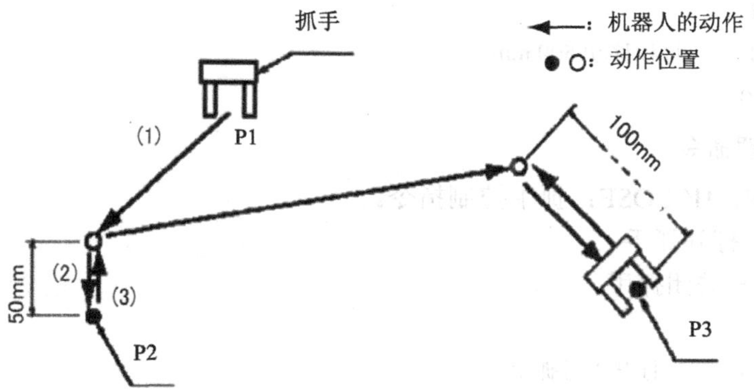

图 4.18　直线插补

(3) MVR：圆弧插补指令。

通过圆弧插补指令进行移动，直至到达目标位置。MVR 指令需要指定起点、通过点、终点，依照“起点→通过点→终点”的顺序运动，如图 4.19 所示。

例：

```
MVR　P1, P2, P3
```

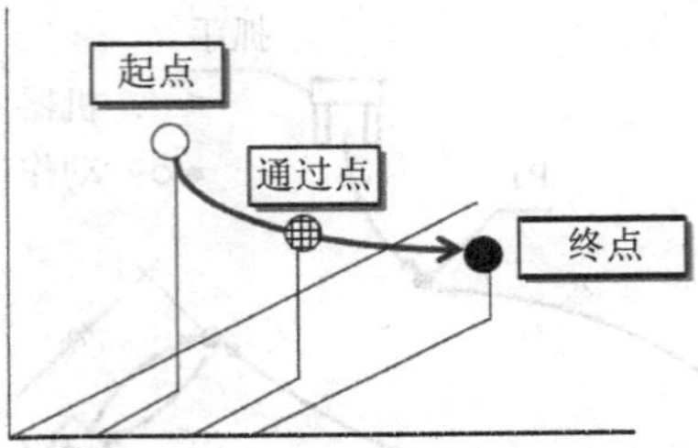

图 4.19　圆弧插补

2．速度命令

(1) ACCEL：加、减速控制指令。

ACCEL 指令用于移动时的加、减速度，以指定最高速度的比例(%)。

例：

ACCEL　　　　加减速全部以 100%设定

ACCEL 60，80　　加速度以 60%设定，减速度以 80%设定

(2) OVDR：速度控制指令。

OVDR 指令用于程序全体的动作速度，以指定最高速度的比例(%)。

例：

OVDR 50　　　　关节插补、直线插补、圆弧插补动作都以最高速度的 50%设定

(3) SPD：速度设定指令，对 MVS、MVR 命令有效。其设置单位为每 1 秒移动的距离。

例：

MOV P1

SPD 500　　每秒移动 500 mm

MVS P10

3．抓手处理命令

(1) HOPEN、HCLOSE：抓手控制指令。

HOPEN——打开抓手。

HCLOSE——关闭抓手。

例：

HOPEN 1　　打开 1 号抓手

HCLOSE 1　　关闭 1 号抓手

(2) DLY：定时器指令。

如果执行此指令，则按指定的时间进行等待后，转移至下一行执行指令。抓手抓取工件或者放置工件时，若希望抓取或放置工件的动作稳定，一般会用到定时器指令。DLY 定时器指令以 1000 ms 为最小单位。

例：

MOV P10

HClose 1

```
DLY 1.0          定时 1 秒
MVS P10+P5
```

4．子程序命令

(1) CALLP、FPRM：调用指定的程序并执行，可以对调用前程序中定义的变量进行引用。

例：

```
主程序：
M1=0
CALLP "10" M10,P1, P5
M20=M10
WAIT M_IN(10)=1
副程序：
"10"
FPRM M1,P1,P2
IF M1=1 THEN GOTO *L
MOV P1
*l
```

(2) GO SUB 指令。

GO SUB 指令用于执行指定标识的副程序。RETURN 指令与 GO SUB 指令配套使用，相当于返回指令，用于程序的恢复。

例：

```
MOV P1
GO SUB *LOOP
MOV P2
*LOOP
HOPEN 1
DLY 1
RETURN
```

5．分支命令

(1) GOTO：无条件跳过指定的标签。

例：

```
*LOOP
MOV P0
MVS P1
GOTO   *LOOP
END
```

(2) WAIT：等待指定的变量成为指定的值为止。

例：

```
*LOOP
MOV P0
MVS P1
WAIT M_IN(12)=1        直到输入量 12 变成 1 为止
GOTO   *LOOP
END
```

(3) IF THEN ELSE：IF 语句中指定的条件式的结果成立时跳转至 THEN 行，不成立时跳转至 ELSE 行。该指令用于在程序中进行无条件跳转及根据条件判别结果跳转等情况。

例：

```
MVS P10
IF M1<10 THEN *CHECK ELSE *WK
*CHECK
IF   M_IN(900)=10 THEN *NXT1 ELSE *WK1
*NXT1
```

(4) IF THEN ELSE ENDIF：如果满足 IF 后面的条件，则执行 THEN 之后的语句；如果不满足 IF 后面的条件，则执行 ELSE 后面的语句；ENDIF 表示结束 IF 语句。

例：

```
IF M1=1 THEN
M2=1
M3=2
ELSE
M2=-1
M3=-2
ENDIF
```

6．循环命令

(1) FOR…NEXT：FOR 和 NEXT 之间的程序在满足结束条件前，循环地执行。

例：编写 1～10 的求和程序。

```
MSUM=0
FOR M1=1 TO 10
MSUM=MSUM+1
NEXT M1
```

(2) WHILE…WEND：满足循环(LOOP)条件时，WHILE 和 WEND 之间的程序循环执行。

循环执行的格式如图 4.20 所示。

```
WHILE <循环条件>
  ⋮
WEND
```

图 4.20　循环条件

例：

```
WHILE (M1>=-5) AND (M1<=5)
M1=-(M1+1)
M_OUT(8)=M1
```

```
WEND
END
```

7. 停止及 END 命令

(1) HLT：程序的停止指令。如果执行此指令，程序将停止，通过开始信号可继续执行程序。

```
M_OUT(10)=1
DLY 1
HLT
P100=P_CURR
```

(2) END：对程序的最终行进行定义，如果将循环停止置于“ON”，运行的程序将在执行 1 个循环后结束。

例：

```
OVRD 80
MOV P10
MOV P1
M_OUT(8)=0
DLY 0.5
END
```

8. 码垛控制命令

PALLET：排列运算指令。

DEF PLT　定义使用的 Pallet

PLT　　　用运算求得 Pallet 上的指定位置

例：

DEF PLT 1，P1，P2，P3，P4，4，3，1　定义在指定托盘号码 1，有起点=P1，终点 A=P2，终点 B=P3，对角点=P4 的 4 点地方，个数 A=4 层，个数 B=3 列的合计 12 个(4 × 3)的作业位置，用托盘模型=1(Z 字型)进行运算(2=同方向)

P0=(Plt 1，5)　运算托盘号码 1 的第 5 个位置为 P0 位置点

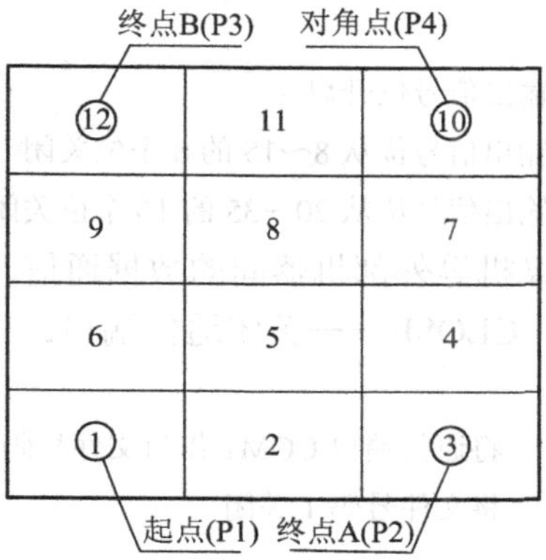

实训设备上的库架为 3×3 共 9 个仓位，对应各位置点如下设置：

P4	P15	P5
P12	P13	P14
P2	P11	P3

使用 PALLET 指令可有以下十四种组合：

DEF PLT 1，P2，P3，P4，P5，3，3，1	3 层、3 列
DEF PLT 1，P2，P3，P4，P5，3，2，1	3 层、2 列
DEF PLT 1，P2，P11，P4，P15，3，2，1	3 层、2 列
DEF PLT 1，P11，P3，P15，P5，3，2，1	3 层、2 列
DEF PLT 1，P2，P3，P4，P5，2，3，1	2 层、3 列
DEF PLT 1，P2，P3，P12，P14，2，3，1	2 层、3 列
DEF PLT 1，P12，P14，P4，P5，2，3，1	2 层、3 列
DEF PLT 1，P2，P3，P4，P5，2，2，1	2 层、2 列
DEF PLT 1，P2，P11，P12，P13，2，2，1	2 层、2 列
DEF PLT 1，P2，P11，P4，P15，2，2，1	2 层、2 列
DEF PLT 1，P11，P3，P13，P14，2，2，1	2 层、2 列
DEF PLT 1，P11，P3，P15，P5，2，2，1	2 层、2 列
DEF PLT 1，P12，P13，P4，P15，2，2，1	2 层、2 列
DEF PLT 1，P13，P14，P15，P5，2，2，1	2 层、2 列

9. 其他指令

(1) SERVO ON：开启伺服电机电源。

(2) SERVO OFF：关闭伺服电机电源。

(3) 信号输入指令：M_IN, M_INB, M_INW。

例：

WAIT M_IN(1)=1	输入信号位 1 到开启前待机
M1=M_INB(20)	在数值变量 M1 里将输入信号位以从 20～27 的 8 个位的状态为数值代入
M1=M_INW(5)	在数值变量 M1 里将输入信号位以从 5～20 的 8 个位的状态为数值代入

(4) 信号输出指令：M_OUT, M_ OUTB, M_ OUTW。

例：

M_ OUT (1)=1	将输出信号位开启
M_ OUTB(8)=0	将输出信号位从 8～15 的 8 个位关闭
M_ OUTW(20)=0	将输出信号位从 20～35 的 16 个位关闭

(5) 通信指令：实现与计算机等外部机器间的数据通信。

OPEN——开启通信端口。CLOSE——关闭通信端口。

例：

OPEN "COM1:" AS #1	将通信端口 COM1 作为文件号码 1 开启
CLOSE #1	将文件号码 1 关闭

第五章 SolidWorks 下仿真环境的搭建及仿真

5.1 SolidWorks 下工作站的创建

要在 SolidWorks 下搭建仿真环境，首先需要在 SolidWorks 下创建一个工作站，具体创建步骤如下：

(1) 打开 SolidWorks 2016，如图 5.1 所示。

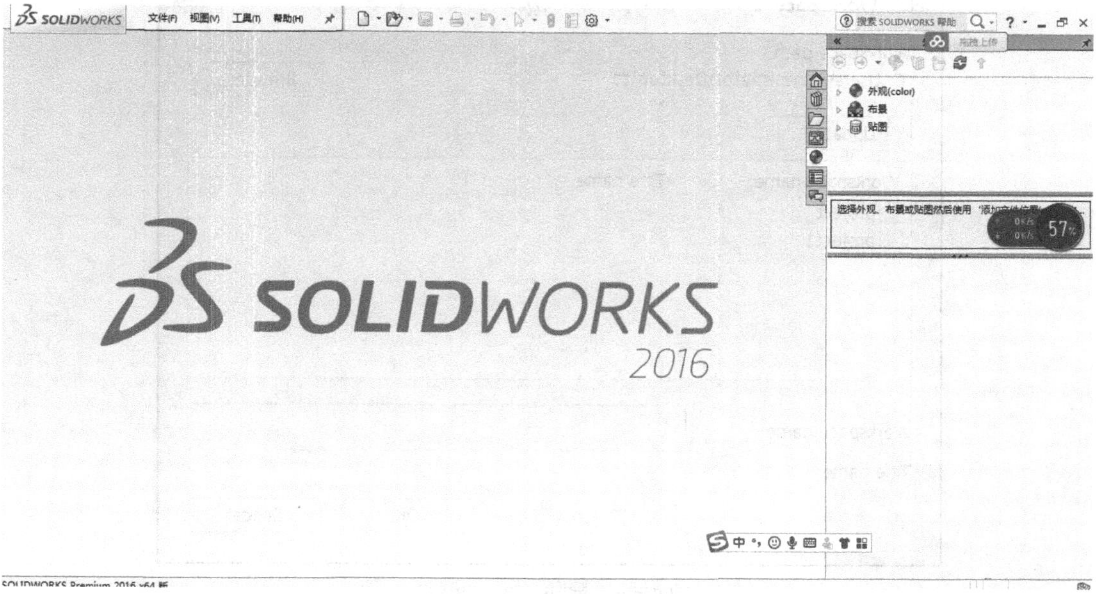

图 5.1 SolidWorks 2016 工作界面

(2) 在菜单栏选择“工具”下的“MELFA-Works”，然后左键单击“Start”项，打开如图 5.2 所示的界面。

图 5.2　MELFA-Works 界面

(3) 单击 MELFA-Works 界面中的菜单“Workspace”，然后单击“New”项，弹出如图 5.3 所示的对话框。

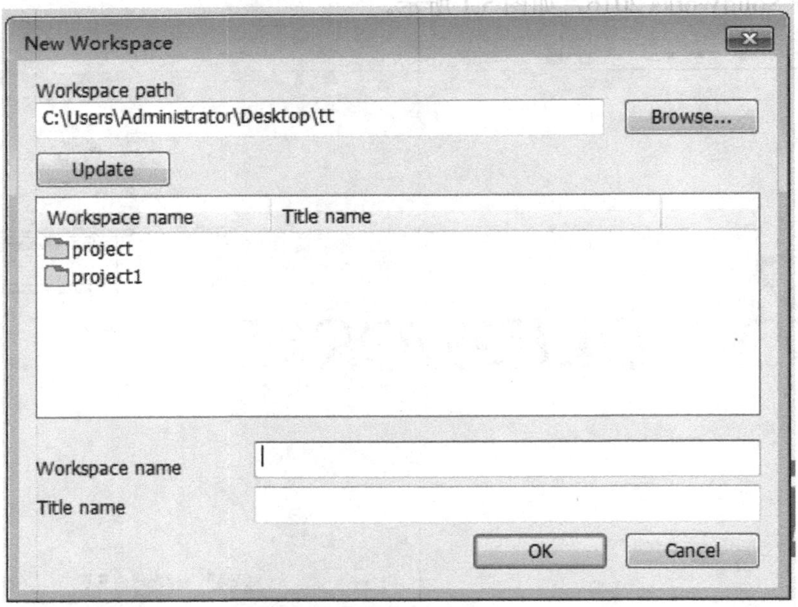

图 5.3　新建工作站界面

(4) 在“Workspace name”一栏中输入名字，这个名字可以是具体做的某一个仿真项目的名字，比如，如果是机器人搬运项目，就可以输入 banyun。“Titile name”这一栏可以不填写，单击“OK”按钮，显示如图 5.4 所示的界面。

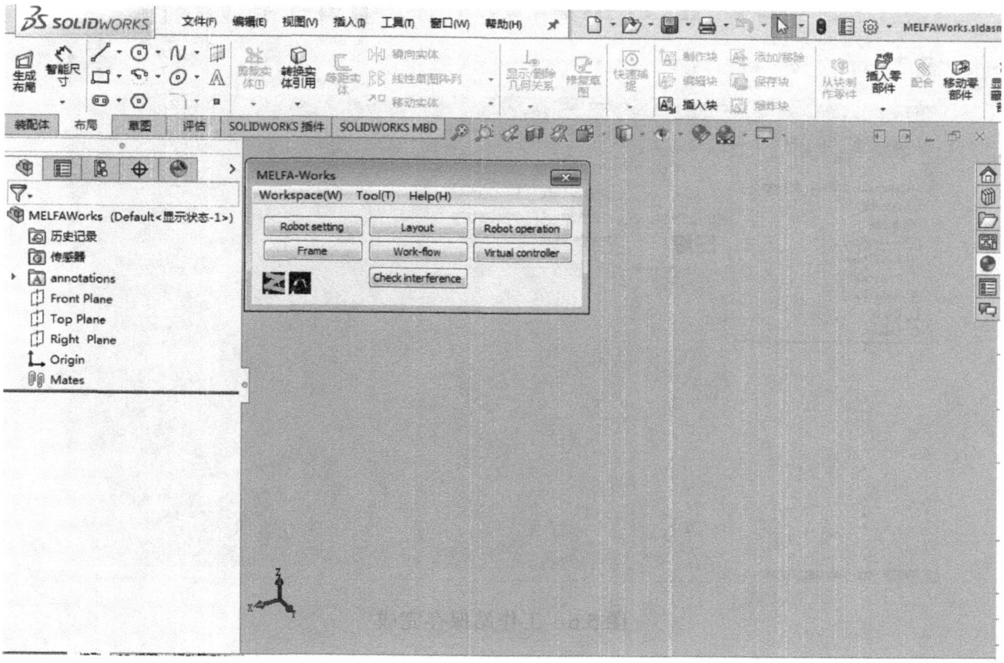

图 5.4 工作站建成界面

(5) 单击菜单栏中“文件”选项下的“保存”项，弹出如图 5.5 所示的对话框。

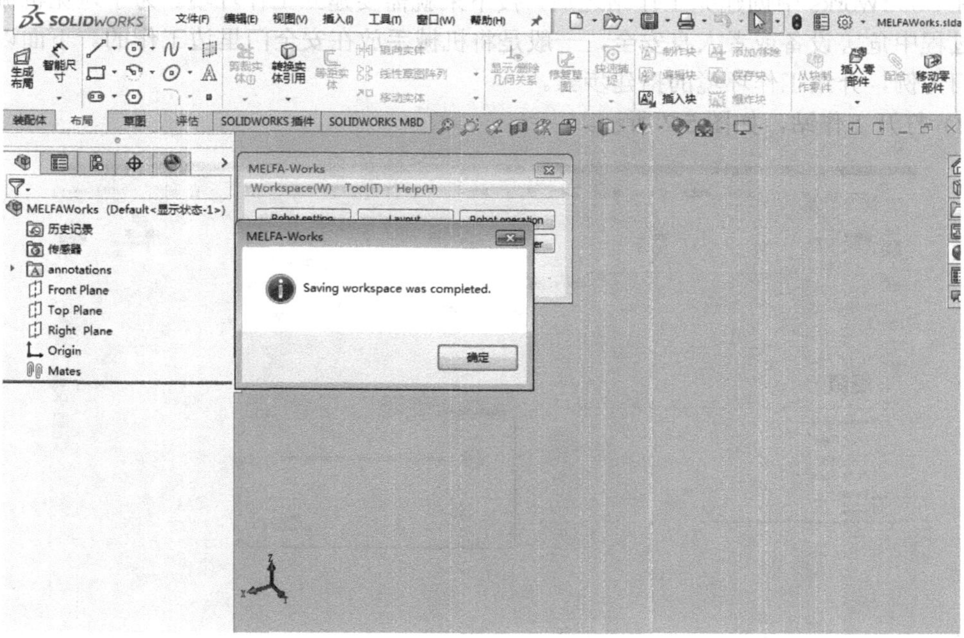

图 5.5 保存工作站

(6) 单击“确定”按钮，保存建立的工作站，如图 5.6 所示。

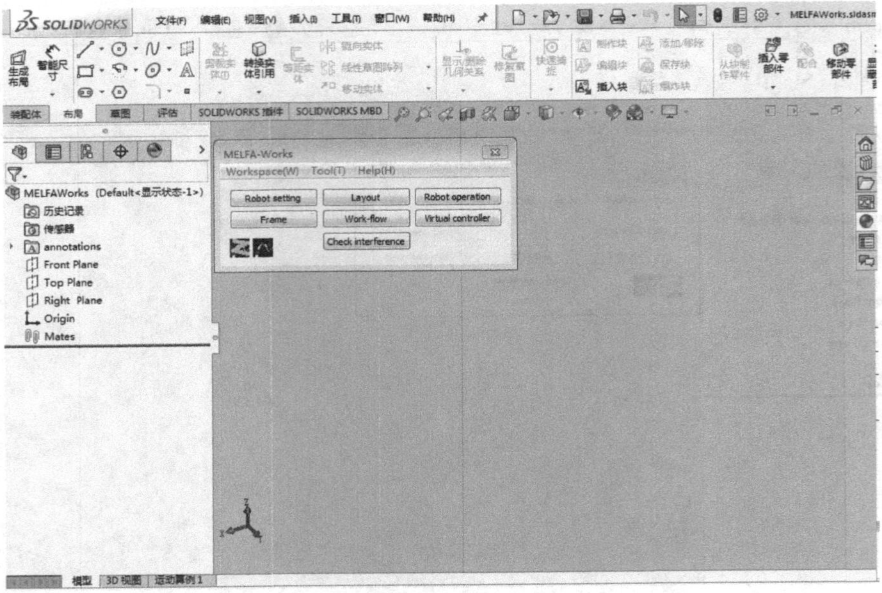

图 5.6　工作站保存完成

5.2　SolidWorks 中建立工作环境

在 SolidWorks 中创建完工作站之后，接下来就需要建立工作环境。为了避免机械手在工作过程中危害设备或者人身安全，一般是将机械手放在安全门里边工作的。下面以创建安全门为例，介绍工作环境的搭建步骤。

(1) 打开工作站，如图 5.7 所示。

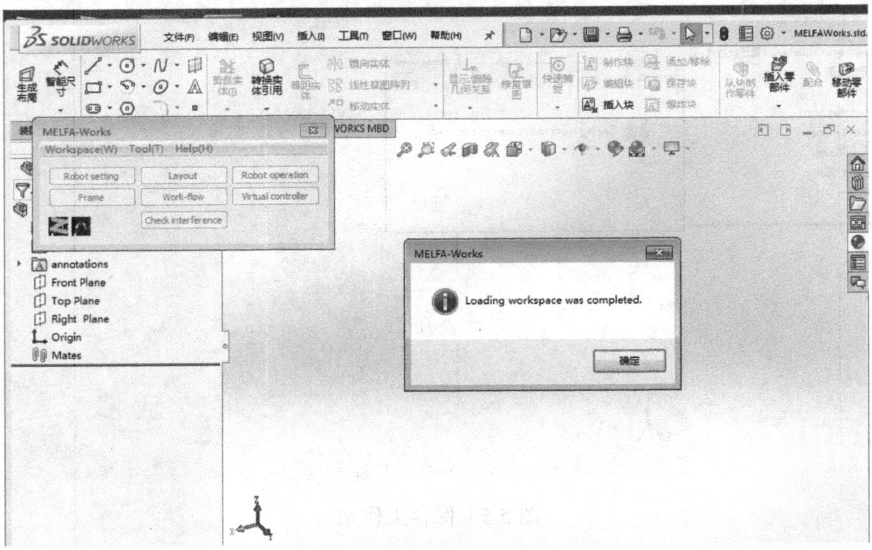

图 5.7　打开工作站

(2) 在常用工具栏中选择插入零部件下的“插入零部件”，显示如图 5.8 所示的界面。

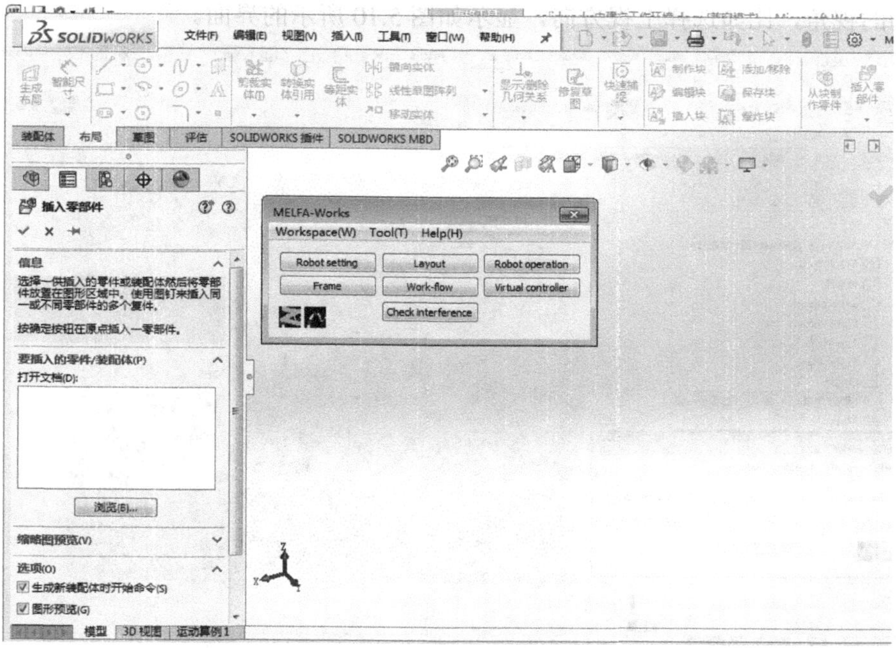

图 5.8 插入零部件界面

(3) 单击左边插入零部件下的“浏览”按钮，打开存放零部件的文件，找到需要的零件库，在“零件库”中选择地板，单击“打开”。这里需要注意：选中的地板被打开后，地板的位置并没有定下来，而是跟随鼠标移动，在移动到相应的位置后单击鼠标左键，地板的位置才能定下来，如图 5.9 所示。

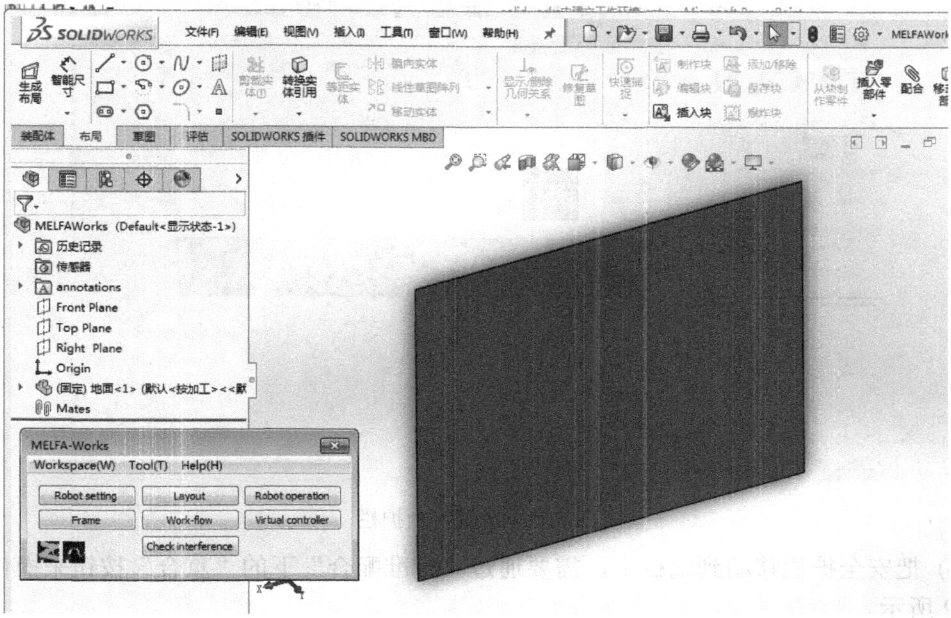

图 5.9 放置地板

(4) 要从不同的角度来看具体的模型，可以选择视图定向工具。视图定向工具提供了几种不同的视角，比如选择上视方向，显示如图 5.10 所示的界面。

图 5.10　上视图

(5) 放置完地板后，接下来是放置安全护栏。放置安全护栏时，首先要找一个位置，然后把安全护栏放到这个位置，如图 5.11 所示。

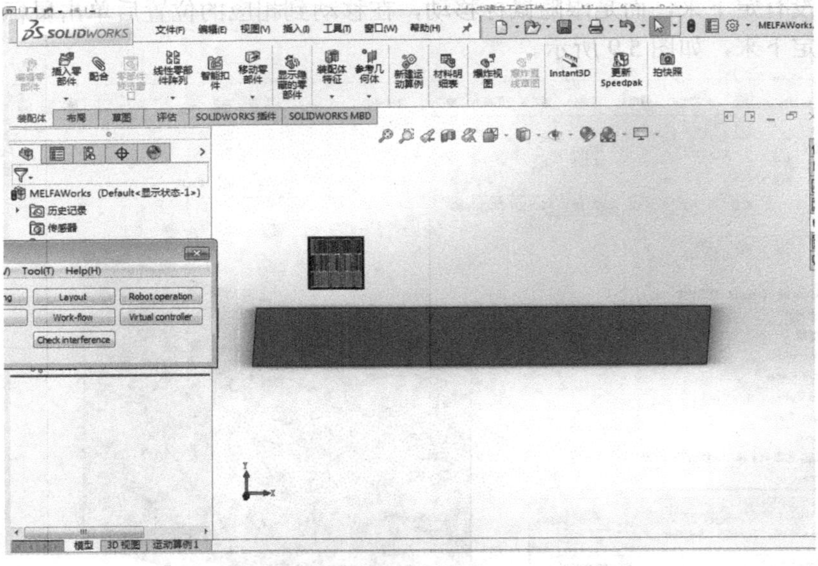

图 5.11　放置安全护栏

(6) 把安全护栏移动到地板上，需要通过“标准配合”下的“重合”按钮来操作，如图 5.12 所示。

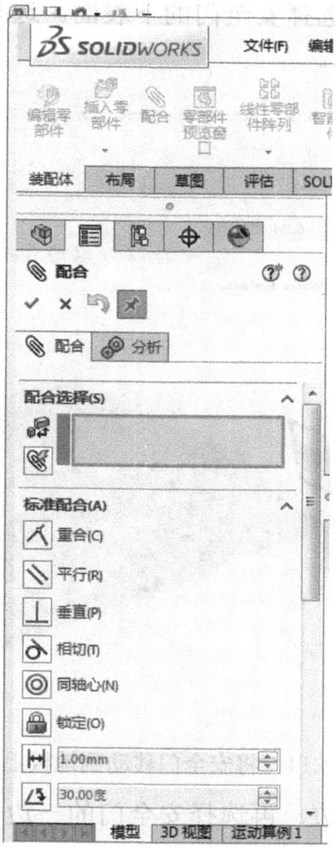

图 5.12　“重合”按钮

(7) 在 SolidWorks 中将安全门移动到地板上，并且与地板的一边完全对齐，安全门未移动之前的效果如图 5.13 所示。

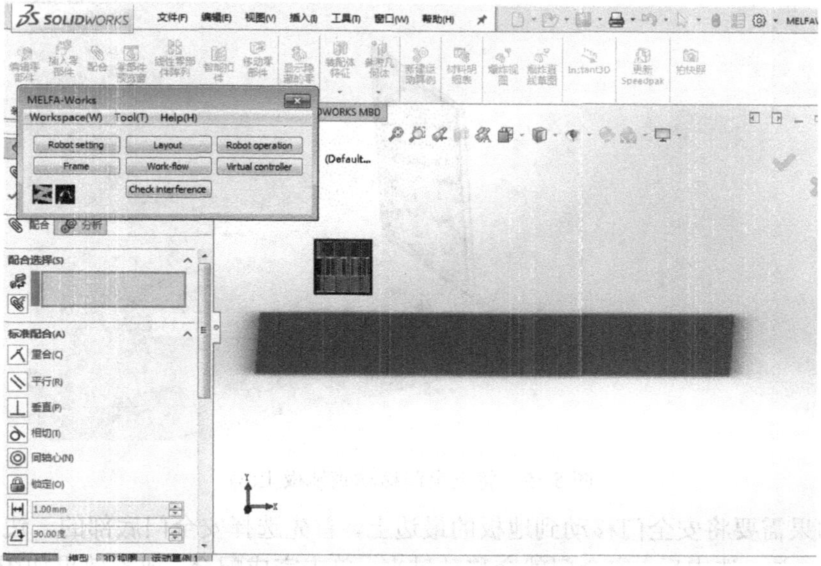

图 5.13　将安全门移动到地板上(1)

(8) 选择地板的上表面，再选择安全门的下表面。选择完成后，安全门就会移动，单击完成配合，效果如图 5.14 所示。

图 5.14　将安全门移动到地板上(2)

(9) 先选中地板上表面的一边，再选择安全门的一边，然后安全门就会移动，单击完成配合，效果如图 5.15 所示。

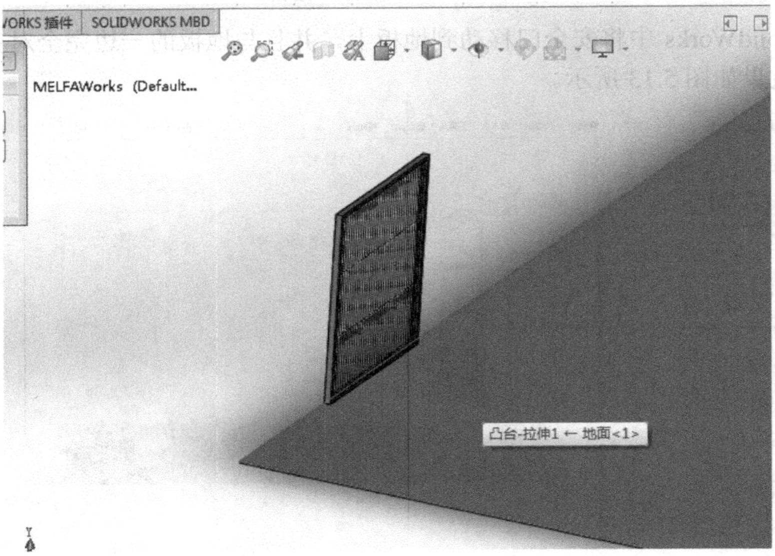

图 5.15　将安全门移动到地板上(3)

(10) 如果需要将安全门移动到地板的最边上，首先选择安全门底部的一边，再选中地板上表面的一边，选中后，安全门就会移动过来，单击完成配合，放置效果如图 5.16 所示。

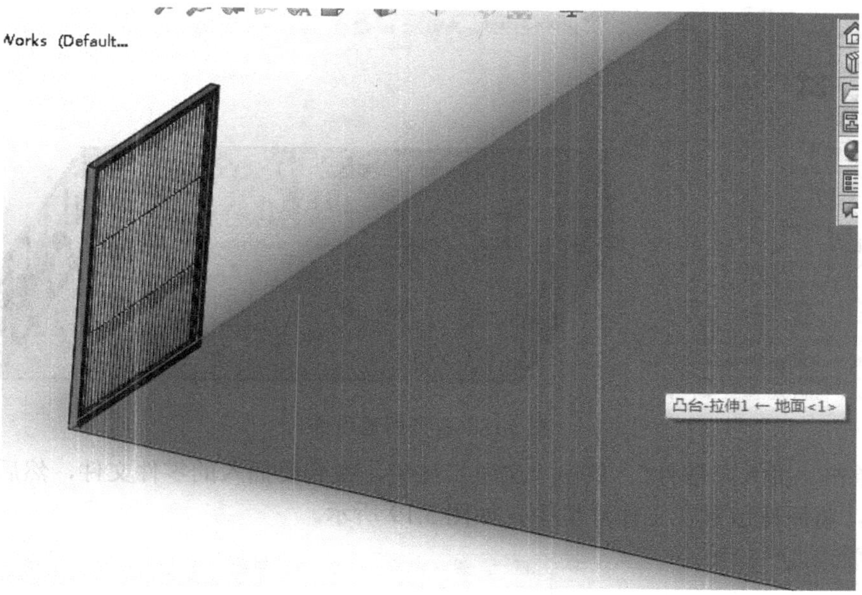

图 5.16　将安全门移动到地板上(4)

(11) 选择“插入”，再选择“零部件”，继续插入安全门，把安全门放置到地板上的操作与前述步骤类似，最终的放置效果如图 5.17 所示。

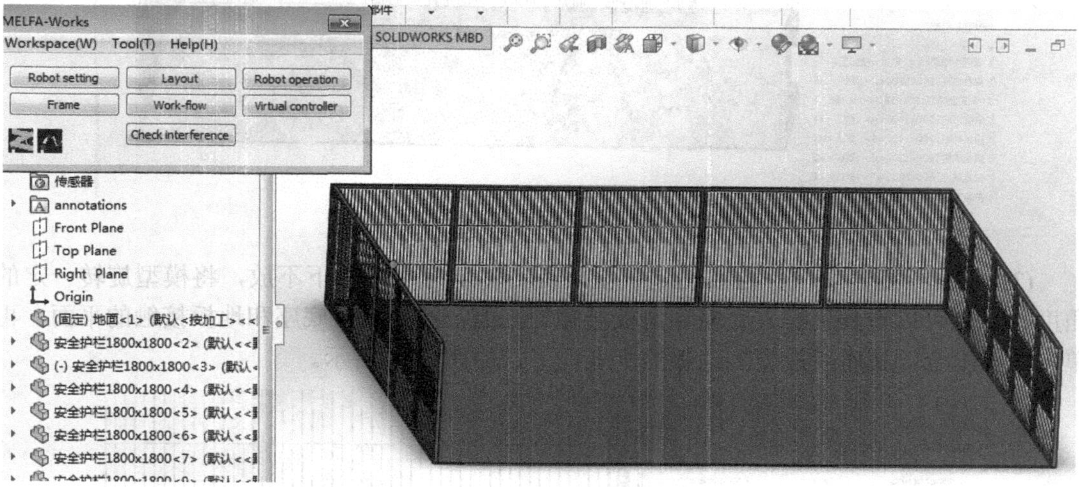

图 5.17　将安全门移动到地板上(5)

5.3　MELFA-Works 中放置机器人

在 MELFA-Works 中不能通过简单的装配方式将机器人放置在底座上，因为这样一来机械手是没有办法动作的，这涉及坐标系的配合以及其他相应的操作。将机械手放置在底座上的操作步骤如下：

(1) 打开所建项目，如图 5.18 所示。

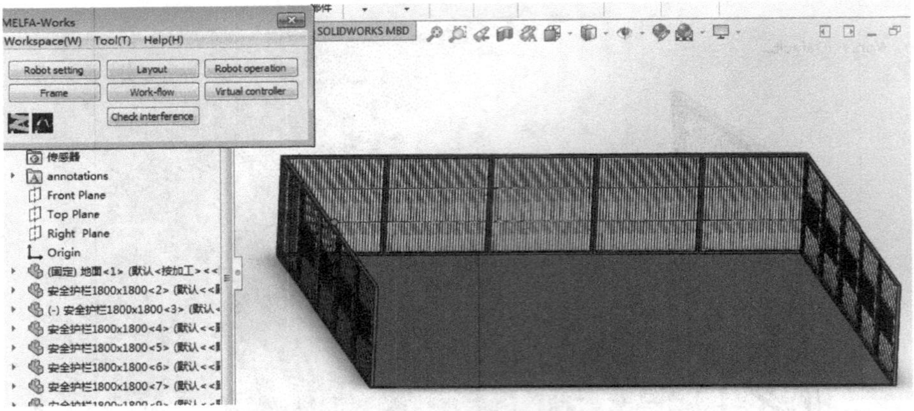

图 5.18　打开所建项目

(2) 单击“插入零部件”，单击“浏览”按钮，找到要插入的零件文件，然后单击“打开”按钮，将底座放置在工作环境中，如图 5.19 所示。

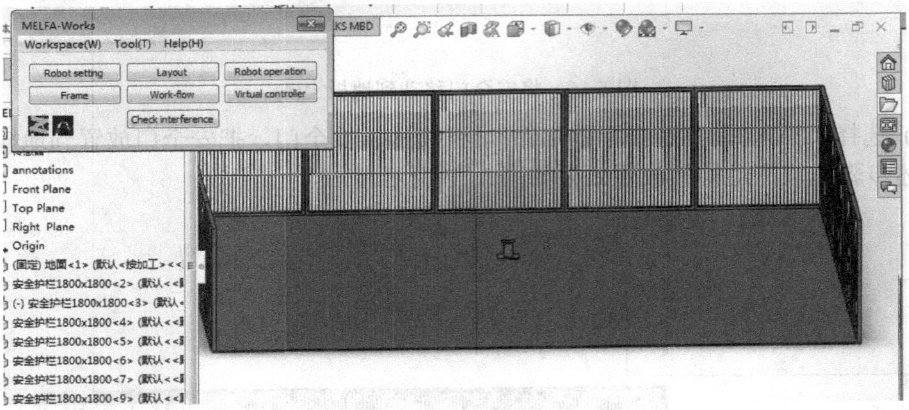

图 5.19　在工作环境中放置底座

(3) 单击“配合”项，再单击地板上表面，将鼠标中键按下不放，将模型旋转一定的角度，直到可以看到机器人底座和地板接触的平面，然后单击底座和地板接触的平面，再单击完成配合，底座就放置到地板的上表面了，如图 5.20 所示。

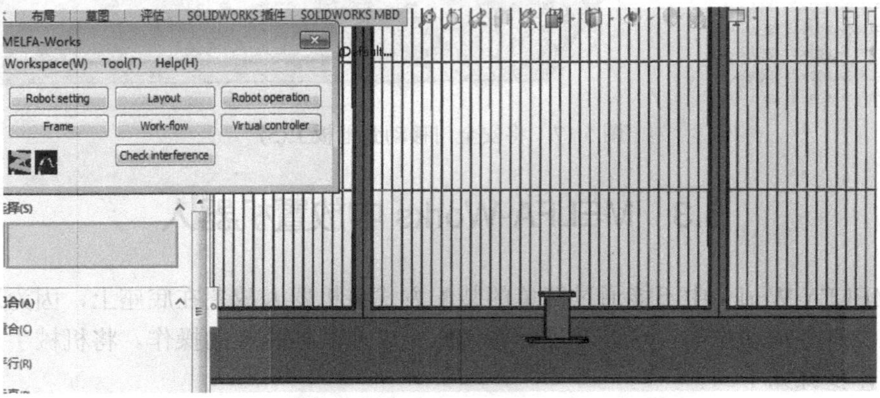

图 5.20　底座放置在地板上表面

(4) 因为放置机器人涉及坐标系的配合，所以单击视图，再单击“隐藏/显示”，然后单击坐标系，这样就会在底座上显示出坐标系，如图 5.21 所示。

图 5.21　底座上显示坐标系

(5) 单击 MELFA-Works 对话框中的“Robotsetting”，再双击“RC1”，选择控制器型号、编程语言、机器人型号，因为默认的是“Hide robot”(隐藏机器人)，但需要把机器人显示出来，所以选择“Show robot”，如图 5.22 所示。

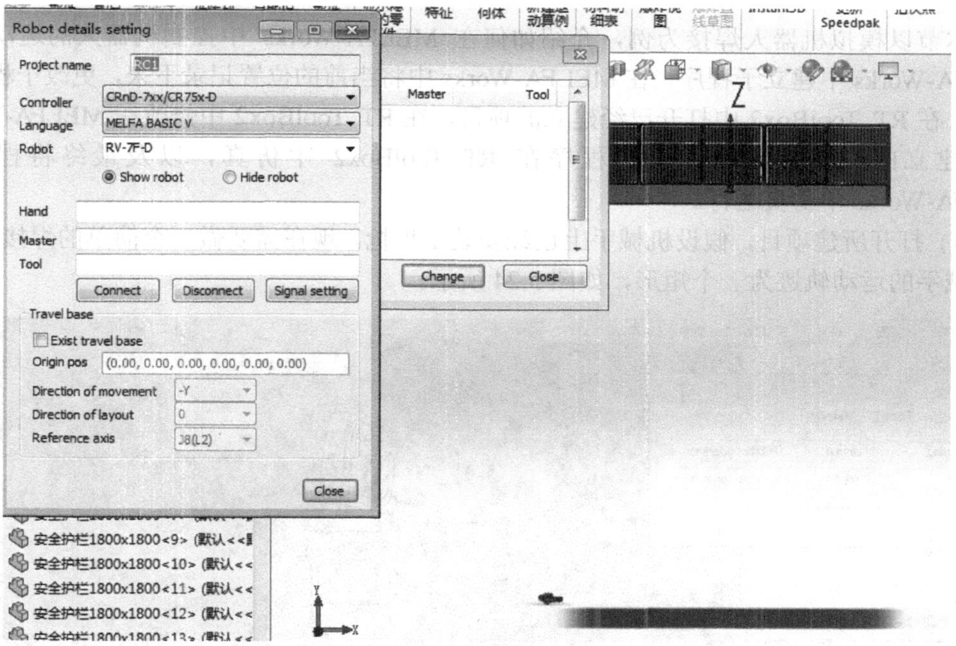

图 5.22　显示机器人

(6) 在图 5.22 所示的界面中，选中复选框“Exist travel base”，在 Origin pos 后边的方框中单击，方框变为绿色，然后单击底座上的坐标系，这样就可将机器人放置到底座上，如图 5.23 所示。

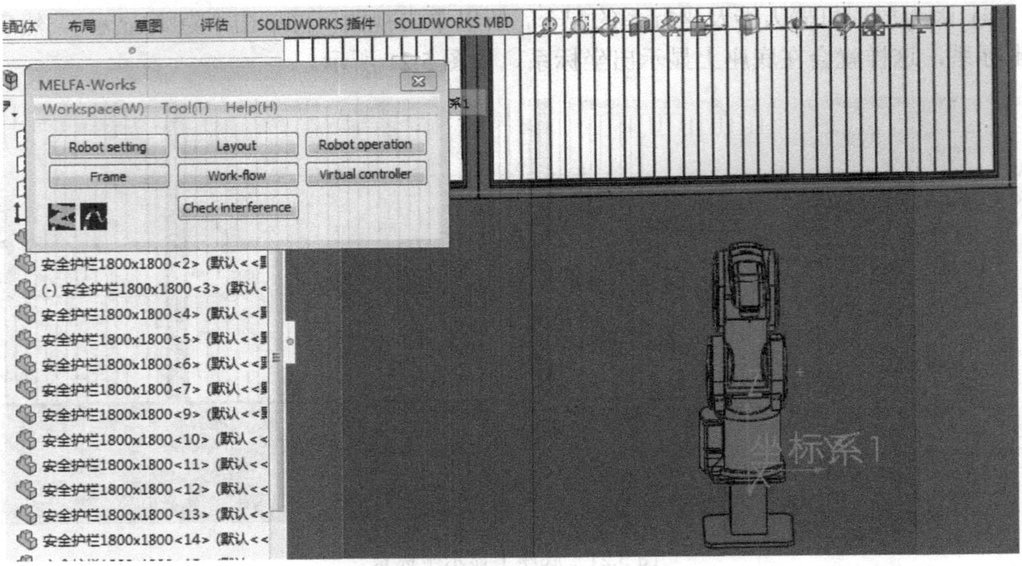

图 5.23　机器人放置到底座上

5.4　MELFA-Works 中机器人焊接模拟仿真

本节以模拟机器人焊接为例，介绍如何在 MELFA-Works 中控制机器人的运动，在 MELFA-Works 中建立子程序，在 MELFA-Works 中将当前的位置记录下来，更改子程序的名字，在 RT ToolBox2 中打开已经建立的项目，在 RT ToolBox2 中修改在 MELFA-Works 中所建立的程序，将修改好的程序在 RT ToolBox2 中仿真，以及最终将程序在 MELFA-Works 中仿真运行。

(1) 打开所建项目，假设机械手上已经安装了焊枪，现在需要做一个简单的焊接动作，使机械手的运动轨迹为一个矩形，如图 5.24 所示。

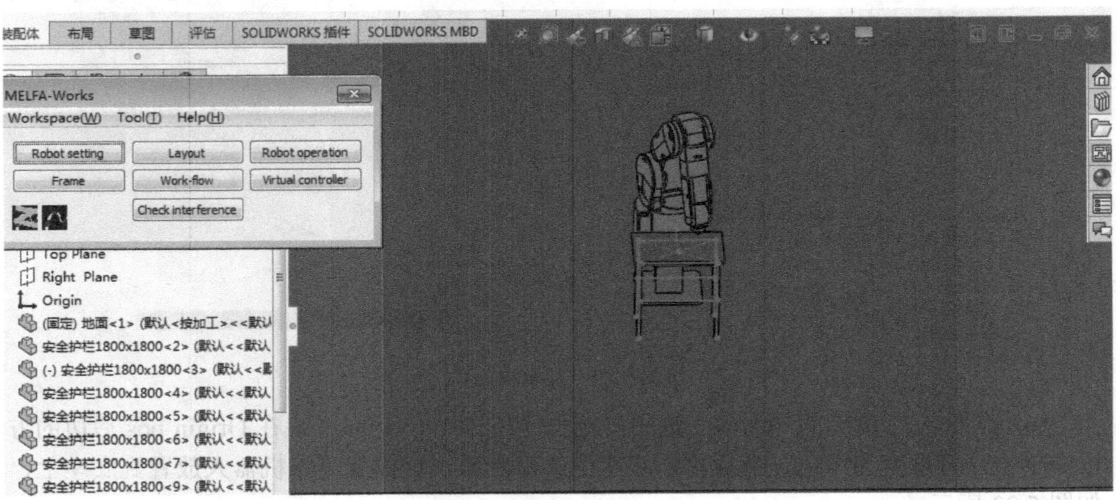

图 5.24　打开所建项目

(2) MELFA-Works 中选择“Robot operation”，显示如图 5.25 所示的界面。这个界面是用来控制机械手动作的，单击右下方的“Switch P/J”按钮，可以实现关节运动和直交运动的切换。假如当前是直交运动，单击右下方的“Switch P/J”按钮，可以切换到关节的运动。这里需要注意，Position 对应的是直交运动，Joint 对应的是关节运动，哪个对应的数据处于激活状态，就代表其处于相应的运动状态，如图 5.25 所示。

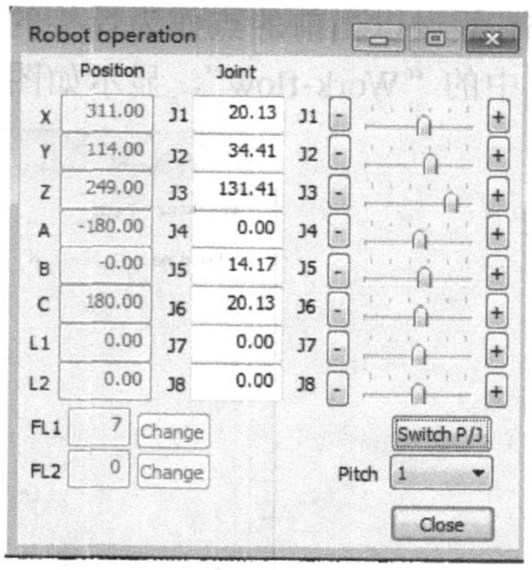

图 5.25 “Robot operation”界面

(3) 单击“Switch P/J”按钮，切换到直交运动模式，如图 5.26 所示。

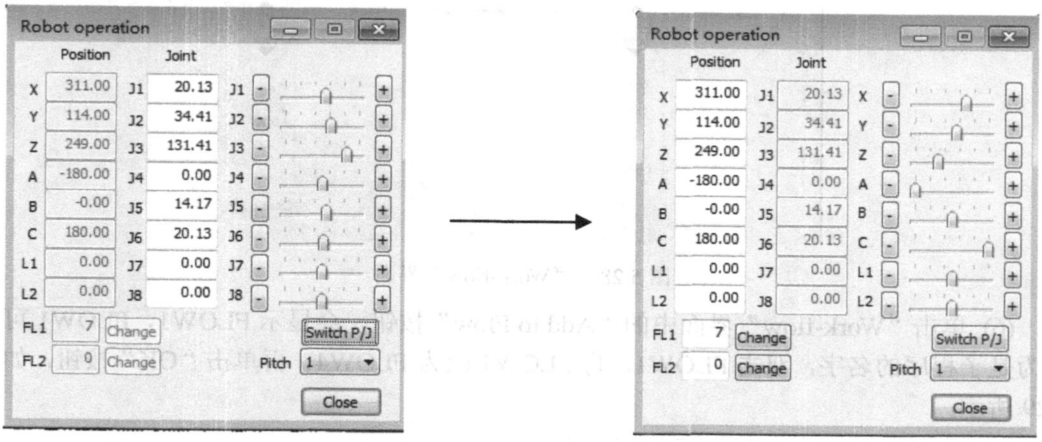

图 5.26 切换到直交运动

(4) 选择视图定向中的上视图，通过鼠标中键放大视图，如图 5.27 所示。

图 5.27 上视图

(5) 假设以当前的点作为焊接的起始点，我们需要将这个点记录下来。单击 MELFA-Works 中的“Work-flow”，显示如图 5.28 所示的界面。

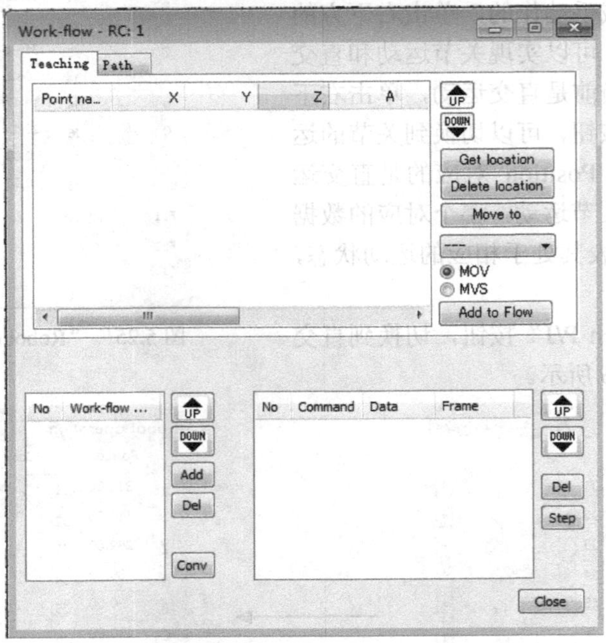

图 5.28 “Work-flow”界面

(6) 单击“Work-flow”界面中的“Add to Flow”按钮，会显示 FLOW1，FLOW1 可以认为是子程序的名字，双击 FLOW1，将 FLOW1 改为 FLOW4，再单击“OK”按钮，如图 5.29 所示。

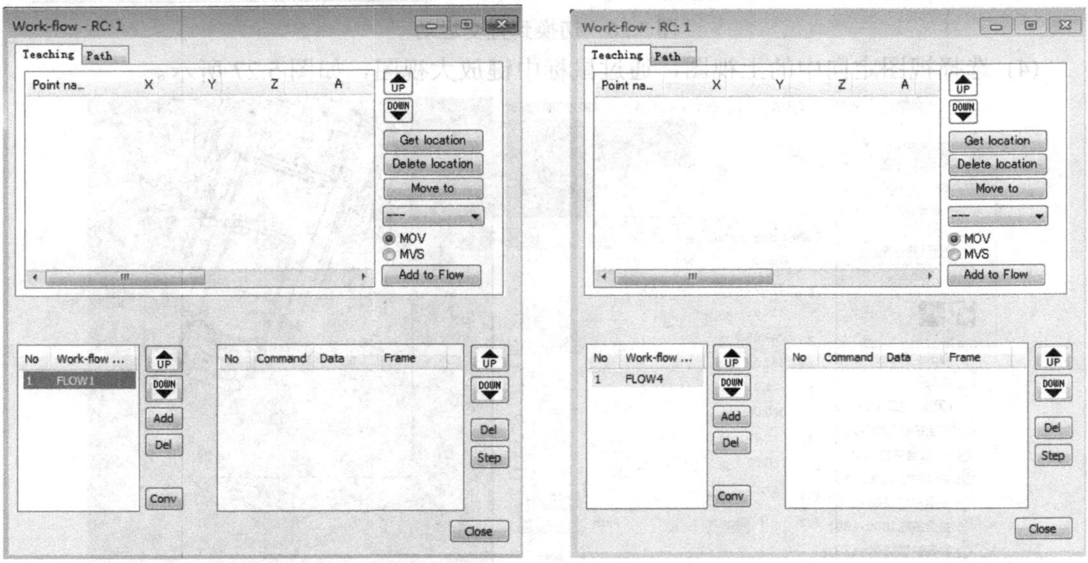

图 5.29 修改子程序名

(7) 如要将当前点记录下来，则单击“Work-flow”界面中的“Get location”按钮，即可将当前的位置记录下来，作为焊接的起始点，如图 5.30 所示。

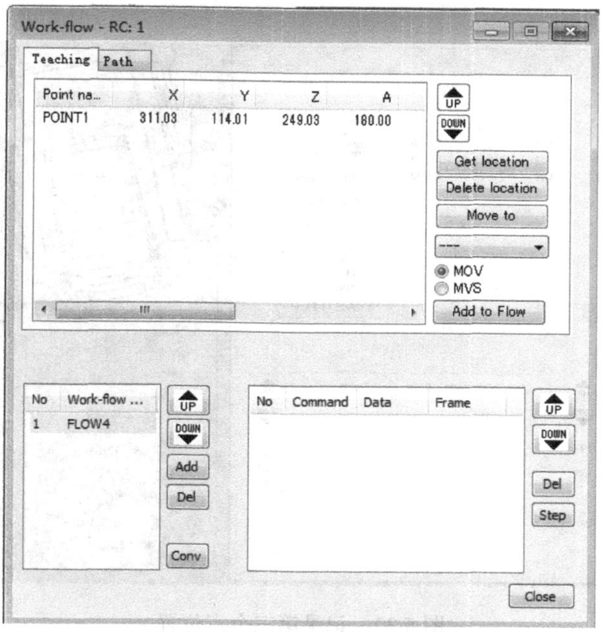

图 5.30　记录第一个点位置

(8) 单击 MELFA-Works 中的“Robot operation”，再单击 Y 旁的“－”方向按钮，向 Y 轴“－”方向运动一段距离，作为焊接时移动的矩形轨迹的第二个位置点，并记录下来，如图 5.31 所示。

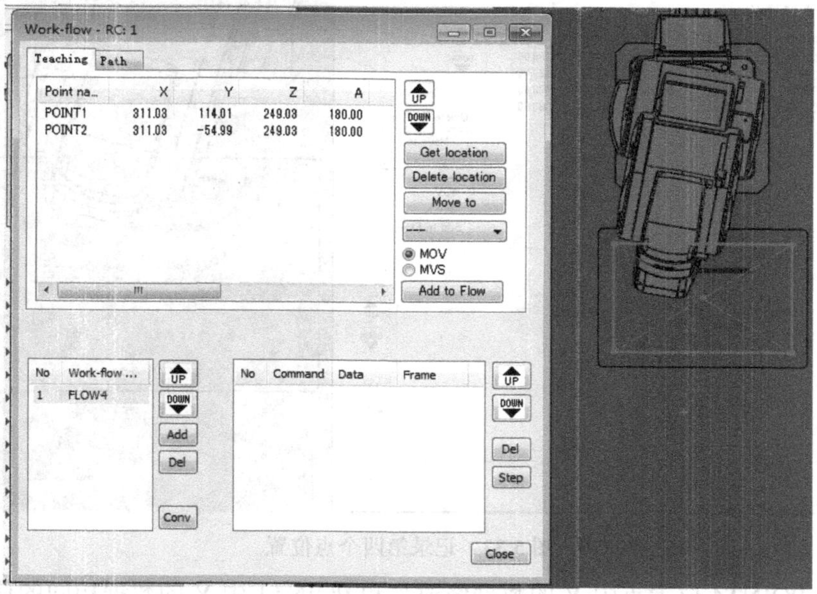

图 5.31　记录第二个点位置

(9) 单击 MELFA-Works 中的“Robot operation”，再单击 X 旁的“-”方向按钮，向 X 轴“-”方向运动一段距离，作为焊接时移动的矩形轨迹的第三个位置点，并记录下来，如图 5.32 所示。

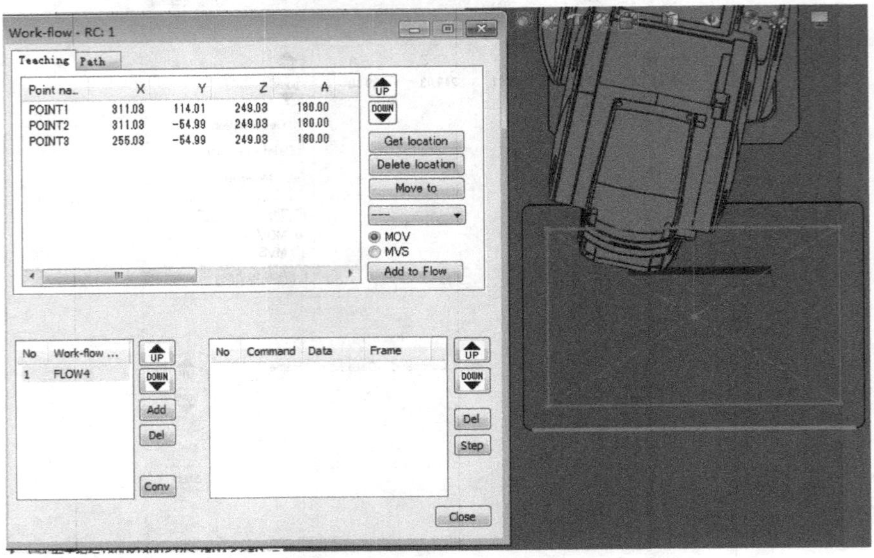

图 5.32　记录第三个点位置

(10) 单击 MELFA-Works 中的“Robot operation”，再单击 Y 旁的“+”方向按钮，向 Y 轴“+”方向运动一段距离，作为焊接时移动的矩形轨迹的第四个位置点，并记录下来，如图 5.33 所示。

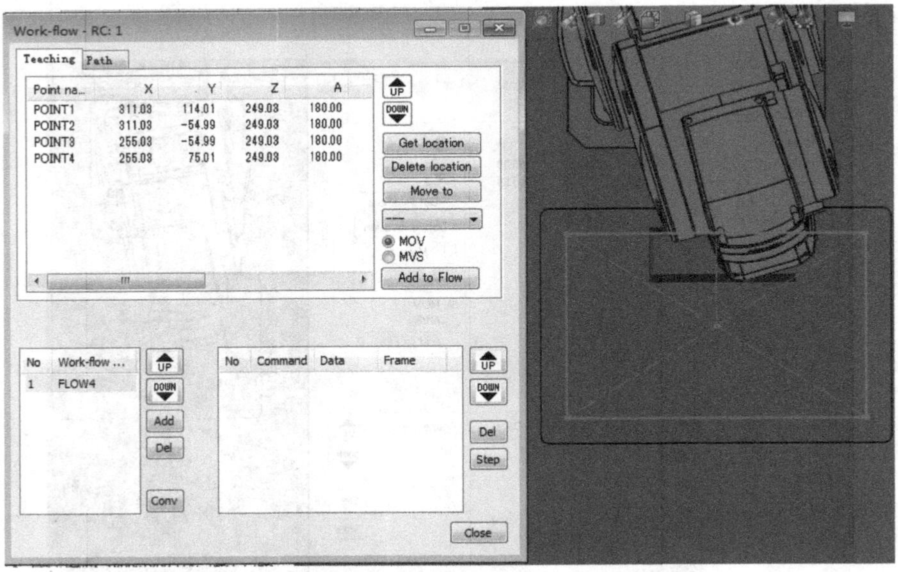

图 5.33　记录第四个点位置

(11) 将 POINT4 位置点中 Y 的数据修改为和 POINT1 中 Y 的数据相同的值，这样才可以构成一个正确的矩形，如图5.34所示。单击“OK”按钮，确定第四个点，这样就把矩形的4个位置点都确定下来了。

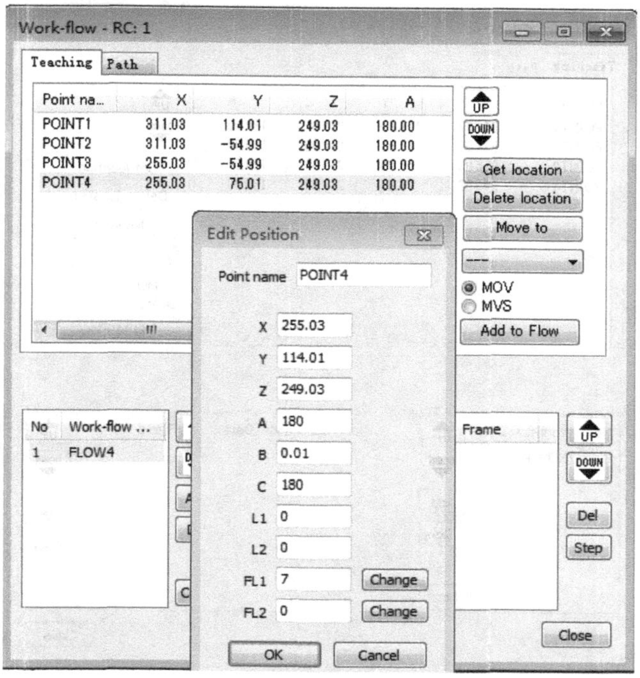

图5.34 修改第四个点位置

(12) 单击“Work-flow”，显示如图5.35所示的界面。

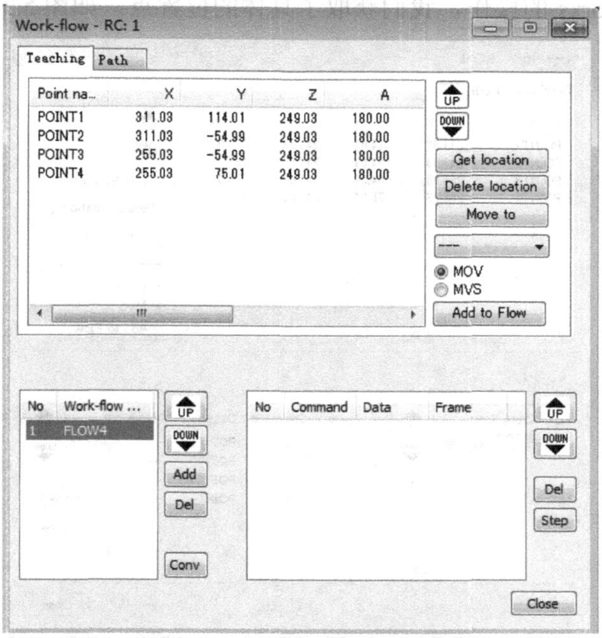

图5.35 “Work-flow”界面

(13) 单击“FLOW4”，将 4 个位置点全部选中，再单击选中“MVS”项，如图 5.36 所示。

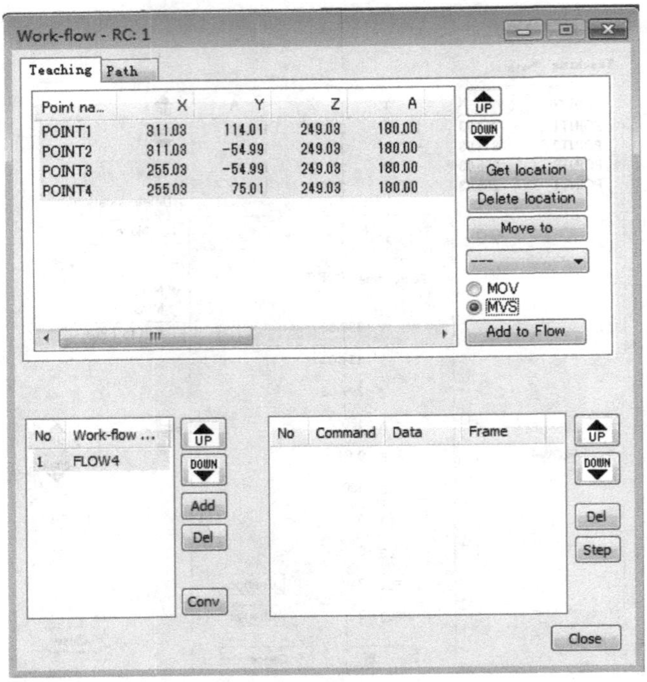

图 5.36 选中位置点

(14) 单击“Add to Flow”按钮，将 4 个位置点全部加入到子程序 FLOW4 中。也就是说，通过 MELFA-Works 的操作，我们获取了具体的位置点，如图 5.37 所示。

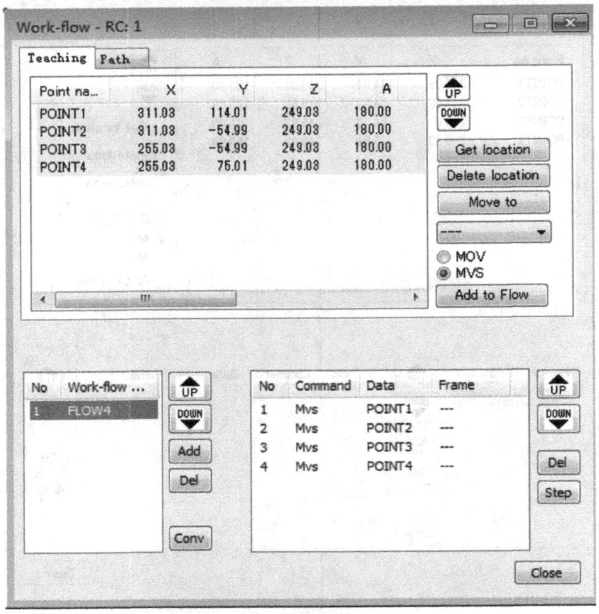

图 5.37 位置点加入子程序

(15) 4 个位置点加入到子程序中之后，单击“Conv”按钮，在弹出的对话框中将程序的名字命名为 FLOW4，单击“OK”按钮，如图 5.38 所示。

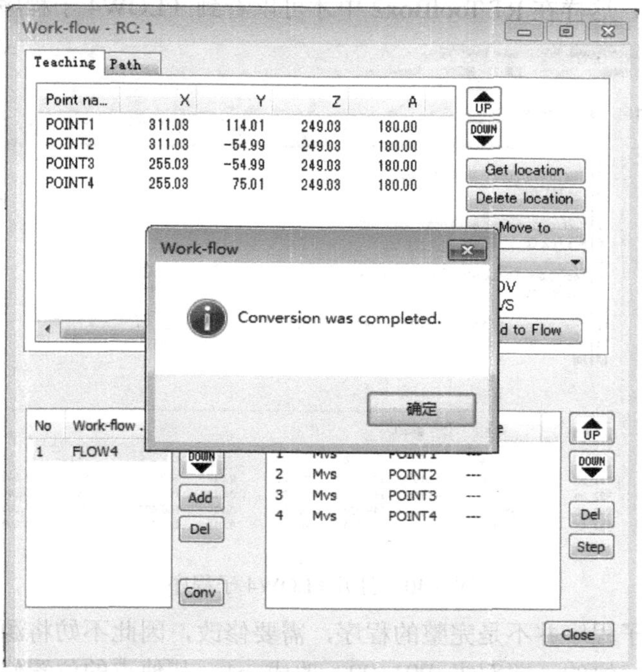

图 5.38 程序命名

(16) 在 RT ToolBox2 界面中单击工作区，在下方打开已经建立的项目。注意：在 MELFA-Works 中建立的项目在 RT ToolBox2 中可以直接打开，打开后显示如图 5.39 所示的界面。

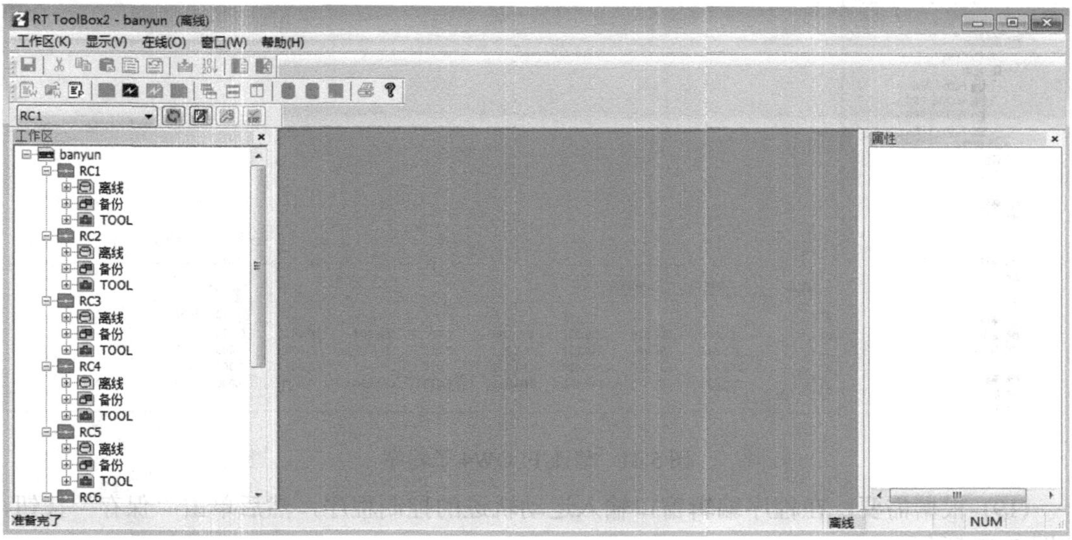

图 5.39 RT ToolBox2 中打开项目

(17) 单击“RC1”→“离线”，单击“程序”，然后双击 FLOW4，打开 FLOW4 子程序。这里需要注意，在 MELFA-Works 中确定了具体的位置点，并加入到子程序，一定要单击“Conv”按钮，这样在 RT ToolBox2 中才可以看到 FLOW4 子程序，如图 5.40 所示。

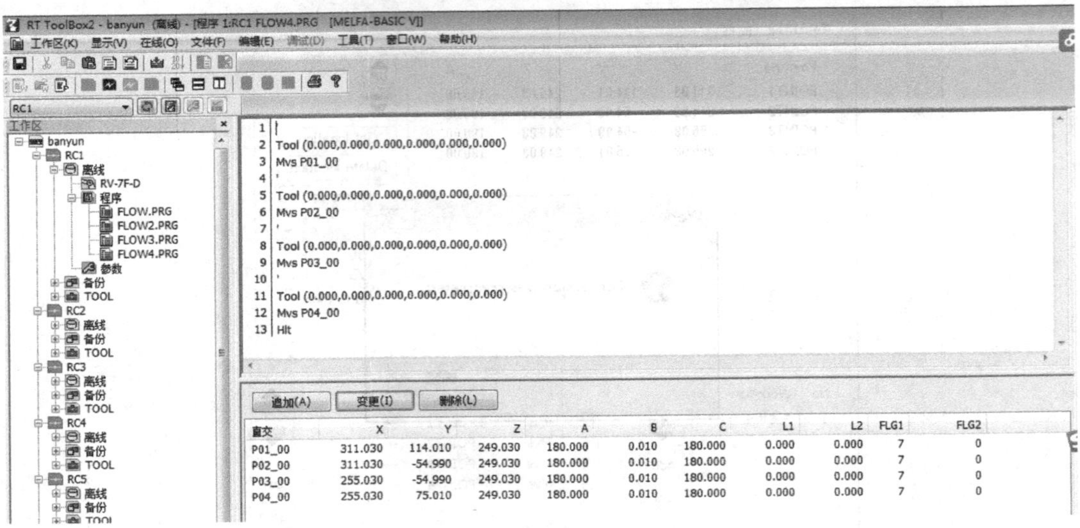

图 5.40 打开 FLOW4 子程序

(18) FLOW4 子程序并不是完整的程序，需要修改，因此不妨将源程序删掉，将位置点修改为我们比较习惯的，即双击 P01_00，改成 p1，其他点的位置修改与之相似，修改后的结果如图 5.41 所示。

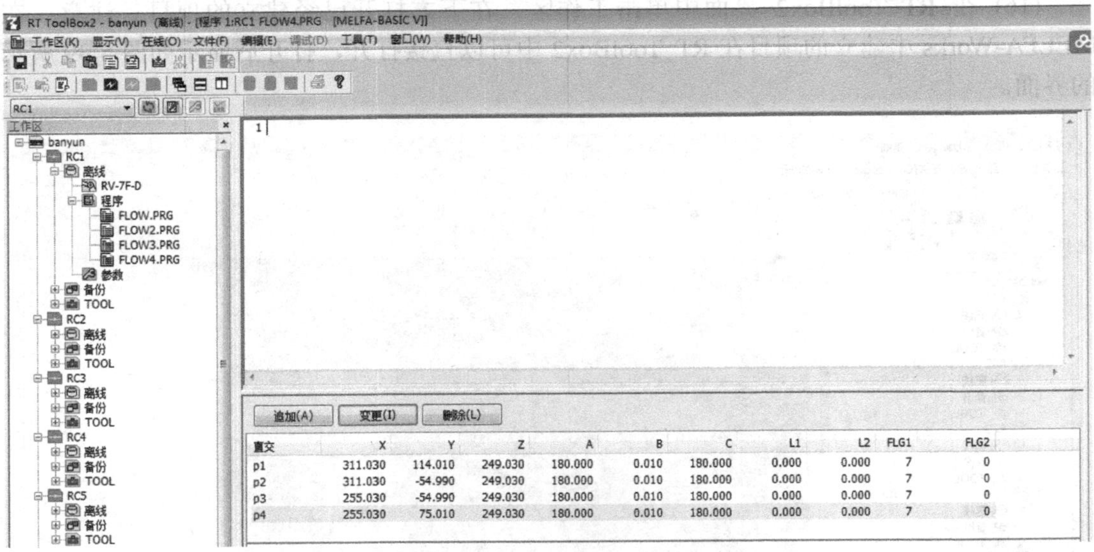

图 5.41 修改 FLOW4 子程序

(19) 根据需要，在程序编辑窗口输入运动轨迹的控制程序，然后单击“保存”按钮，如图 5.42 所示。

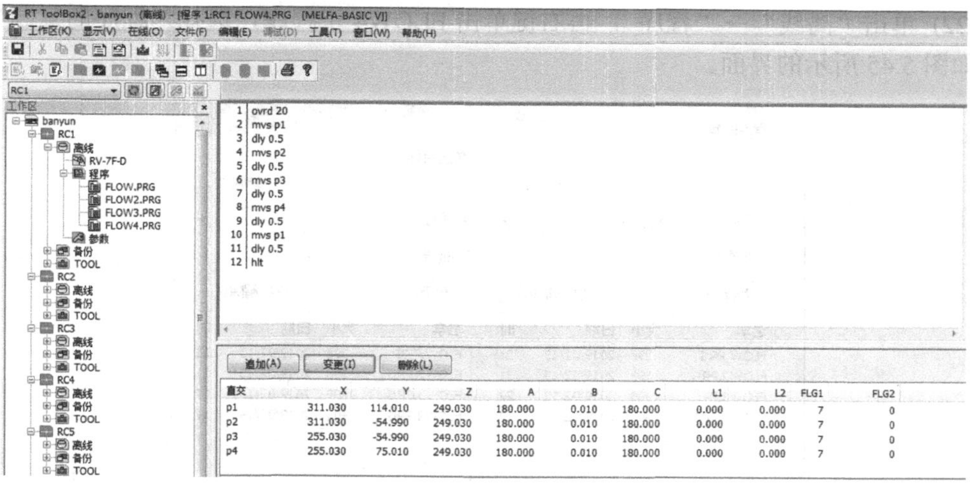

图 5.42　加入控制程序

(20) 单击 RT ToolBox2 中的“模拟”按钮，显示如图 5.43 所示的工程选择界面。

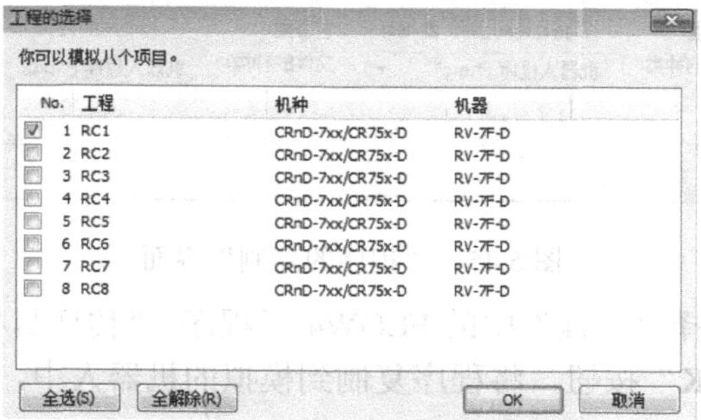

图 5.43　“工程的选择”界面

(21) 单击“OK”按钮，显示如图 5.44 所示的界面。

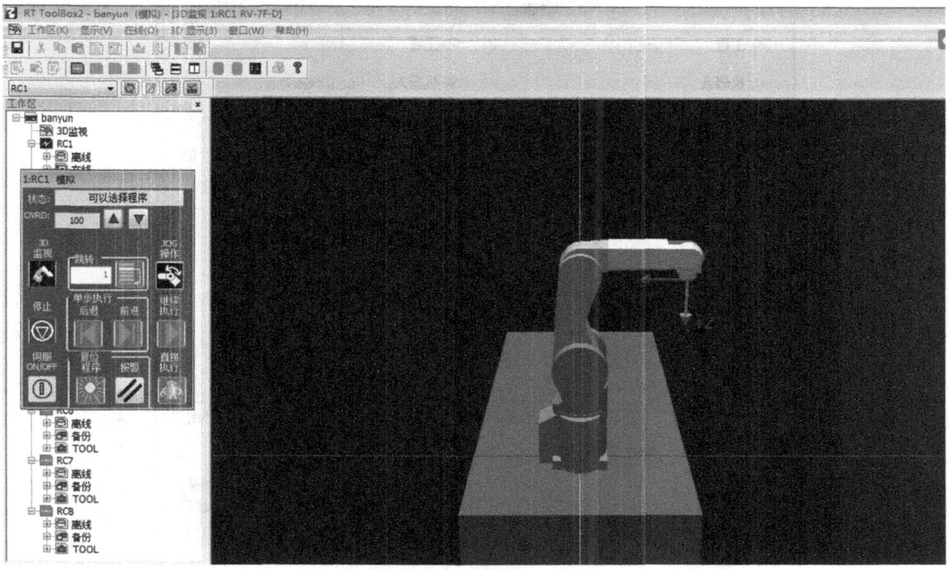

图 5.44　打开后的工程界面

(22) 单击“离线”→“程序”，再右键单击FLOW4子程序，选择“程序的复制”项，显示如图5.45所示的界面。

图5.45 “程序的复制”界面

(23) “传送源”选择“工程”中的FLOW4子程序，“传送目标”选择“机器人”，再选择“复制”，单击“OK”按钮，将程序复制到模拟的机器人中，如图5.46所示。

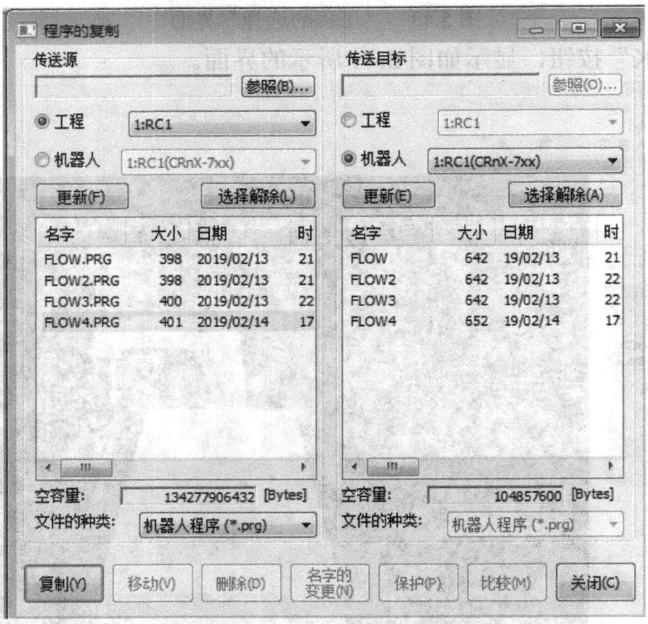

图5.46 程序复制到模拟机器人

(24) 单击“在线”→“程序”，再右键单击“FLOW4”子程序，选择“在调试状态下打开程序”，打开 3D 界面，如图 5.47 所示。

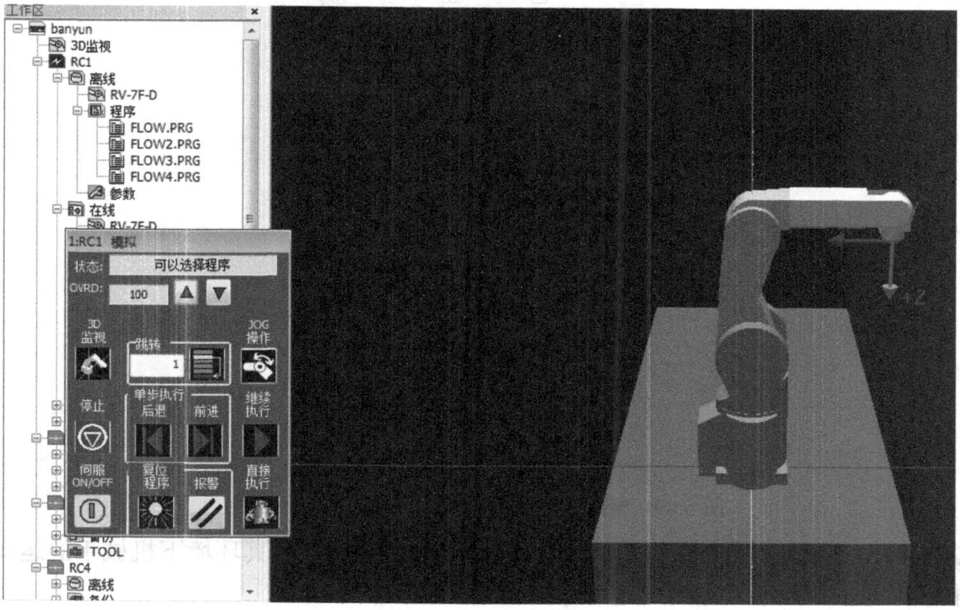

图 5.47　调试状态下打开程序

(25) 单击“继续执行”按钮，运行结果如图 5.48 所示，绘制出了矩形轨迹。

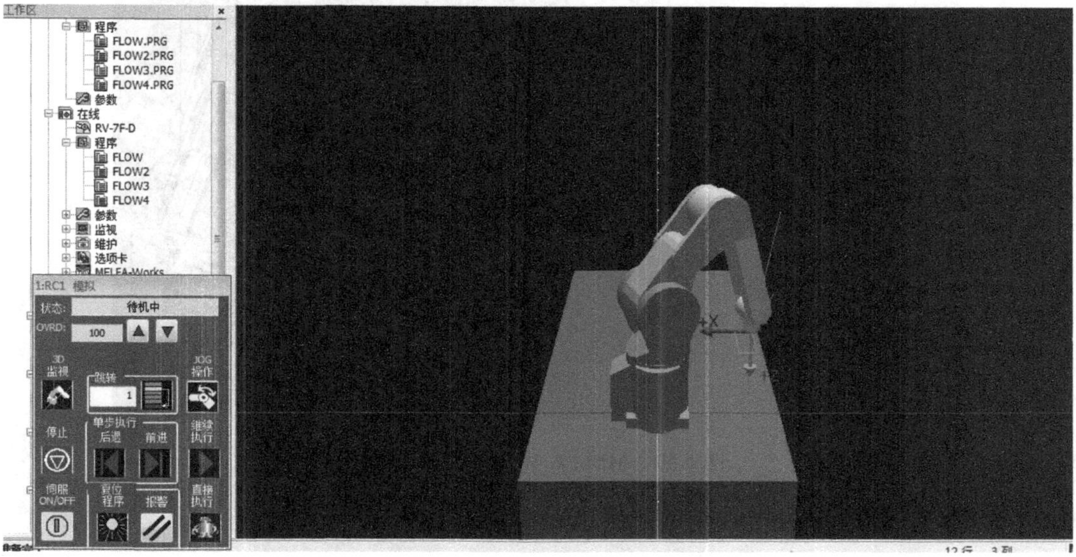

图 5.48　执行程序

(26) 关掉 3D 界面和程序窗口，回到 MELFA-Works 中，单击“Virtual controller”按钮，再单击“UP”或者“DOWN”，选择 FLOW4 子程序，如图 5.49 所示。

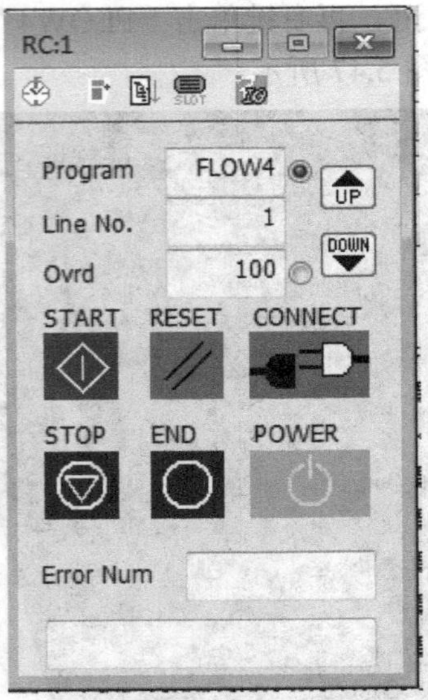

图 5.49　MELFA-Works 中选择 FLOW4 子程序

(27) 单击“CONNECT”，再单击“START”，可以看到仿真环境下机械手的运动，绘制出矩形轨迹，如图 5.50 所示。

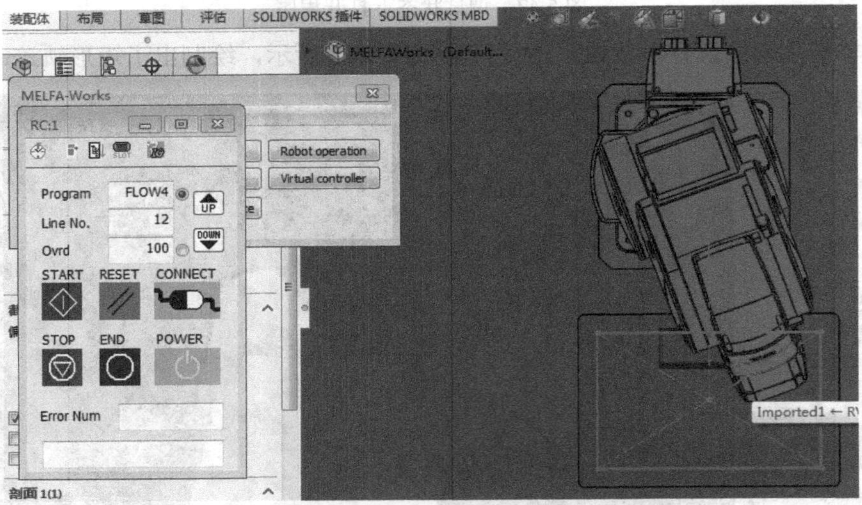

图 5.50　MELFA-Works 中运行程序

第六章 RobotStudio 软件概述

6.1 RobotStudio 软件简介

工业自动化的市场竞争压力日益加剧，使得工业机器人在现代制造系统中越来越重要。随着机器人技术的不断发展，机器人的三维仿真技术也随之获得广泛关注。通过预先对机器人及其工作环境乃至生产过程进行模拟仿真，将机器人的运动方式以动画的形式显示出来，直观地显示机器人及整个生产线的运动情况，能够有效地辅助设计人员进行机器人虚拟示教、机器人工作站布局、机器人工作姿态优化，因此出现了工业机器人仿真技术。

工业机器人仿真技术是指通过计算机对实际的机器人系统进行模拟的技术，利用计算机图形学技术，建立起机器人及其工作环境的模型，利用机器人语言及相关算法，通过对图形的控制和操作，在离线的情况下进行轨迹规划。

RobotStudio 是 ABB 公司开发的一款优秀的可在计算机上仿真 ABB 机器人的软件，可用于机器人单元的建模、离线创建和仿真。为提高生产率、降低购买与实施机器人解决方案的总成本，ABB 开发了一个适用于机器人寿命周期各个阶段的软件产品家族。RobotStudio 允许用户使用离线控制器(也叫虚拟控制器，Virtual Controller，简称 VC)，即在用户 PC 上运行本地的虚拟 IRC5 控制器。RobotStudio 还允许用户使用真实的物理 IRC5 控制器，当 RobotStudio 随真实控制器一起使用时，就处于在线模式了；在未连接到真实控制器或在连接到虚拟控制器的情况下，它处于离线模式。

6.2 RobotStudio 软件的主要功能

工业自动化的市场竞争压力日益加剧，客户在生产中要求更高的效率，以降低价格、提高质量。如今仍让机器编程在新产品生产之始花费时间检测或试运行是行不通的，因为这意味着要停止现有的生产以对新的或修改的部件进行编程。ABB 的 RobotStudio 是建立在 ABB VC 上的，我们可以使用它在计算机中轻易地模拟现场生产过程，让客户了解开发和组织生产过程的情况。

ABB 公司开发的 RobotStudio 主要有以下功能特点：

(1) CAD 导入。RobotStudio 可轻易地以各种主要的 CAD 格式导入数据，包括 IGES、VRML、VDAFS、ACIS 和 CATIA。通过使用此类非常精确的 3D 模型数据，机器人程序设计员可以生成更为精确的机器人程序，从而提高产品质量。

(2) 自动路径生成。这是 RobotStudio 最节省时间的功能之一。通过使用待加工部件的 CAD 模型，可在短短几分钟内自动生成跟踪曲线所需的机器人位置。如果人工执行此项任务，可能需要数小时或数天。

(3) 自动分析伸展能力。此功能可让操作者灵活移动机器人或工件，直至所有位置均可到达。此功能可在短短几分钟内验证和优化工作单元布局。

(4) 碰撞检测。在 RobotStudio 中，可以对机器人在运动过程中是否可能与周边设备发生碰撞进行验证和确认，以确保机器人离线编程得出的程序的可用性。

(5) 在线作业。使用 RobotStudio 与真实的机器人进行连接通信，对机器人进行便捷的监控、程序修改、参数设定、文件传送及备份恢复的操作，使调试与维护工作更轻松。

(6) 模拟仿真。根据设计，在 RobotStudio 中进行工业机器人工作站的动作模拟仿真以及周期节拍统计，为工程的实施提供真实的验证。

(7) 应用功能包。针对不同的应用推出功能强大的工艺功能包，将机器人更好地与工艺应用进行有效的融合。

(8) 二次开发。提供功能强大的二次开发平台，使机器人应用实现更多的可能，满足机器人的科研需要。

6.3 RobotStudio 软件的下载

ABB 官网上提供 RobotStudio 软件的试用版，本书选用的软件版本为 RobotStudio 5.61.02，可以直接在官网上下载。其具体操作步骤如下：

(1) 登录网站 www.robotstudio.com。

(2) 单击“Download”进入下载页面。

(3) 在下载页面单击“Download RobotStudio & RobotWare 5.61.02”开始下载，如图 6.1 所示。

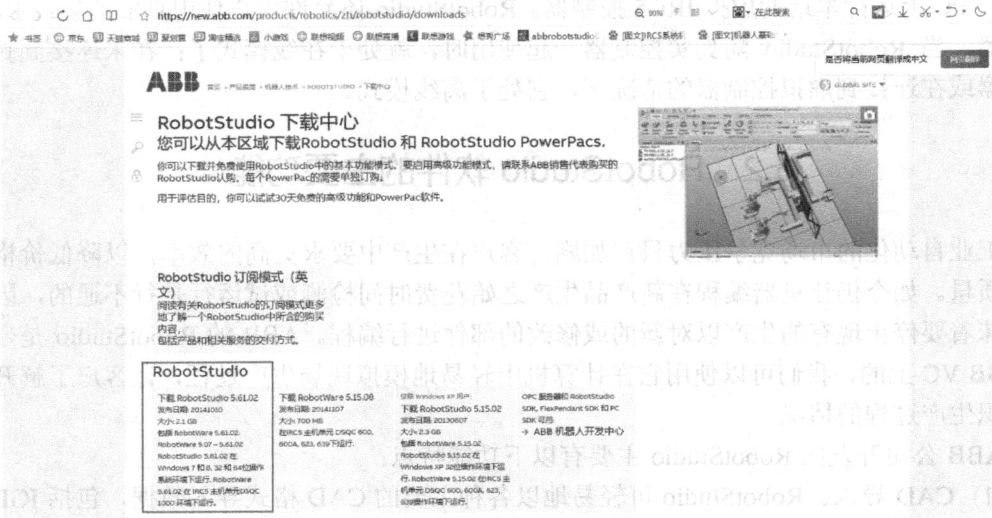

图 6.1　软件下载界面

也可以使用下面的地址进行下载：

https://new.abb.com/products/robotics/zh/robotstudio

注意：该软件提供 30 天试用期，试用期间可以全功能使用，试用期后会有部分功能限制，但主要功能依然可以使用。

6.4 RobotStudio 软件的安装

为了确保 RobotStudio 能够顺利安装和运行，建议计算机系统的基本配置如表 6.1 所示。

表 6.1 安装 RobotStudio 的计算机系统配置

硬 件	要 求
CPU	i5 或以上，主频 2.0 GHz 或以上
内存	4 GB 或以上(Windows 32/64 位操作系统)
硬盘	空闲 10 GB 以上
显卡	独立显卡
操作系统	Microsoft Windows 7 或以上

RobotStudio 的安装步骤如下：

(1) 下载完成后，获得该软件压缩包，如图 6.2 所示。单击该文件解压，进入解压文件夹，找到 Launch.exe，双击进行安装，如图 6.3 所示。

图 6.2 软件压缩包

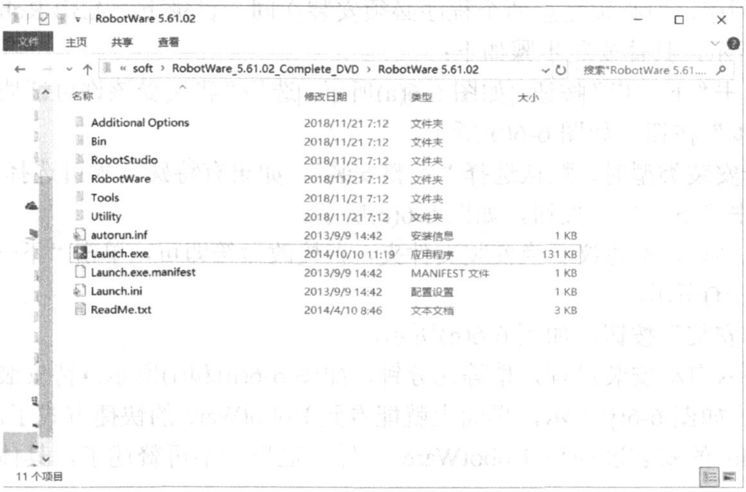

图 6.3 安装应用图标

(2) 选择演示的语言，这里选择默认的“中文(简体，中国)”，单击“确定”按钮，如图 6.4 所示。

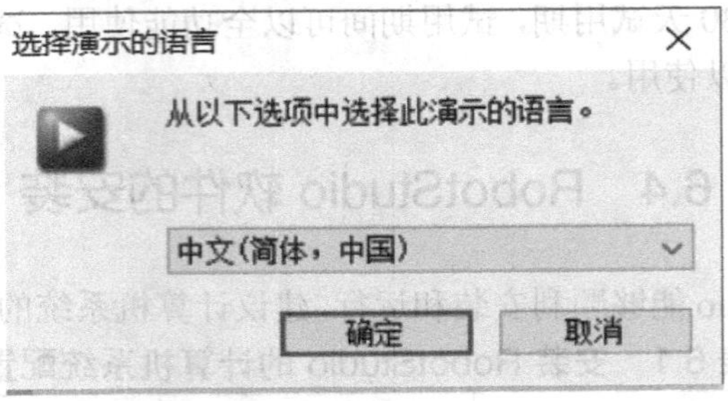

图 6.4　选择语言

(3) 直接单击“安装产品”，如图 6.5(a)所示。

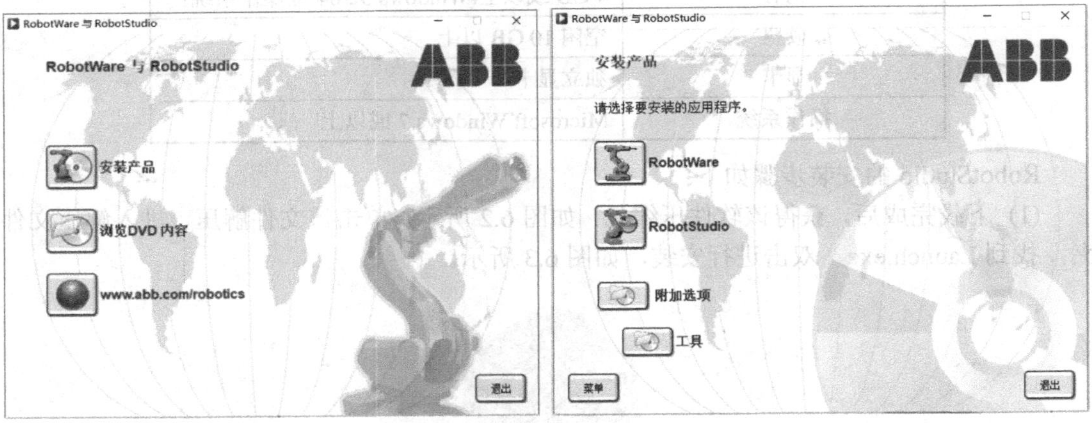

(a)　　(b)

图 6.5　安装产品

安装产品中包含“RobotWare”和“RobotStudio”(见图 6.5(b))，这两个程序都需要安装，无论先后顺序，但必须注意两个程序必须安装在同一目录下。ABB RobotWare 的安装过程如图 6.6 所示，具体安装步骤如下：

① 直接单击“下一步”按钮，如图 6-6(a)所示，选择“我接受该许可证协议中的条款”，并单击“下一步”按钮，如图 6-6(b)所示。

② 在选择安装类型时，默认选择“完整安装”，如果有特殊需求可选择“自定义”。选择完成后，单击“下一步”按钮，如图 6-6(c)所示。

③ 如果无必要，不建议更换安装文件夹，直接改盘符即可，单击“下一步”按钮，如图 6-6(d)、(e)、(f)所示。

④ 单击“安装”按钮，如图 6-6(g)所示。

⑤ 软件进入自动安装过程，稍等几分钟，如图 6-6(h)和(i)所示。待安装完成后，单击“完成”按钮，如图 6-6(j)所示，桌面上就能看到 RobotWare 的快捷方式了。

RobotStudio 的安装过程与 RobotWare 一样，这里就不再赘述了，具体操作过程如图 6.7 所示。

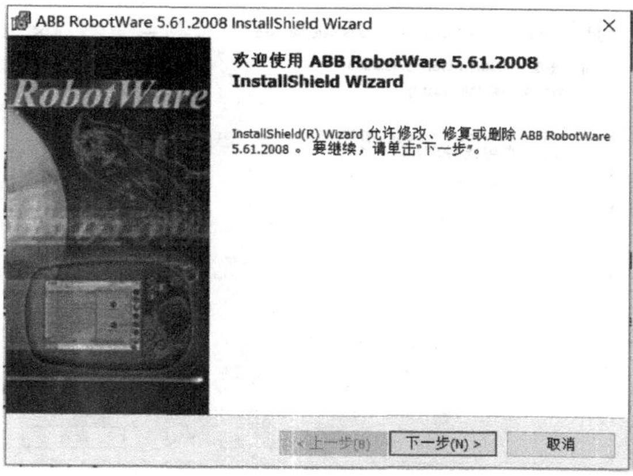
ABB RobotWare 5.61.2008 InstallShield Wizard
RobotWare
欢迎使用 ABB RobotWare 5.61.2008 InstallShield Wizard
InstallShield(R) Wizard 允许修改、修复或删除 ABB RobotWare 5.61.2008 。要继续，请单击"下一步"。
< 上一步(B)
下一步(N) >
取消

(a)

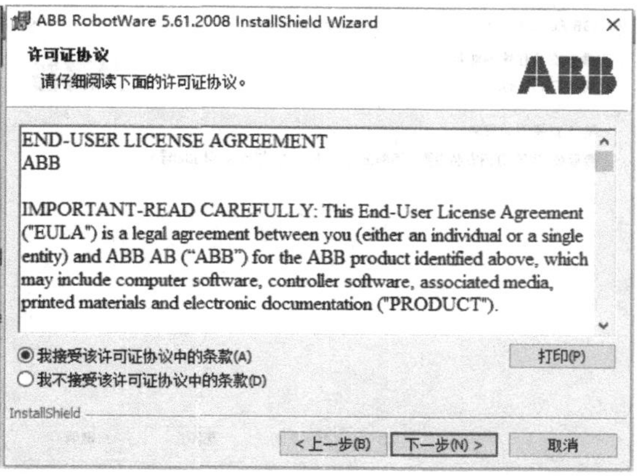
ABB RobotWare 5.61.2008 InstallShield Wizard
许可证协议
请仔细阅读下面的许可证协议。
ABB
END-USER LICENSE AGREEMENT
ABB
IMPORTANT-READ CAREFULLY: This End-User License Agreement ("EULA") is a legal agreement between you (either an individual or a single entity) and ABB AB ("ABB") for the ABB product identified above, which may include computer software, controller software, associated media, printed materials and electronic documentation ("PRODUCT").
我接受该许可证协议中的条款(A)
我不接受该许可证协议中的条款(D)
打印(P)
InstallShield
< 上一步(B)
下一步(N) >
取消

(b)

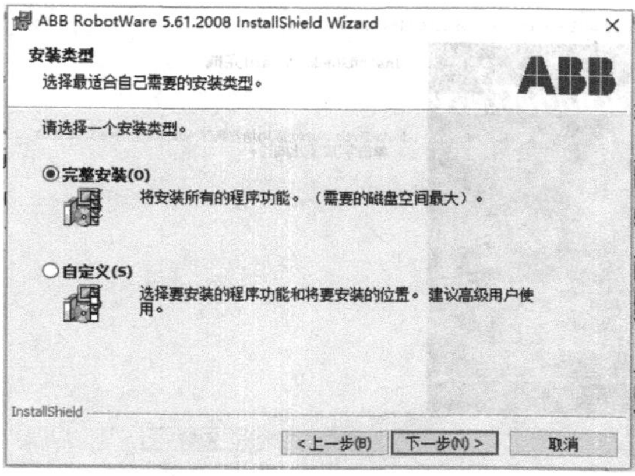
ABB RobotWare 5.61.2008 InstallShield Wizard
安装类型
选择最适合自己需要的安装类型。
ABB
请选择一个安装类型。
完整安装(O)
将安装所有的程序功能。（需要的磁盘空间最大）。
自定义(S)
选择要安装的程序功能和将要安装的位置。建议高级用户使用。
InstallShield
< 上一步(B)
下一步(N) >
取消

(c)

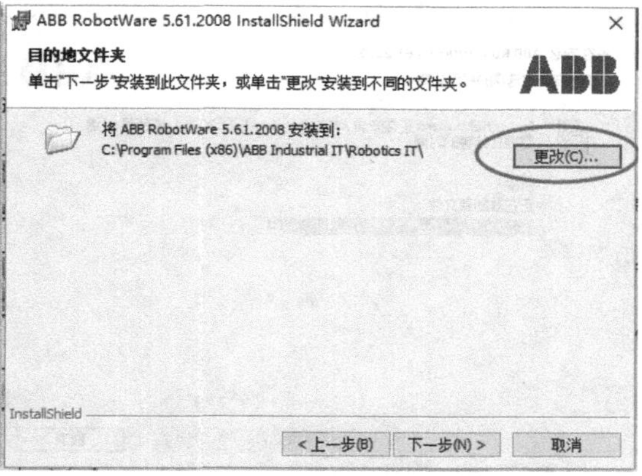
ABB RobotWare 5.61.2008 InstallShield Wizard
目的地文件夹
单击"下一步"安装到此文件夹，或单击"更改"安装到不同的文件夹。
ABB
将 ABB RobotWare 5.61.2008 安装到:
C:\Program Files (x86)\ABB Industrial IT\Robotics IT\
更改(C)...
InstallShield
< 上一步(B)
下一步(N) >
取消

(d)

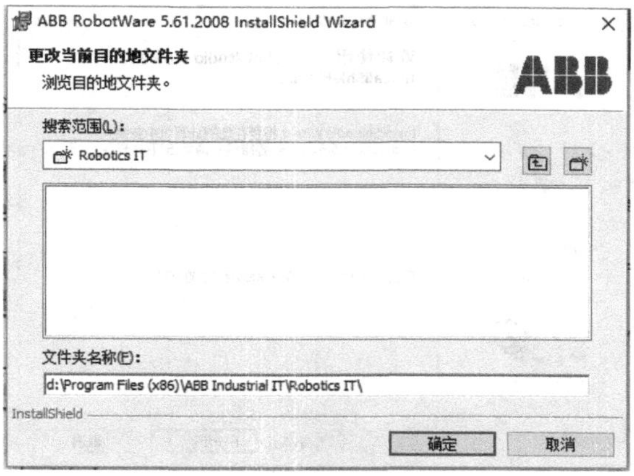
ABB RobotWare 5.61.2008 InstallShield Wizard
更改当前目的地文件夹
浏览目的地文件夹。
ABB
搜索范围(L):
Robotics IT
文件夹名称(F):
d:\Program Files (x86)\ABB Industrial IT\Robotics IT\
InstallShield
确定
取消

(e)

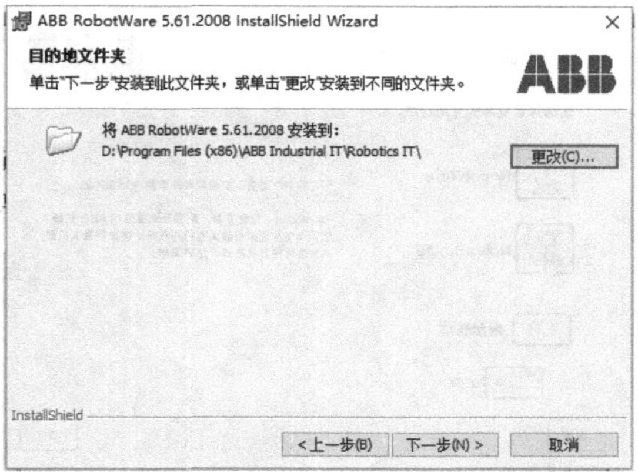
ABB RobotWare 5.61.2008 InstallShield Wizard
目的地文件夹
单击"下一步"安装到此文件夹，或单击"更改"安装到不同的文件夹。
ABB
将 ABB RobotWare 5.61.2008 安装到:
D:\Program Files (x86)\ABB Industrial IT\Robotics IT\
更改(C)...
InstallShield
< 上一步(B)
下一步(N) >
取消

(f)

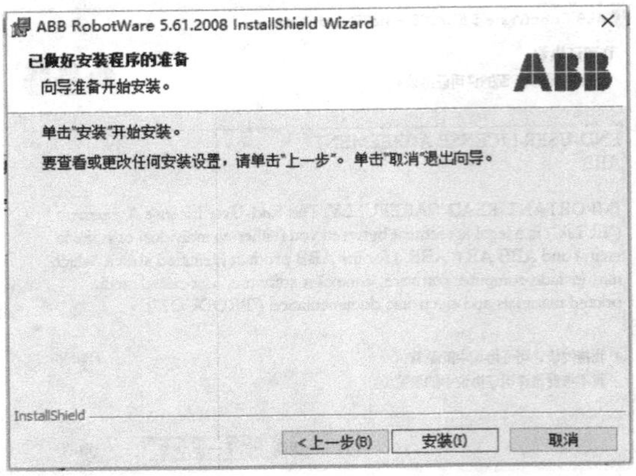

(g)

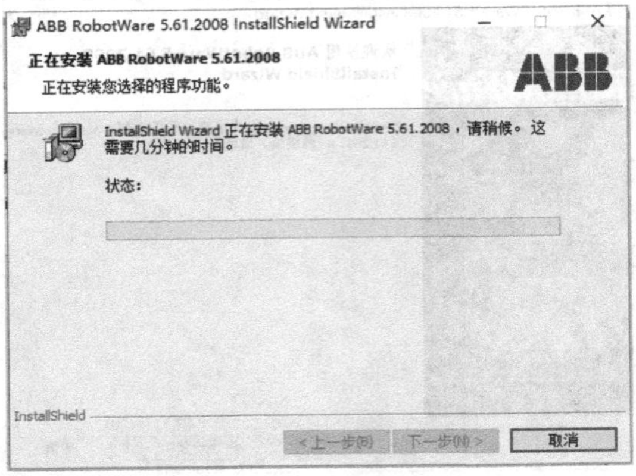

(h)

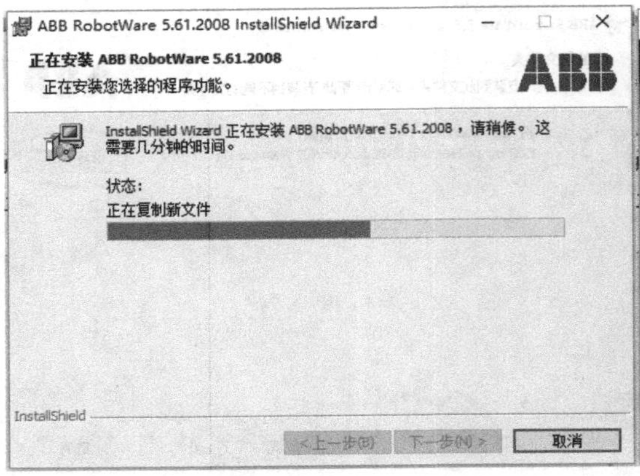

(i)

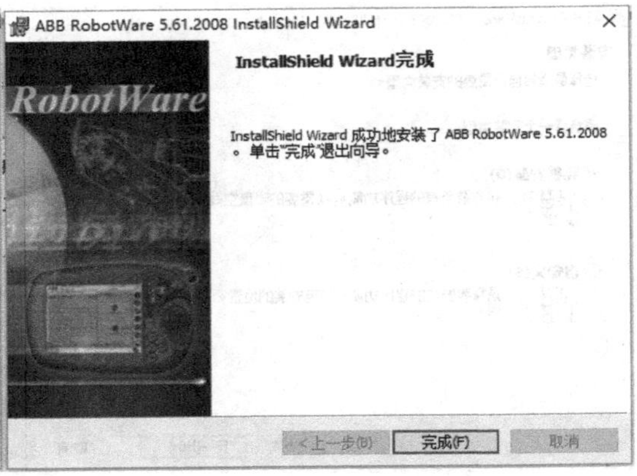

(j)

图 6.6　ABB RobotWare 的安装过程

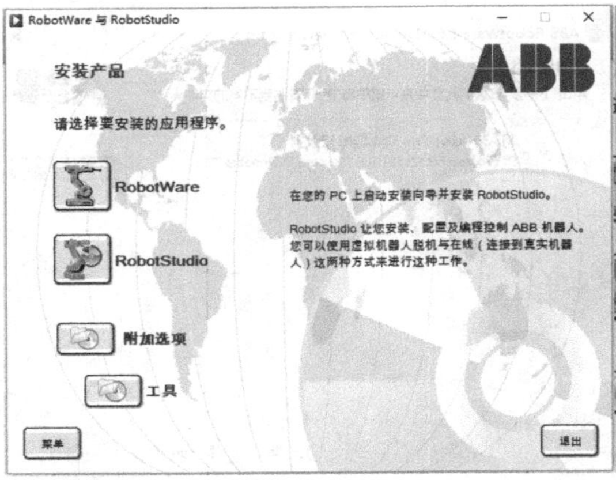

(a)

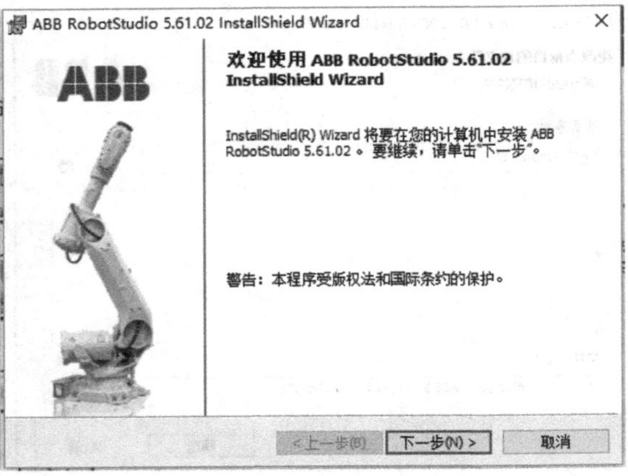

(b)

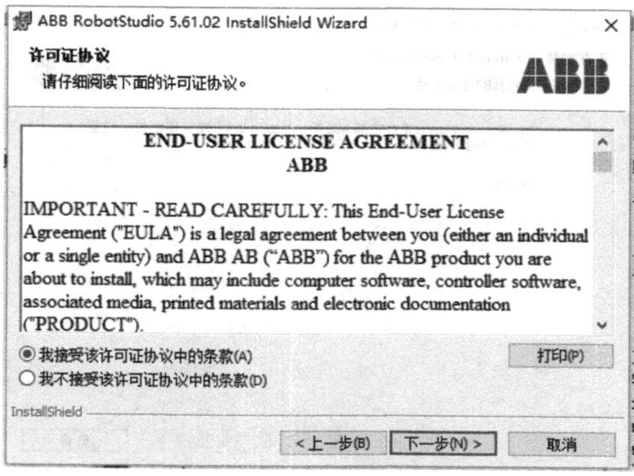
ABB RobotStudio 5.61.02 InstallShield Wizard
许可证协议
请仔细阅读下面的许可证协议。
ABB
END-USER LICENSE AGREEMENT
ABB
IMPORTANT - READ CAREFULLY: This End-User License Agreement ("EULA") is a legal agreement between you (either an individual or a single entity) and ABB AB ("ABB") for the ABB product you are about to install, which may include computer software, controller software, associated media, printed materials and electronic documentation ("PRODUCT").
我接受该许可证协议中的条款(A)
我不接受该许可证协议中的条款(D)
打印(P)
InstallShield
< 上一步(B)
下一步(N) >
取消

(c)

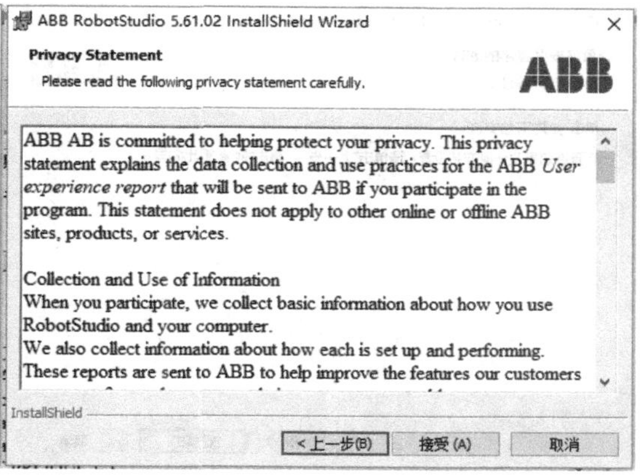
ABB RobotStudio 5.61.02 InstallShield Wizard
Privacy Statement
Please read the following privacy statement carefully.
ABB
ABB AB is committed to helping protect your privacy. This privacy statement explains the data collection and use practices for the ABB User experience report that will be sent to ABB if you participate in the program. This statement does not apply to other online or offline ABB sites, products, or services.
Collection and Use of Information
When you participate, we collect basic information about how you use RobotStudio and your computer.
We also collect information about how each is set up and performing.
These reports are sent to ABB to help improve the features our customers
InstallShield
< 上一步(B)
接受 (A)
取消

(d)

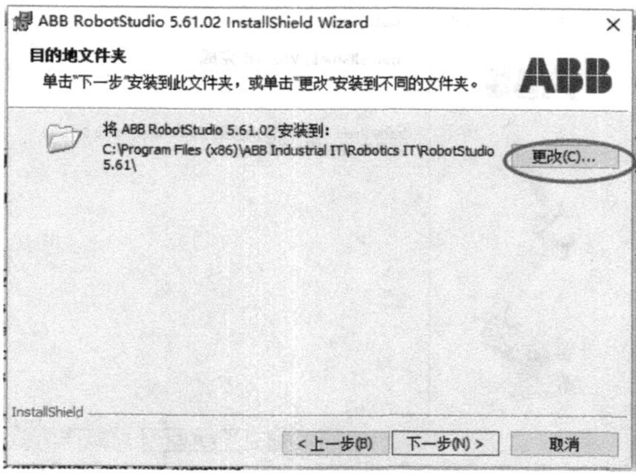
ABB RobotStudio 5.61.02 InstallShield Wizard
目的地文件夹
单击"下一步"安装到此文件夹，或单击"更改"安装到不同的文件夹。
ABB
将 ABB RobotStudio 5.61.02 安装到:
C:\Program Files (x86)\ABB Industrial IT\Robotics IT\RobotStudio 5.61\
更改(C)...
InstallShield
< 上一步(B)
下一步(N) >
取消

(e)

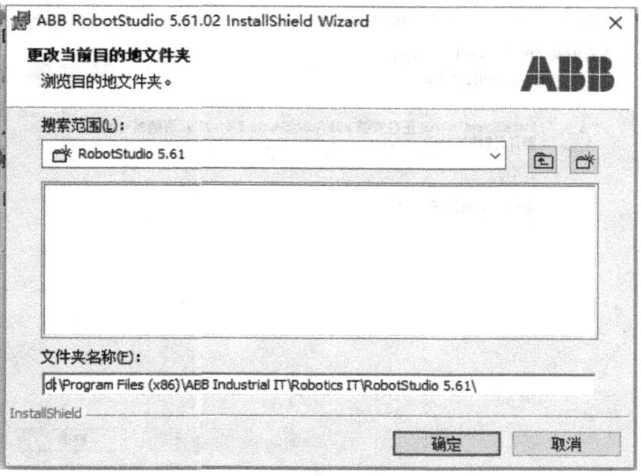
ABB RobotStudio 5.61.02 InstallShield Wizard
更改当前目的地文件夹
浏览目的地文件夹。
ABB
搜索范围(L):
RobotStudio 5.61
文件夹名称(E):
d:\Program Files (x86)\ABB Industrial IT\Robotics IT\RobotStudio 5.61\
InstallShield
确定
取消

(f)

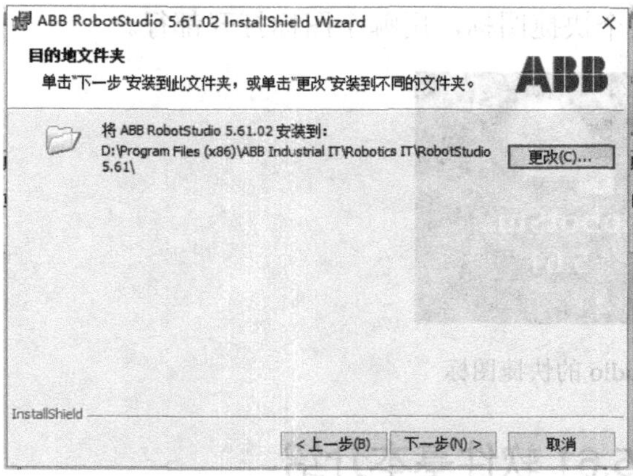
ABB RobotStudio 5.61.02 InstallShield Wizard
目的地文件夹
单击"下一步"安装到此文件夹，或单击"更改"安装到不同的文件夹。
ABB
将 ABB RobotStudio 5.61.02 安装到:
D:\Program Files (x86)\ABB Industrial IT\Robotics IT\RobotStudio 5.61\
更改(C)...
InstallShield
< 上一步(B)
下一步(N) >
取消

(g)

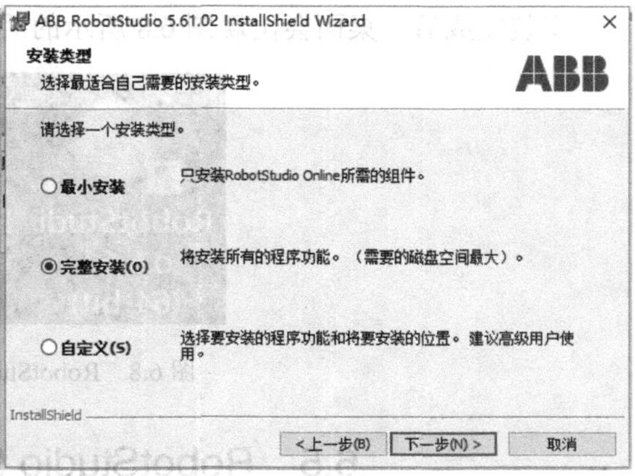
ABB RobotStudio 5.61.02 InstallShield Wizard
安装类型
选择最适合自己需要的安装类型。
ABB
请选择一个安装类型。
最小安装
只安装RobotStudio Online所需的组件。
完整安装(O)
将安装所有的程序功能。（需要的磁盘空间最大）。
自定义(S)
选择要安装的程序功能和将要安装的位置。建议高级用户使用。
InstallShield
< 上一步(B)
下一步(N) >
取消

(h)

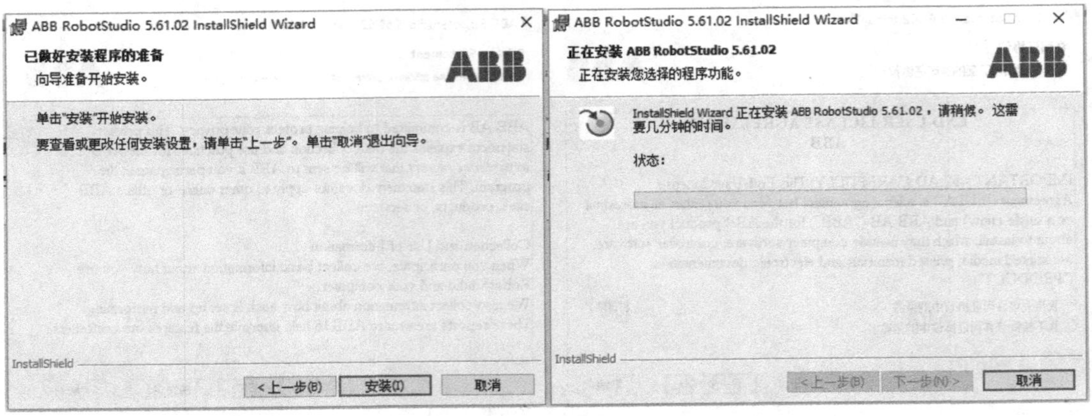

(i)　　(j)

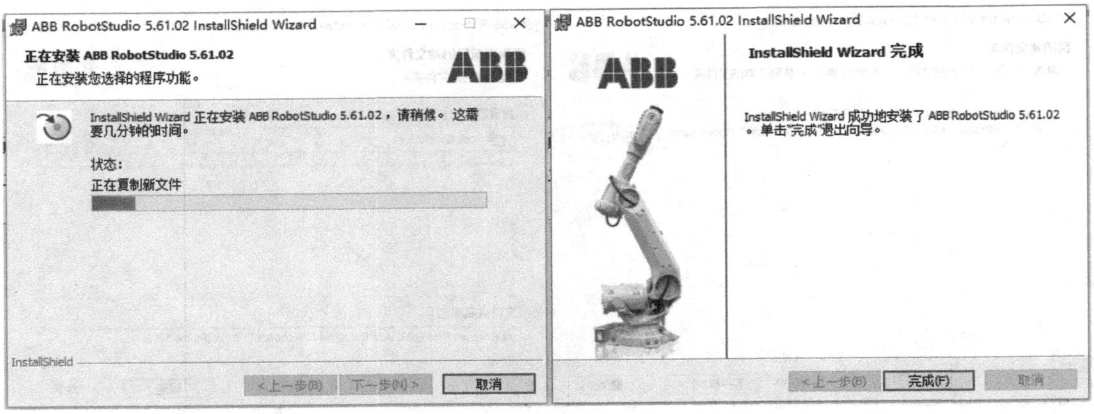

(k)　　(l)

图 6.7　ABB RobotStudio 的安装过程

安装完成后，桌面会出现图 6.8 所示的两个快捷图标，用哪个图标打开都行。

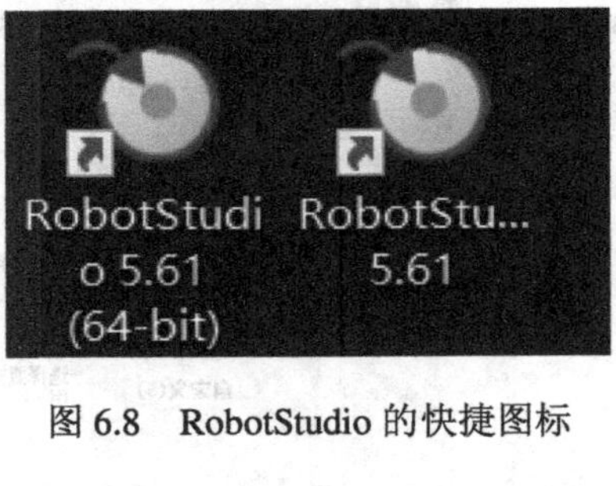

图 6.8　RobotStudio 的快捷图标

6.5　RobotStudio 5.61 软件基本介绍

打开 RobotStudio 5.61 后，界面如图 6.9 所示。

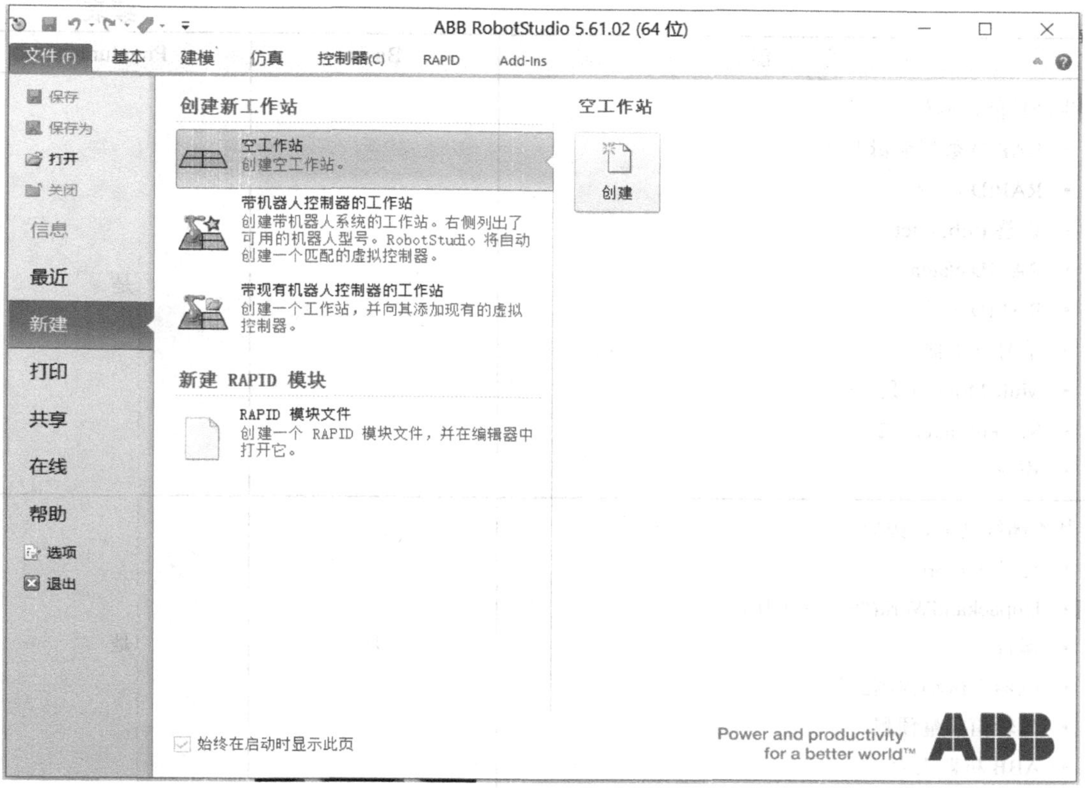

图 6.9 RobotStudio 5.61 界面

RobotStudio 分为两种功能级别：

(1) Basic(基本版)：提供所选的 RobotStudio 功能，如配置、编程和运行虚拟控制器。还可以通过以太网对实际控制器进行编程、配置和监控等在线操作。

(2) Premium(高级版)：提供完整的 RobotStudio 功能，可实现离线编程和多机器人仿真。Premium 级别包括 Basic 级别的所有功能，使用高级版需要激活。

在第一次正确安装 RobotStudio 以后，软件提供 30 天全功能高级版免费试用。30 天以后，如果未进行授权操作，则只能使用基本版功能。

Basic 和 Premium 许可提供的功能如表 6.2 所示。

表 6.2 Basic 和 Premium 许可提供的功能

功　能	Basic	Premium
真实或虚拟机器人调试的必要功能，例如： • 系统生成器 • 事件日志查看器 • 配置编辑器 • RAPID 编辑器 • 备份/恢复 • I/O 窗口	是	是

续表

<table>
<tr><th>功　　能</th><th>Basic</th><th>Premium</th></tr>
<tr><td>生产功能，例如：
• RAPID 数据编辑器
• RAPID 比较
• 调整 Robtarget
• RAPIDWatch
• RAPID 断点
• 信号分析器
• MultiMove 工具
• ScreenMaker 1.2
• 作业</td><td></td><td>是</td></tr>
<tr><td>基本离线功能，例如：
• 打开工作站
• UnpackandWork(解压并工作)
• 运行仿真
• 机器人微动控制工具
• 齿轮箱热量预测
• ABB 机器人库</td><td>是</td><td>是</td></tr>
<tr><td>高级离线功能，例如：
• 图形编程
• 保存工作站
• 转为离线
• PackandGo(打包带走)
• 导入/导出几何体
• 导入模型库
• 创建工作站查看器和影片
• 传输
• AutoPath
• 3D 操作
• 虚拟现实</td><td></td><td>是</td></tr>
<tr><td>加载项</td><td></td><td>是</td></tr>
<tr><td colspan="3">备注：
(1) 要求真实机器人控制器系统上安装 RobotWare 选件 PC 接口以允许 LAN 通信。通过服务端口连接或虚拟控制器通信时无需此选件。
(2) 要求机器人控制器系统安装 RobotWare 选件 FlexPendant 接口</td></tr>
</table>

6.6　RobotStudio 软件的用户界面

RobotStudio 软件的用户界面如图 6.10 所示，界面包括功能选项卡区、按钮区、项目树、输出窗口、运动指令设定栏，以及中间的工作站加载的 3D 模型视图区。

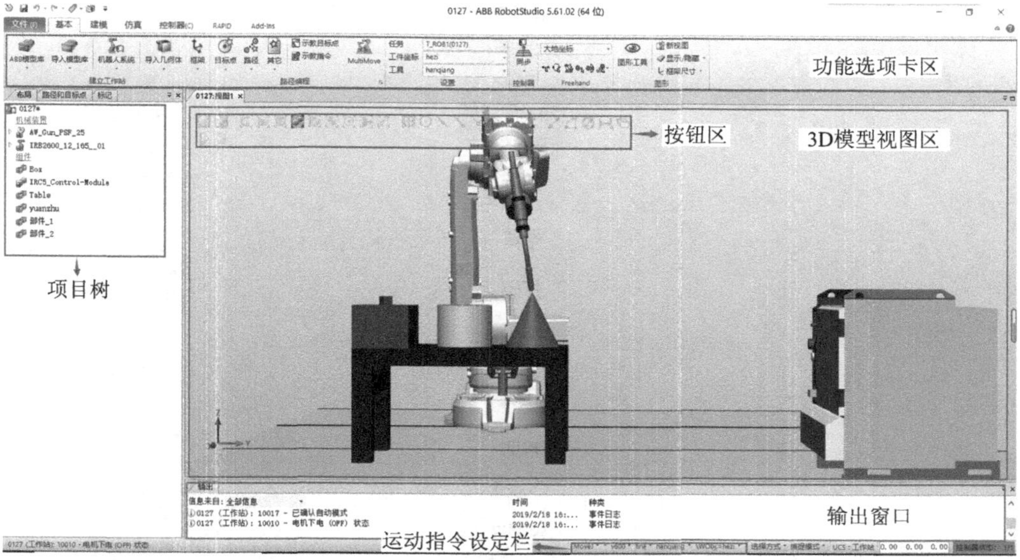

图 6.10　RobotStudio 5.61 用户界面

1．功能选项卡区

RobotStudio 5.61 的主菜单包括文件、基本、建模、仿真、控制器(C)、RAPID、Add-Ins 等 7 个功能选项卡，如表 6.3 所示。

表 6.3　RobotStudio 的功能选项卡

选项卡	描　述
文件	包含创建新工作站、创造新机器人系统、在线连接到控制器，将工作站另存为查看器的选项和 RobotStudio 选项
基本	包含搭建工作站、创建系统、编程路径和摆放物体所需的控件
建模	包含创建和分组工作站组件、创建实体、测量以及其他 CAD 操作所需的控件
仿真	包含创建、控制、监控和记录仿真所需的控件
控制器(C)	包含用于虚拟控制器(VC)的同步、配置和分配给它的任务的控制措施。它还包含用于管理真实控制器的控制措施
RAPID	包含集成的 RAPID 编辑器，后者用于编辑除机器人运动之外的其他所有机器人任务
Add-Ins	包含 PowerPacs 的控件

1)　“文件”功能选项卡

“文件”功能选项卡主要用于文件的操作，包括保存、新建、打印、共享等 9 大选项，能显示当前活动的工作站的信息，能列出最近打开过的工作站并提供一系列用户选项等，如图 6.11 所示。

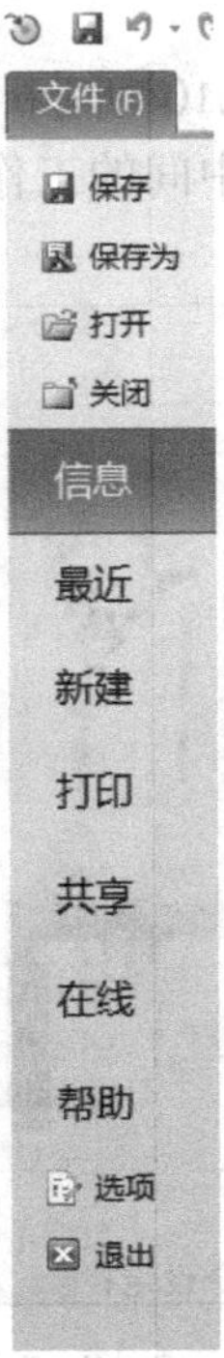

图 6.11　“文件”功能选项卡

“文件”功能选项卡内容：打开已保存的工作站；浏览最近操作工作站；创建新工作站；创建新机器人系统；打印工作站视图；共享工作站；在线连接到控制器；帮助文件；RobotStudio 选项。

2)　“基本”功能选项卡

“基本”功能选项卡可用于搭建工作站、创建系统、编辑路径、设置和摆放物体等，主要包括建立工作站、路径编程、设置、控制器同步、Freehand 选择和 3D 视角设置所需图形控件，如图 6.12 所示。

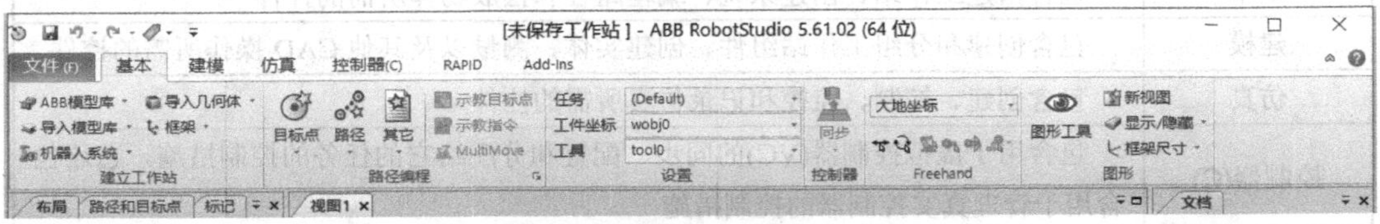

图 6.12　“基本”功能选项卡

3)　“建模”功能选项卡

“建模”功能选项卡可用于创建组件和进行组件分组、创建部件、测量以及进行 CAD 相关操作等，主要包括创建和分组工作站组件、创建实体、测量、Freehand 选择、CAD 操作和机械设定所需的控件，如图 6.13 所示。

图 6.13　“建模”功能选项卡

4)　“仿真”功能选项卡

“仿真”功能选项卡主要用于创建、配置、控制、监控和记录仿真等，主要包括碰撞监控、仿真控制、监控、信号分析器、录制短片和输送链跟踪，如图 6.14 所示。

图 6.14　“仿真”功能选项卡

5)　“控制器(C)”功能选项卡

“控制器(C)”功能选项卡主要包含用于管理真实控制器(IR5C)的控制功能、用于虚拟控制器(VC)的同步、配置和分配给它的任务的控制措施等，主要包括进入、控制器工具、配置、虚拟控制器和传送，如图 6.15 所示。

图 6.15　“控制器(C)”功能选项卡

6)　“RAPID”功能选项卡

“RAPID”功能选项卡主要包含用于创建、编辑和管理 RAPID 程序的工具和功能等。用户可以利用该选项卡管理真实控制器上的在线 RAPID 程序、虚拟控制器的离线 RAPID 程序和不属于某个系统的单机程序。该选项卡主要包括 RAPID 程序编辑、RAPID 文件管理以及用于 RAPID 程序编辑的其他控件，如图 6.16 所示。

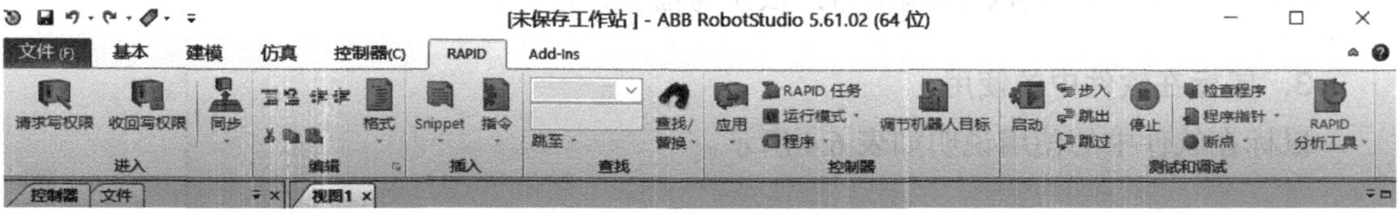

图 6.16　“RAPID”功能选项卡

7) “Add-Ins”功能选项卡

“Add-Ins”功能选项卡主要用于插件浏览器显示已安装的 PowerPac、常规插件；安装和卸载发行包；迁移机器人系统；帮助预测齿轮箱中的高温故障等。该选项卡主要包括 PowerPac 和 VSTA(Visual Studio Tools for Applications)的相关控件，如图 6.17 所示。

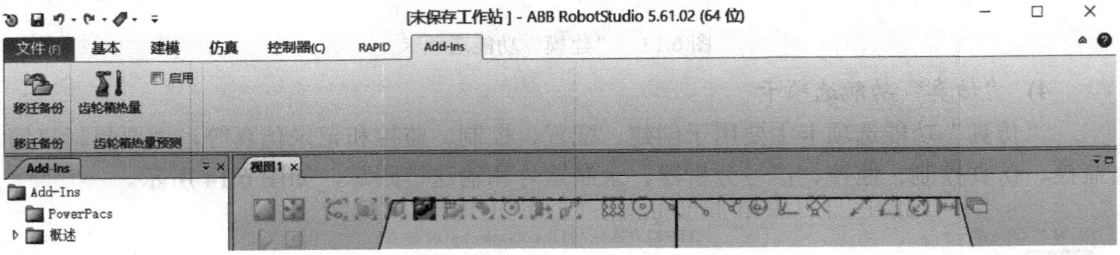

图 6.17 “Add-Ins”功能选项卡

2. 按钮区

按钮区如图 6.18 所示。

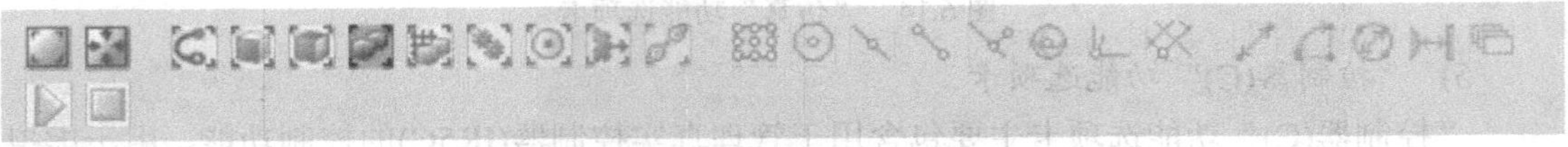

图 6.18 按钮区

(1) ——查看按钮：依次为查看全部，查看中心。

(2) ——选择按钮：依次为选择曲线、选择表面、选择物体、选择部件、选择组、选择机械装置、选择目标点/框架、移动指令选择、路径选择。

(3) ——捕捉按钮：依次为捕捉对象、捕捉中心、捕捉中心、捕捉末端、捕捉边缘、捕捉重心、捕捉本地原点、捕捉网格。

(4) ——测量按钮：依次为点到点、角度、直径、最短距离、保持测量。

(5) ——仿真控制按钮：依次为播放、停止。

3. 鼠标在软件中的使用

鼠标在软件中的使用说明如表 6.4 所示。

表 6.4　鼠标在软件中的使用说明

作　　用	使用键盘+鼠标组合	描　　述
选择项目  select	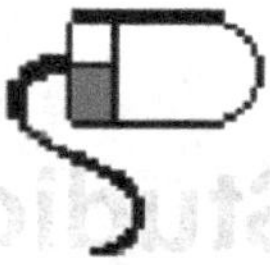 Left	只需单击要选择的项目即可。要选择多个项目，按住 Ctrl 键的同时单击新项目即可
旋转工作站  rotate	Ctrl+Shift+ Left 	按住 Ctrl+Shift 组合键并单击鼠标左键的同时，拖动鼠标对工作站进行旋转。如为三键鼠标，可以使用中间键和右键或左键替代键盘组合
平移工作站  pan	Ctrl+ Left 	按住 Ctrl 键和鼠标左键的同时，拖动鼠标对工作站进行平移
缩放工作站 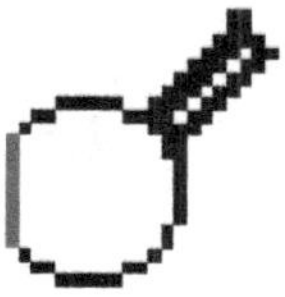 zoom	Ctrl+ Right 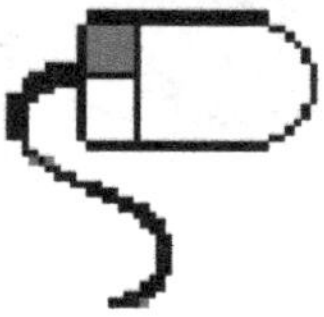	按住 Ctrl 键和鼠标右键的同时，将鼠标拖至左侧可以缩小，将鼠标拖至右侧可以放大。有了三键鼠标，还可以使用中间键替代键盘组合
使用窗口缩放  window_z	Shift+ Right 	按住 Shift 键和鼠标右键的同时，将鼠标拖过要放大的区域
使用窗口选择  window_s	Shift+ Left 	按住 Shift 键和鼠标左键的同时，将鼠标拖过该区域，以便选择与当前选择层级匹配的所有项目

第七章　RobotStudio 中工作站的创建

工业机器人太贵，而不进行实际操作又很难学好机器人，这给想要学习机器人的同学增加了困难。机器人制造公司也考虑到了这一问题，开发了各种软件，在 ABB RobotStudio 软件中就可以创建一个虚拟的机器人工作站。本章介绍 RobotStudio 软件中的工作站创建。

7.1　创建工作站

在“文件”功能选项卡下的“新建”中，单击空工作站的“创建”，如图 7.1 所示。

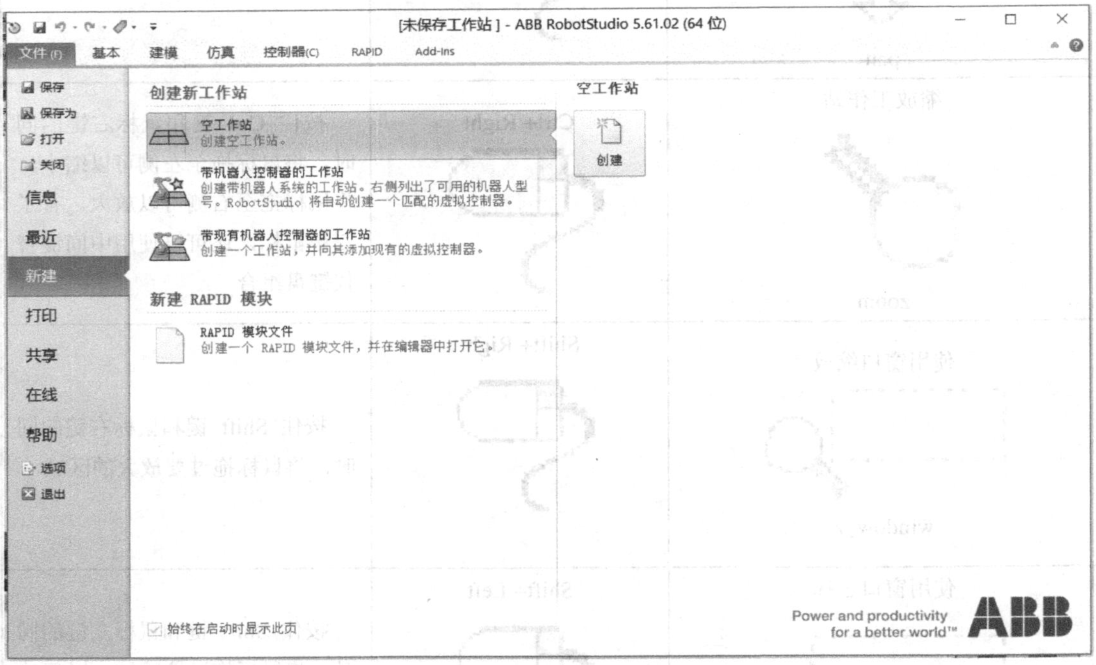

图 7.1　创建工作站

创建的空工作站界面如图 7.2 所示。

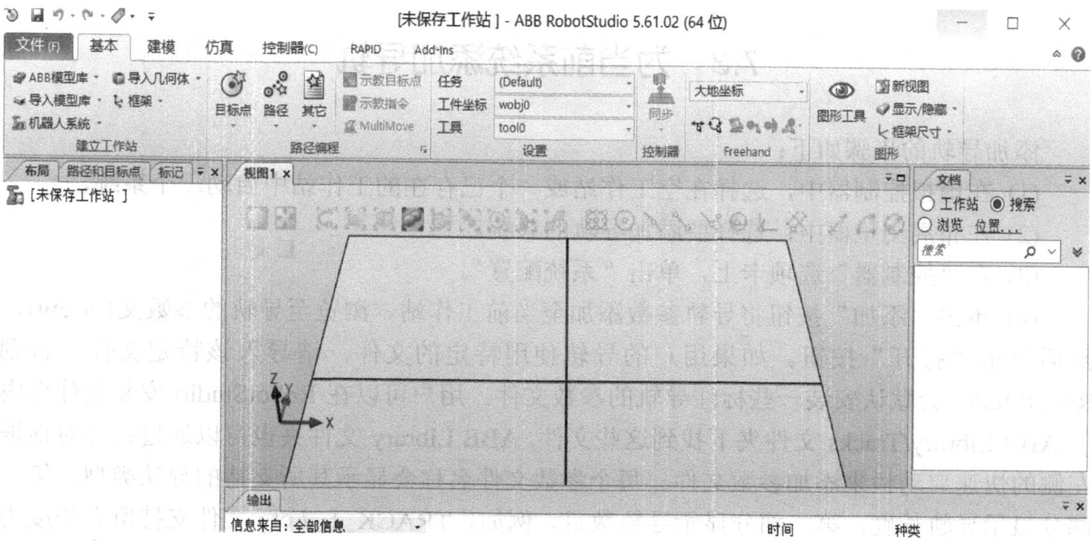

图 7.2 空工作站界面

7.2 导入模型

RobotStudio 中自带一些机器人模型、工具以及变位机，本节介绍如何将这些模型导入工作站。

1. 导入机器人模型

RobotStudio 中自带的机器人模型是未连接控制器的，如果机器人未连接至控制器，则不能进行编程。要导入连接至虚拟控制器的机器人，需要为机器人配置一个系统，并在虚拟控制器中启动系统。要导入机器人模型，在“基本”选项卡中单击“机器人系统”，从库中选择所需的机器人模型。具体操作参见 8.6 节内容。

2. 导入工具

工具是在工件上使用的特殊对象，例如弧焊枪或夹具。要在机器人程序中执行正确动作，必须在工具数据中指定工具。在工具数据中，最为重要的部分是 TCP，它是工具中心点相对于机器人手腕(与默认工具 tool0 相同)的位置。导入之后，工具与机器人无关。为了使工具随机器人一起移动，必须将其连接至机器人。要导入工具，在“基本”选项卡中单击“工具”，从库中选择所需的工具。RobotStudio 中自带一些模型，比如“传送链”“控制柜”“示教器”和一些简单的“工具”，如焊枪、夹子等。

3. 导入变位机

要导入工具，在“基本”选项卡中单击“变位机”，在库中选择所需的变位机。

7.3　为当前系统添加导轨

添加导轨的步骤如下：

(1) 在虚拟控制器中，选择在空工作站或一个已存在的工作站中启动一个系统。

(2) 在布局浏览器中，选择要添加导轨的系统。

(3) 在“控制器”选项卡上，单击“系统配置”。

(4) 单击“添加”按钮将导轨参数添加至当前工作站。浏览至导轨的参数文件(.cfg)，然后单击“打开”按钮。如果用户的导轨使用特定的文件，请导入该特定文件，否则 RobotStudio 会默认安装一些标注导轨的参数文件。用户可以在 RobotStudio 安装文件夹内的 ABB Library/Tracks 文件夹下找到这些文件。ABB Library 文件夹也可以通过打开对话框左侧的快速启动栏来添加参数文件。每个参数文件名称会显示其所支持的导轨类型，第一部分显示导轨长度，第二部分显示导轨数目。例如，TRACK_1_7.cfg 文件支持所有长度为 1.7 米的导轨，其所在的系统仅包含一个任务。对 MultiMove 系统或其他有多个任务的系统，使用符合其任务数目的配置文件。例如，如果在 MultiMove 系统中，导轨长度为 19.9 米，机器人需安装到导轨，且该机器人需连接到 4 个不同的任务，用户需要选择 TRACK_19_9Task4.cfg 文件。

(5) 在系统配置窗口，单击“确定”按钮，当要求重启系统时，请单击“是”按钮。

(6) 在重启时，列表中将显示与该配置文件兼容的所有导轨。选择所需的导轨，单击“确定”按钮。重启后，导轨将显示在工作站中，请将机器人安装到轨道上。

程序库部件是单独保存的 RobotStudio 对象。通常情况下，程序库文件中的组件被锁住，不能进行编辑。几何体是导入并在 RobotStudio 中使用的 CAD 数据。

注意：以上操作步骤不适用于带 IRB4004、IRB6007 和 IRB7004 的机器人系统。这些系统需要使用 TrackMotion 媒体库进行配置，不能通过加载单独的配置文件进行配置。

7.4　导入机器人

在图 7.3 所示的“基本”选项卡中，单击“ABB 模型库”旁边的小三角形，会出现机器人库，从库中选择需要的机器人导入，如图 7.4 所示。

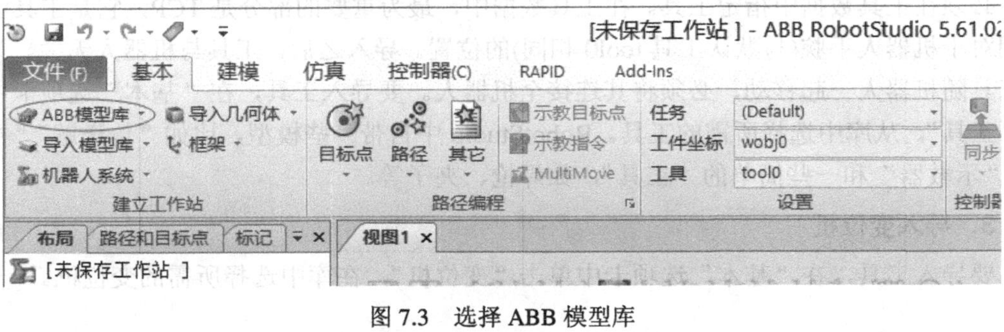

图 7.3　选择 ABB 模型库

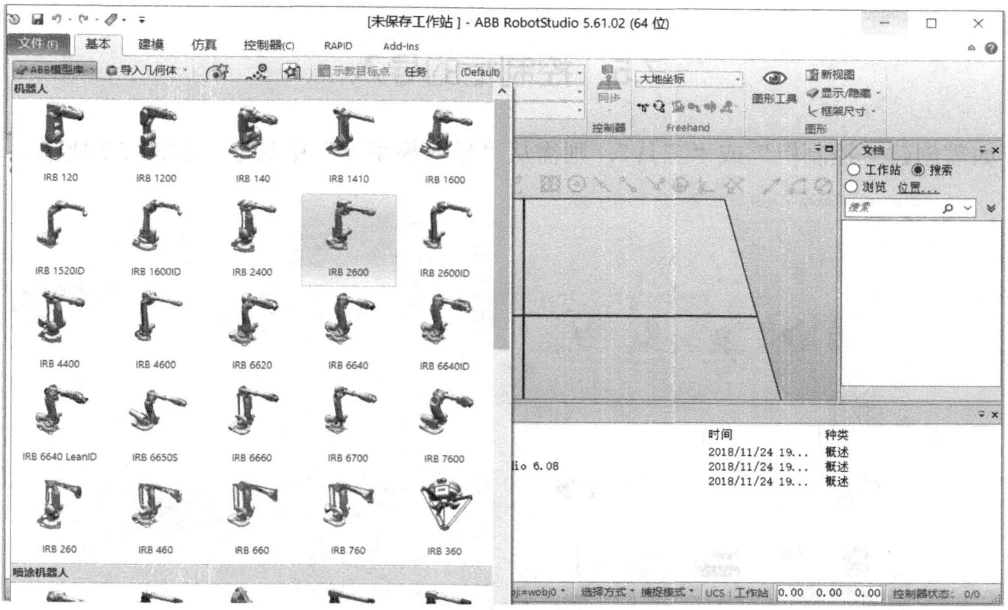

图 7.4　机器人库

例如，选择“IRB 2600”，会弹出如图 7.5 所示的界面，单击“确定”按钮，将其导入。

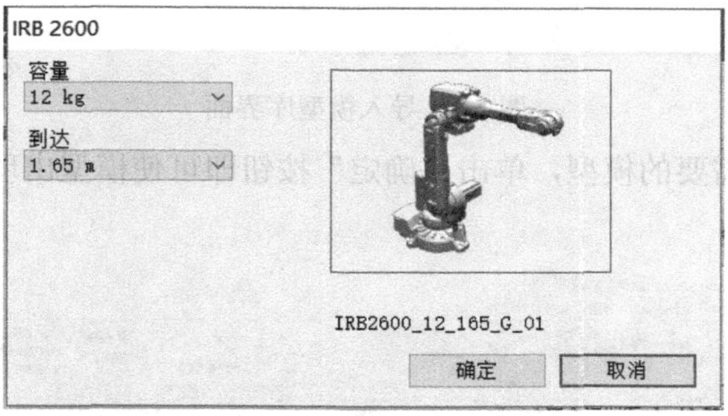

图 7.5　机器人描述界面

IRB 2600 机器人会出现在视图中，如图 7.6 所示。

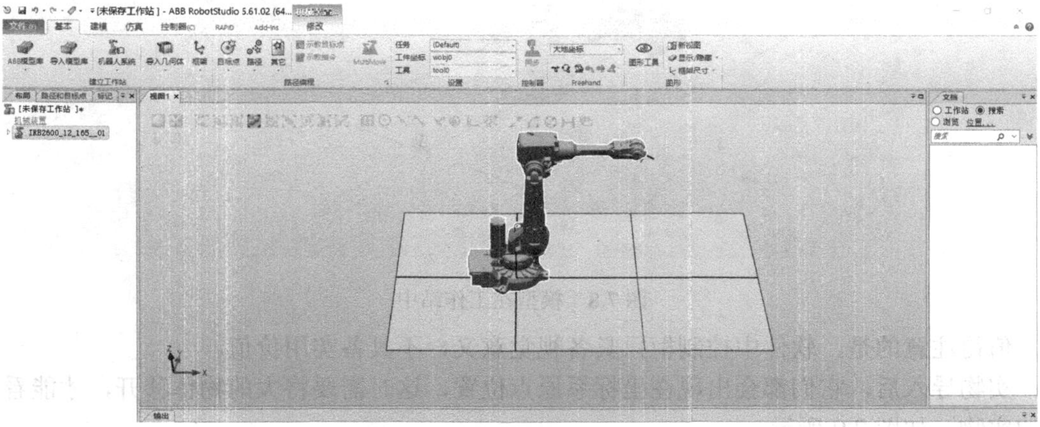

图 7.6　工作站中的机器人

7.5 控制柜的导入

如需创建“控制柜”或“工具”，则需从“导入模型库”中选取，如图 7.7 所示。

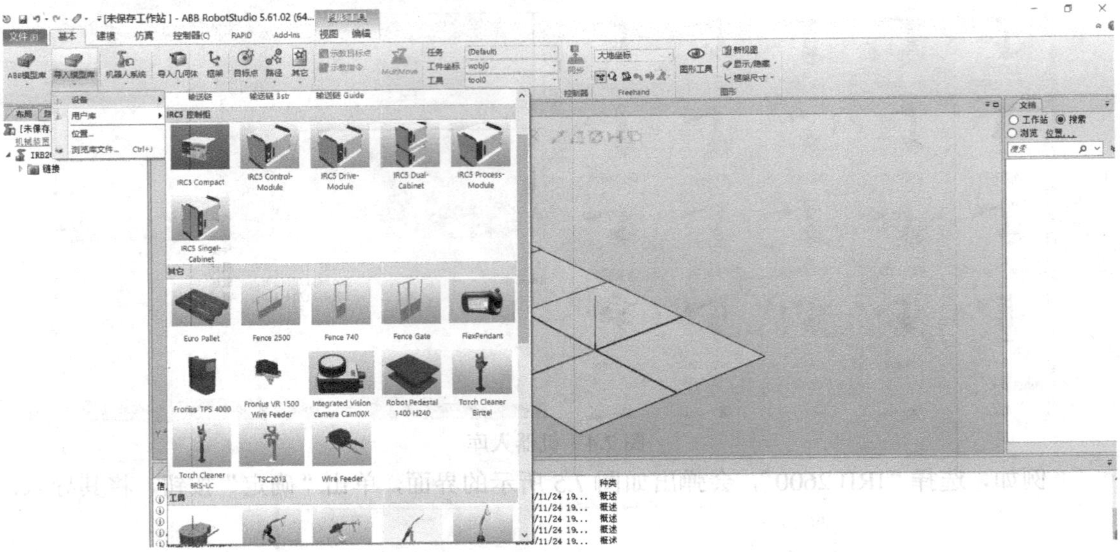

图 7.7 导入模型库界面

在模型库中选取需要的模型，单击“确定”按钮即可使模型出现在工作站布局中，如图 7.8 所示。

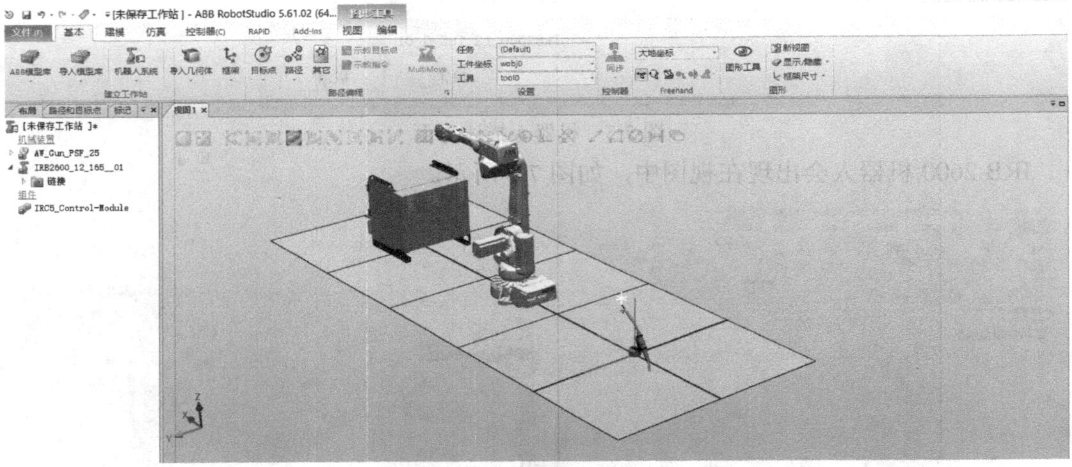

图 7.8 模型在工作站中

值得注意的是，软件中控制柜只具备视觉意义，不具备实用价值。

实物导入后，它们都会出现在坐标系原点位置，这时需要将大的物体移开，才能看到小的实物，如图 7.9 所示。

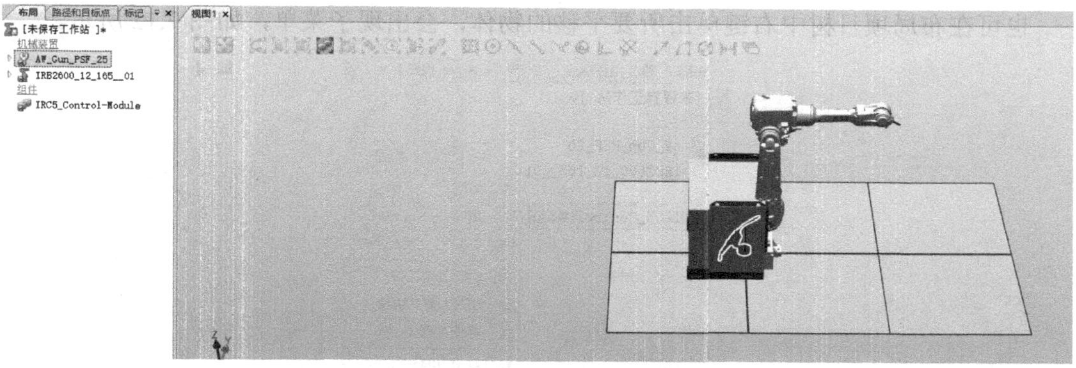

图 7.9　模型在工作站中导入的初始位置

7.6　移 动 物 体

单击所要移动的物体，在“Freehand”功能组中有“平移”“旋转”“手动关节”等图标。选中“平移”，选择平移的物体上会出现坐标系，如图 7.10 所示，分别是 X 轴、Y 轴、Z 轴。选择哪个轴平移物体，对应轴的值就会改变，如图 7.11 所示。

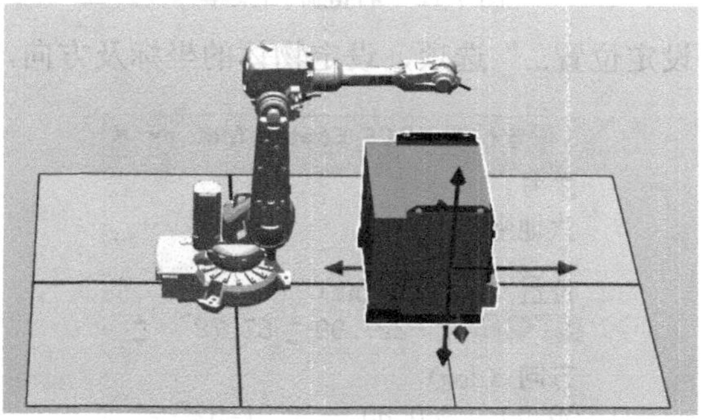

图 7.10　平移坐标系

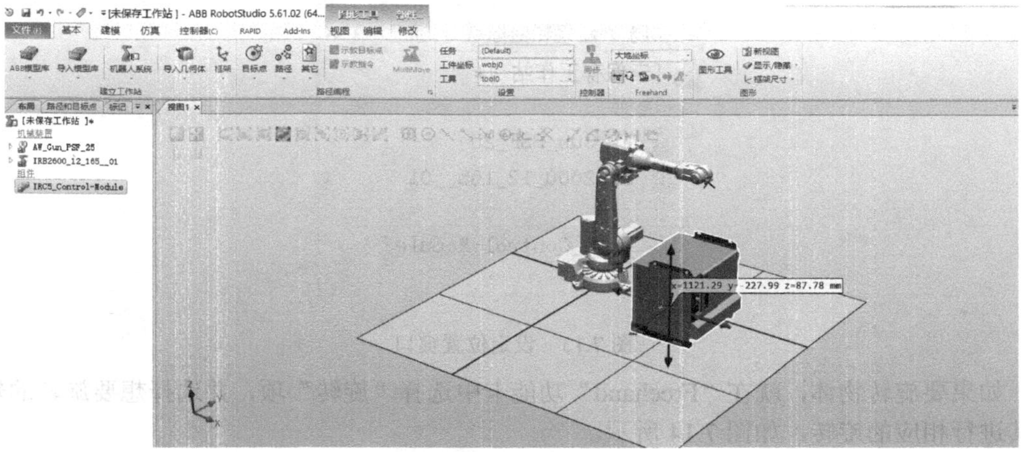

图 7.11　模型坐标值

也可在布局项目树中右键单击所要平移的物体，会出现子菜单，如图 7.12 所示。

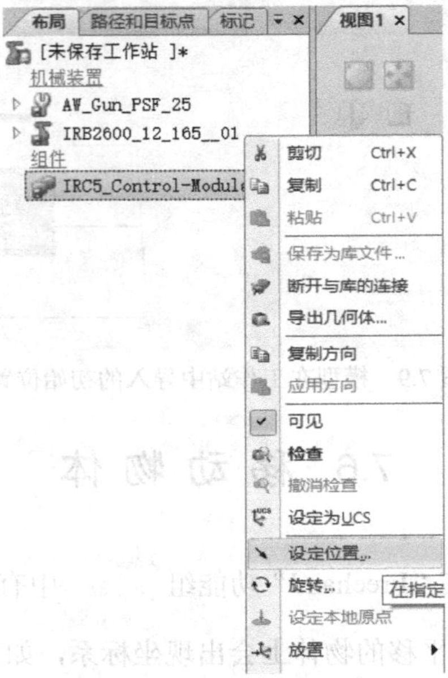

图 7.12　右键弹出菜单

在子菜单中选择“设定位置...”选项，设定物体的坐标及方向，如图 7.13 所示。

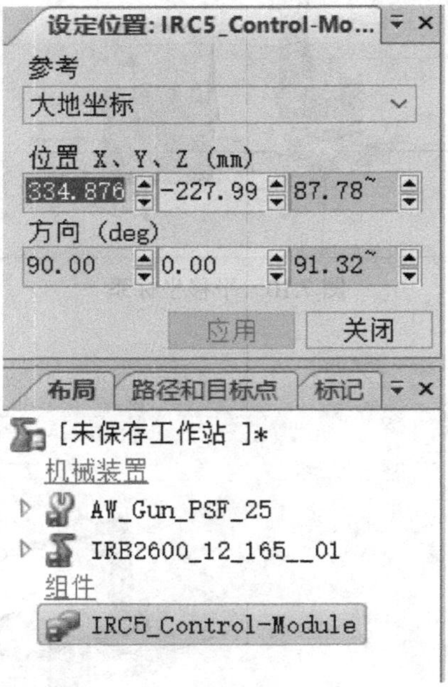

图 7.13　设定位置窗口

如果要旋转物体，就在“Freehand”功能卡中选择“旋转”项，并选择想要旋转的轴，对其进行相应的旋转，如图 7.14 所示。

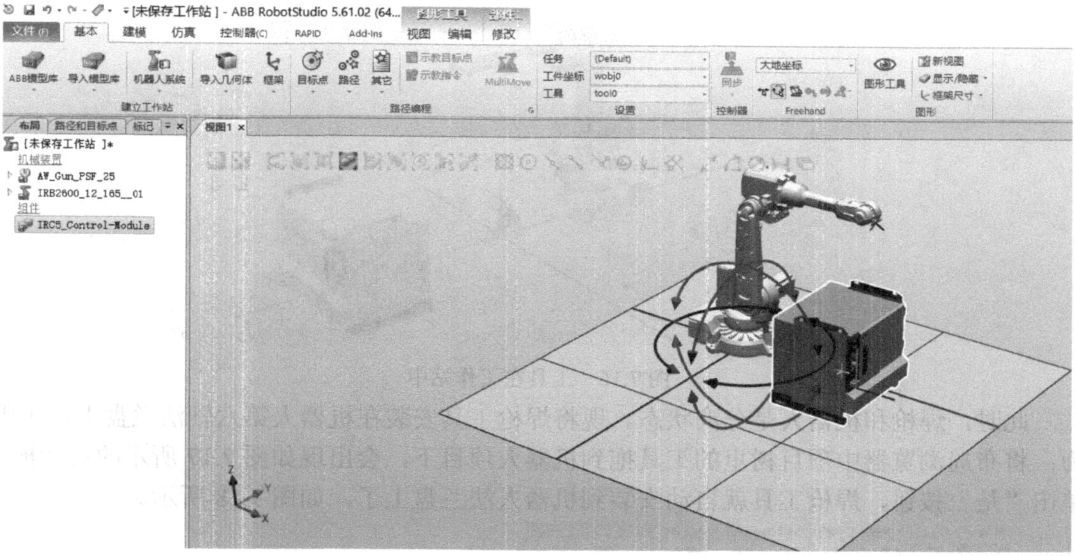

图 7.14　旋转坐标轴

同样，也可在布局浏览器的项目树中右键单击所要旋转的物体，会出现子菜单，如图 7.15 所示。

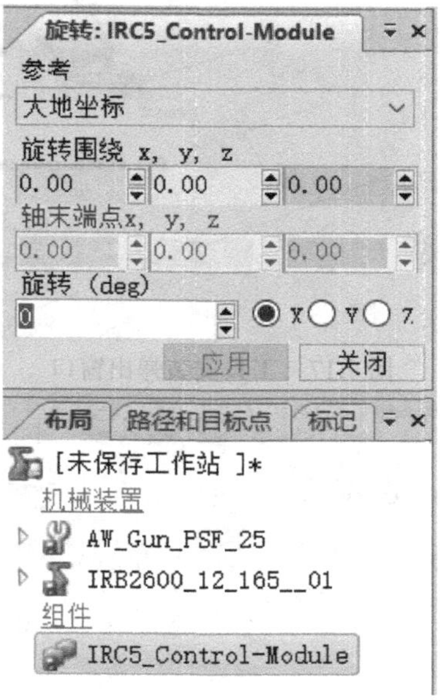

图 7.15　旋转窗口

7.7　工具的安装

如果要让机器人工作，那么还需给机器人安装工具，如前文所述已导入的焊枪，移动机器人或焊枪，就能将其显示出来，如图 7.16 所示。

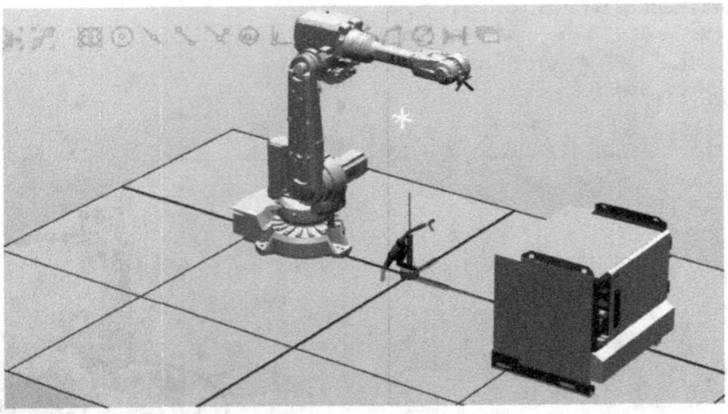

图 7.16　工具在工作站中

此时，焊枪和机器人是分离状态。现将焊枪工具安装在机器人第六轴法兰盘上，步骤为：将布局浏览器中项目树里的工具拖到机器人项目下，会出现如图 7.17 所示的对话框，单击“是”按钮，焊枪工具就自动安装到机器人法兰盘上了，如图 7.18 所示。

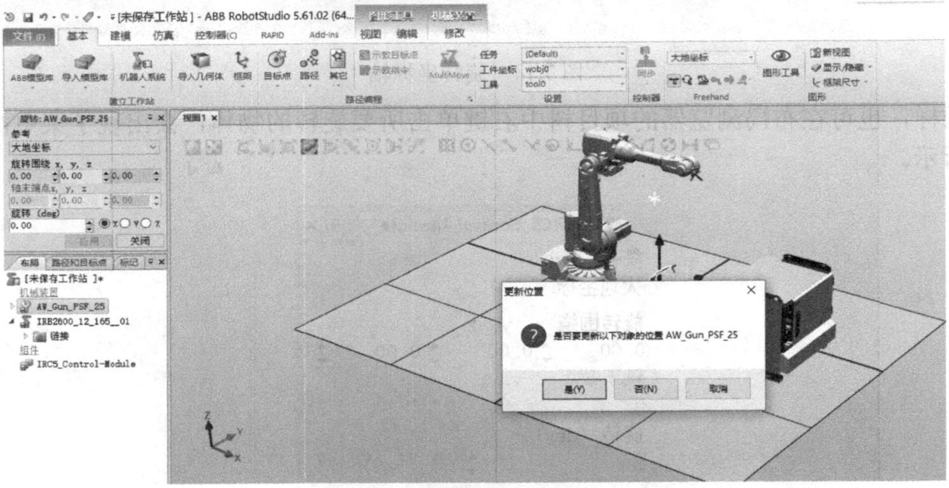

图 7.17　工具安装弹出窗口

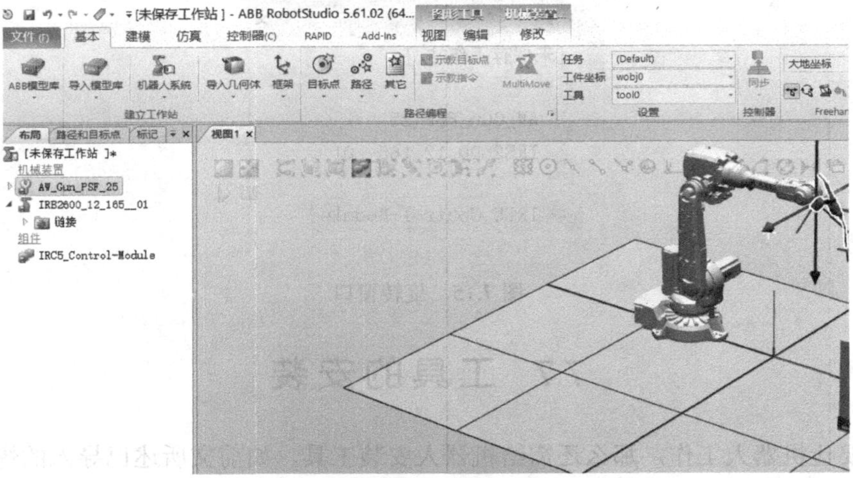

图 7.18　工具安装在机器人法兰盘上

7.8　几何体的导入

单击“基本”选项卡中“导入几何体”菜单下的“浏览几何体...”，如图 7.19 所示。

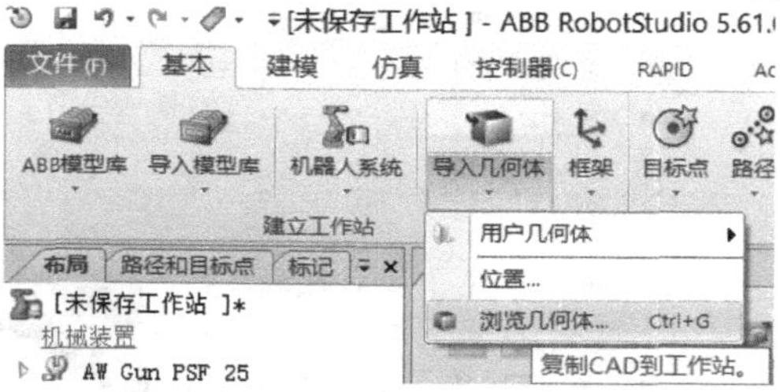

图 7.19　导入几何体

如图 7.20 所示，RobotStudio 中自带了一些几何体，其存放位置为 D:\Program Files (x86)\ABB Industrial IT\Robotics IT\RobotStudio 5.61\ABB Library\Training Objects。

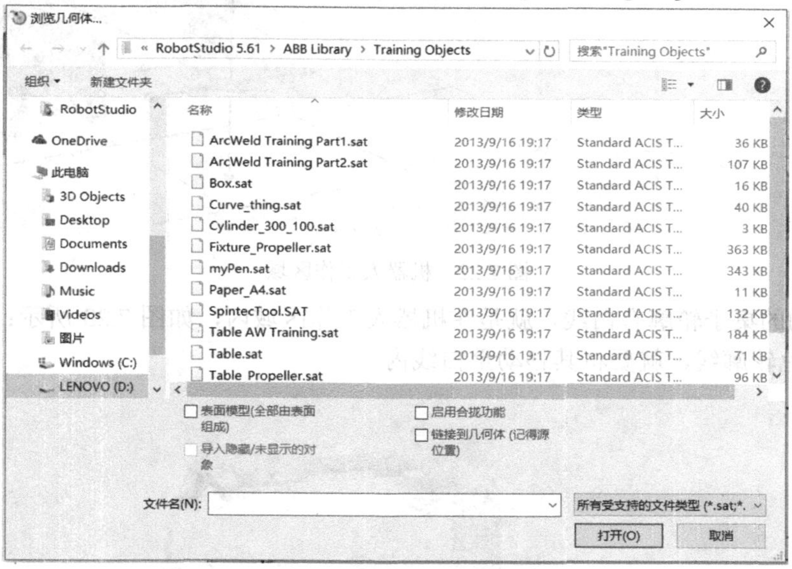

图 7.20　几何体的存放位置

例如：导入“Table.sat”，如图 7.21 所示。

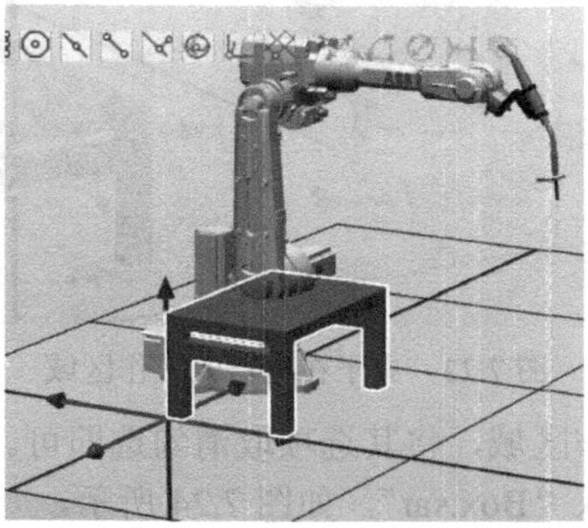

图 7.21　桌子在工作站中

移动桌子到机器人工作区域内的方法如下：

(1) 右键单击布局浏览器项目树中的机器人，勾选菜单栏中的“显示机器人工作区域”，在视图中可以看到机器人周围的一圈圈白线，白线范围内就是工作区域，如图 7.22 所示。

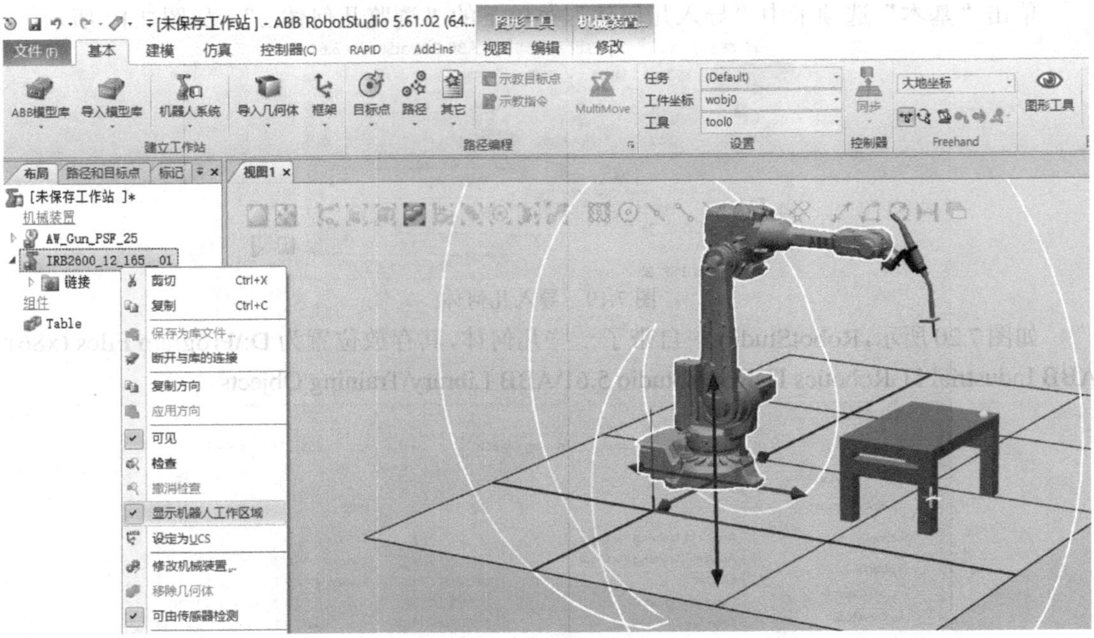

图 7.22　机器人工作区域

(2) 移动的桌子轮廓有白线，就是在机器人工作区域内，如图 7.23 所示；反之，如果物体没有白色轮廓线，就要将其移动至白线内。

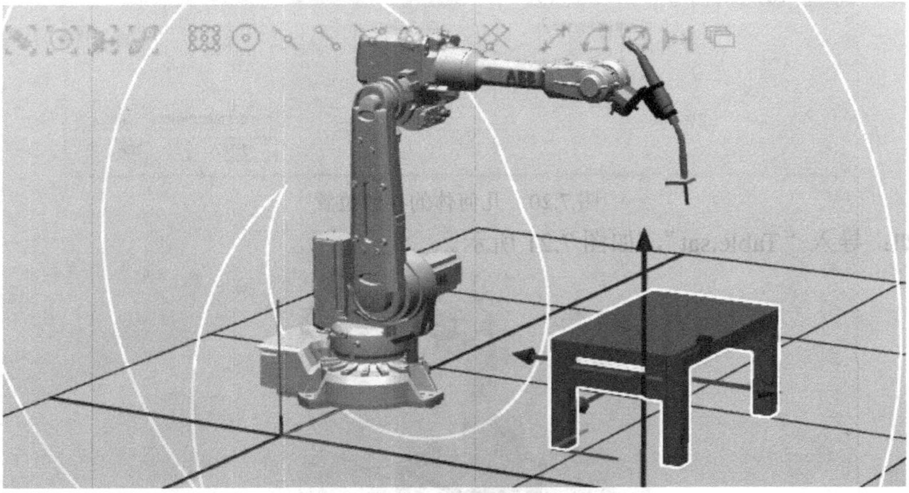

图 7.23　桌子在机器人工作区域

如果不想显示机器人工作区域，将其选项取消勾选即可。

还可以用同样的方法导入“Box.sat”，如图 7.24 所示。

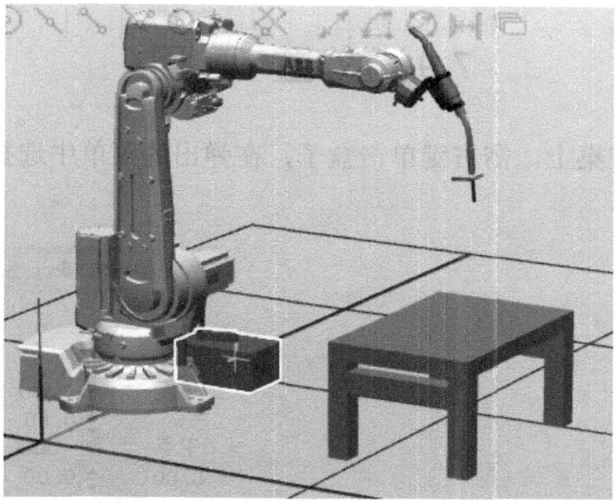

图 7.24　盒子在机器人工作区域内

若想改变物体颜色，右键单击物体，弹出如图 7.25 所示的子菜单，选择“设定颜色...”，会弹出如图 7.26 所示的“颜色”对话框。

图 7.25　右键弹出子菜单

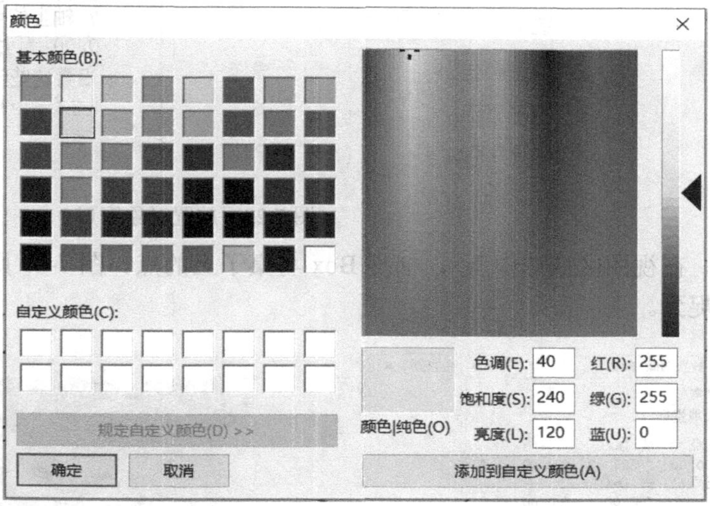

图 7.26　“颜色”对话框

选择所需的颜色，单击“确定”按钮，物体即变为所改颜色，如图 7.27 所示。

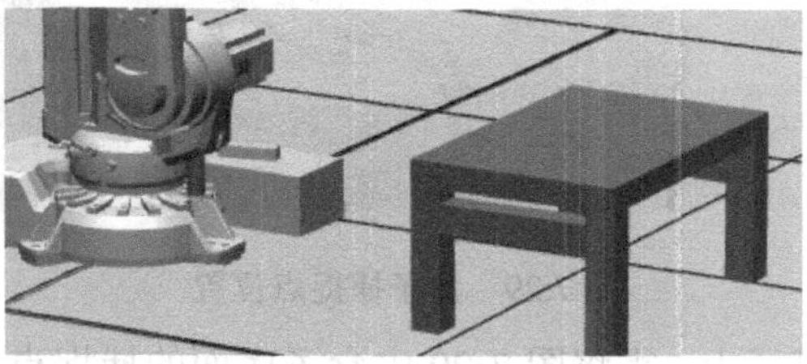

图 7.27　改变了颜色的盒子

7.9 放置项目

若要将盒子放置在桌上，需右键单击盒子，在弹出的菜单中选择“放置”下的“三点法”，如图 7.28 所示。

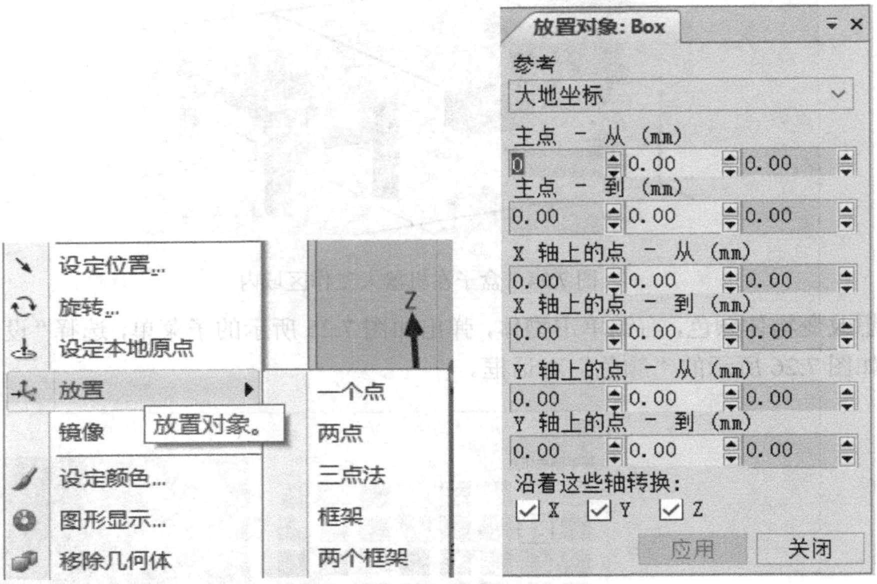

图 7.28　放置对象窗口

在视图区域选中，捕捉 Box 与桌子上的点。图 7-29 则是盒子底面的一个顶点已被捕捉到。

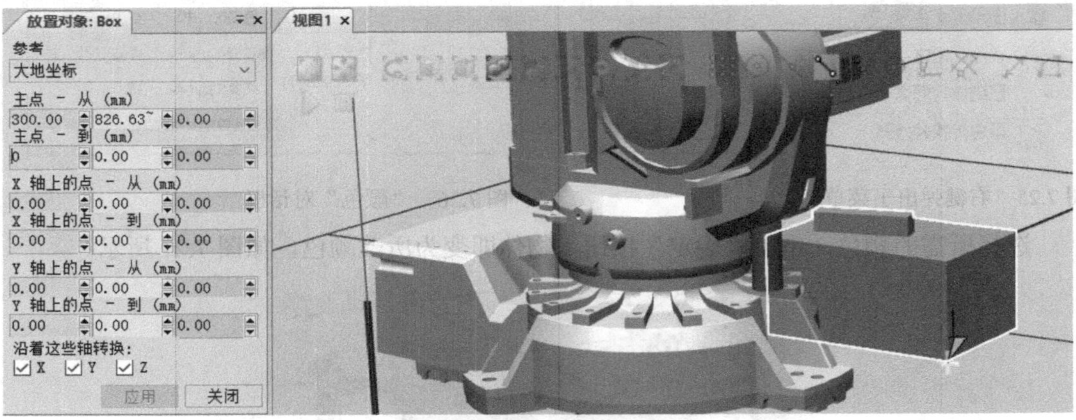

图 7.29　盒子捕捉点位置

为了将 Box 放置在桌子上，需将图 7-29 中盒子底面的捕捉点 a 与桌面上一点重合，桌子上的 a′点如图 7-30 所示。

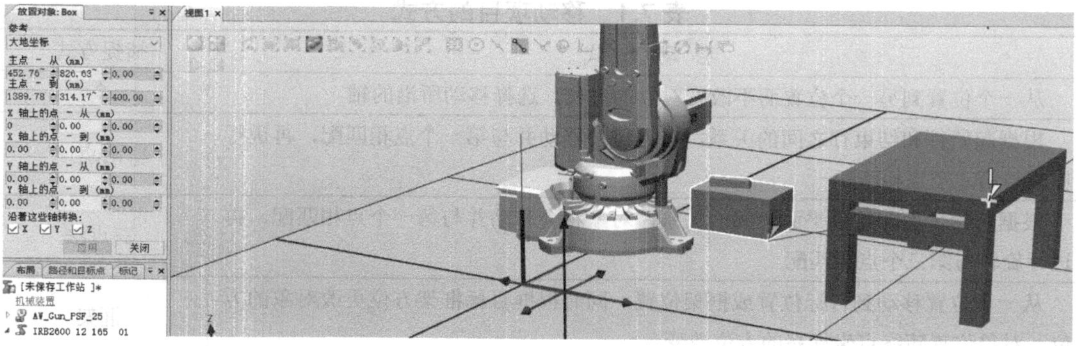

图 7.30　桌子捕捉点位置

其余两点分别对应桌子各方向位置，即 b 对应 b′，c 对应 c′，如图 7-31 所示。

图 7.31　盒子与桌子三点对齐位置

三点对应完毕，单击左边菜单中的“应用”按钮，Box 就被放置在桌子上了，同时两角点对齐，如图 7-32 所示。

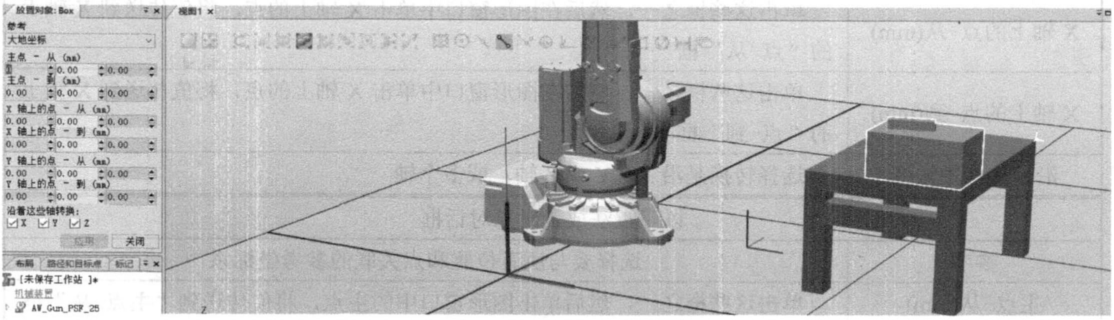

图 7.32　盒子与桌子角点对齐

单击“关闭”按钮，将“放置对象”窗口关闭，恢复布局浏览器窗口。

放置项目步骤如下：

(1) 选择要移动的项目。

(2) 单击“放置”按钮，然后选择如表 7.1 所示的命令之一，打开对话框。

表 7.1　移动项目的方式

移 动 方 式	捕捉方式
从一个位置到另一个位置而不改变对象的方位，选择移动所沿的轴	一个点
根据起始行和结束行之间的关系，对象将会移动并与第一个点相匹配，再进行旋转与第二个点相匹配	两点
根据起始平面和结束平面之间的关系，对象将会移动并与第一个点相匹配，再进行旋转与第三个点相匹配	三点法
从一个位置移动到目标位置或框架位置，同时根据目标框架方位更改对象的方位，对象位置随终点坐标系的方位改变	框架
由一个相关联的坐标系移到另外的坐标系	两个框架

(3) 选择要使用的参考坐标系。

(4) 在图形窗口中单击相应的点，将值分别传送到起点框和终点框。有关详细信息如表 7.2 所示。

(5) 单击“应用”按钮。

表 7.2　放置对象对话框详细信息

以一个点放置对象对话框	
参考	选择要与所有位置和点关联的参考坐标系
主点-从(mm)	单击这些框之一，然后单击图形窗口中的主点，将值传送到“主点-从”框
主点-到(mm)	单击这些框之一，然后单击图形窗口中的主点，将值传送到“主点-到”框
沿着这些轴转换	选择转换是沿 X、Y 或 Z 轴，或多个轴
以两点放置对象对话框	
参考	选择要与所有位置和点关联的参考坐标系
主点-从(mm)	单击这些框之一，然后单击图形窗口中的主点，将值传送到“主点-从”框
主点-到(mm)	单击这些框之一，然后单击图形窗口中的主点，将值传送到“主点-到”框
X 轴上的点-从(mm)	单击这些框之一，然后在图形窗口中单击 X 轴上的点，将值传送到 X 轴上的“点-从”框
X 轴上的点-到(mm)	单击这些框之一，然后在图形窗口中单击 X 轴上的点，将值传送到 X 轴上的“点-到”框
沿着这些轴转换	选择转换是沿 X、Y 或 Z 轴，或多个轴
以三点法放置对象对话框	
参考	选择要与所有位置和点关联的参考坐标系
主点-从(mm)	单击这些框之一，然后单击图形窗口中的主点，将值传送到“主点-从”框
主点-到(mm)	单击这些框之一，然后单击图形窗口中的主点，将值传送到“主点-到”框
X 轴上的点-从(mm)	单击这些框之一，然后在图形窗口中单击 X 轴上的点，将值传送到 X 轴上的“点-从”框
X 轴上的点-到(mm)	单击这些框之一，然后在图形窗口中单击 X 轴上的点，将值传送到 X 轴上的“点-到”框

续表

Y 轴上的点-从(mm)	单击这些框之一，然后在图形窗口中单击 Y 轴上的点，将值传送到 Y 轴上的“点-从”框
Y 轴上的点-到(mm)	单击这些框之一，然后在图形窗口中单击 Y 轴上的点，将值传送到 Y 轴上的“点-到”框
沿着这些轴转换	选择转换是沿 X、Y 或 Z 轴，或多个轴
用框架放置对象对话框	
所选框架	指定要放置对象的框架名称
用两个框架放置对象对话框	
从	从下拉菜单中选择坐标(如目标点、工件坐标、工具坐标或框架坐标)以设置移动对象的从点
用于	在下拉列表中选择任意框架(如目标点、工件坐标、工具坐标或框架)以设置移动对象的到点

另外，如果在 RobotStudio 中编程或仿真，需要使用工件和设备的模型，一些标准设备的模型作为程序库或几何体随 RobotStudio 一起安装。如果拥有工件和自定义设备的 CAD 模型，也可以将这些模型作为几何体导入 RobotStudio。如果没有设备的 CAD 文件，可以在 RobotStudio 中创建该设备的模型。

7.10 工作站的保存

以上介绍的方法简单创建了工作站并进行保存，此时只是工程文件的保存，保存路径中不要出现中文，否则系统配置无法导入。将文件保存到设置的目录文件中。完整的工作站包括工程文件和机器人控制系统两大部分。

第八章 RobotStudio 环境下建模

本章主要介绍如何在 RobotStudio 仿真环境下建立实物模型。

8.1 几何体和程序库之间的区别

导入工作站的对象可以是几何体，也可以是程序库文件。从根本上讲，几何体就是 CAD 文件，这些文件在导入后可以复制到 RobotStudio 工作站。

程序库文件是指在 RobotStudio 中已另存为外部文件的对象。导入程序库时，将会创建工作站至程序库文件的连接。因此，工作站文件不会像导入几何体时一样增加。此外，除几何数据外，程序库文件可以包含 RobotStudio 特有的数据。例如，如果将工具另存为程序库，工具数据将与 CAD 数据保存在一起。

8.2 如何构建几何体

导入的几何体显示为布局浏览器中的一个部件。在 RobotStudio 的“建模”选项卡中可以看到该几何体的组件。

几何体的顶部节点称为 Part(部件)。部件包含 Bodies(体)，体的类型可以是固体、表面或曲线。

Solid(固体)是 3D 对象，包含各种 Faces(面)。真正的 3D 立体可看作包含多个面的一个体。Surface(表面)体是只有一个面的 2D 对象。如果一个部件包含多个体，而每个体包含一个创建自 2D 表面的面，这些面共同构成一个 3D 对象，则该部件不是真正的 3D 立体。如果未正确创建这些部件，可能会导致显示和图形编程问题。

Curved(弯曲)体只用布局(Layout)浏览器中的体节点表示，不包含任何子节点。使用 RobotStudio 中的建模选项卡时，可以通过添加、移动、重新排列或删除物体来编辑部件。这样，便可通过删除不必要的物体来优化现有的部件，还可通过组合多个物体来新建部件。例如，创建一个圆锥的方法如下：

(1) 在“建模”选项卡的“固体”菜单栏中选择“圆锥体”，如图 8.1 所示。

图 8.1　RobotStudio 中的“建模”选项卡

(2) 在布局浏览器中会有创建圆锥体所要填写的参数窗口，根据需要将参数填好后单击“创建”按钮，视图中将出现圆锥体，如图 8.2 所示。然后改变颜色(同上一章 7.8 节内容)，如图 8.3 所示。

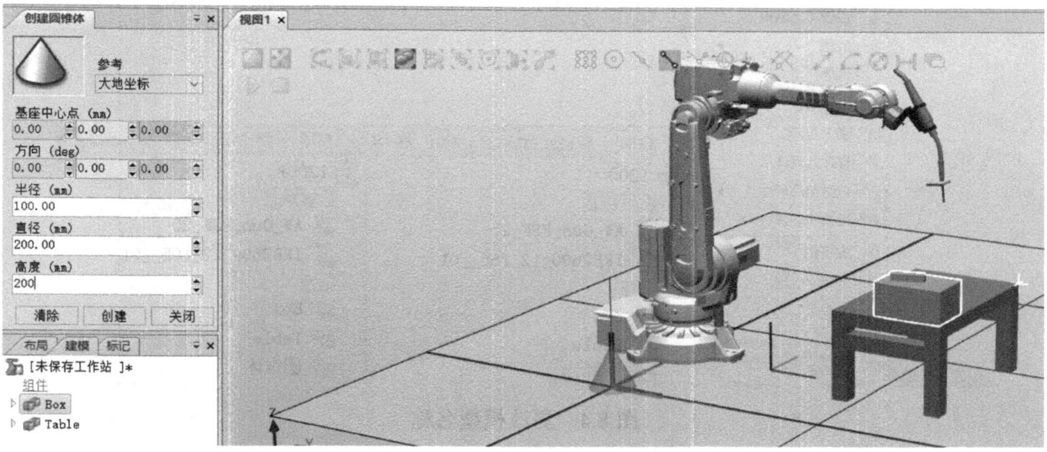

图 8.2　圆锥体的创建

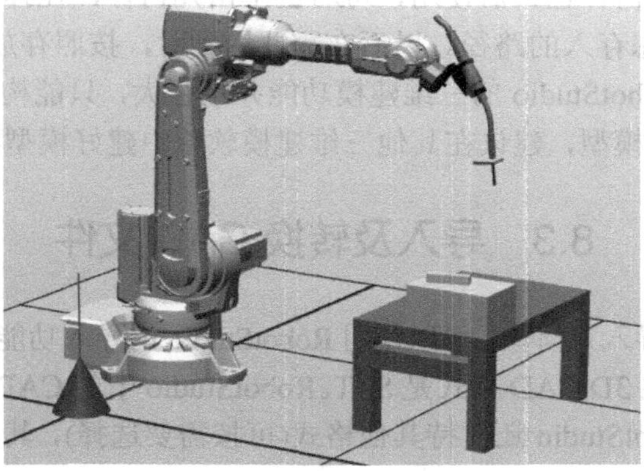

图 8.3　改变颜色的模型

(3) 此时的圆锥体在项目树中为“部件_3”，若要将创建的“部件_3”改名，则右键单击“部件_3”，弹出如图 8.4 所示的菜单。

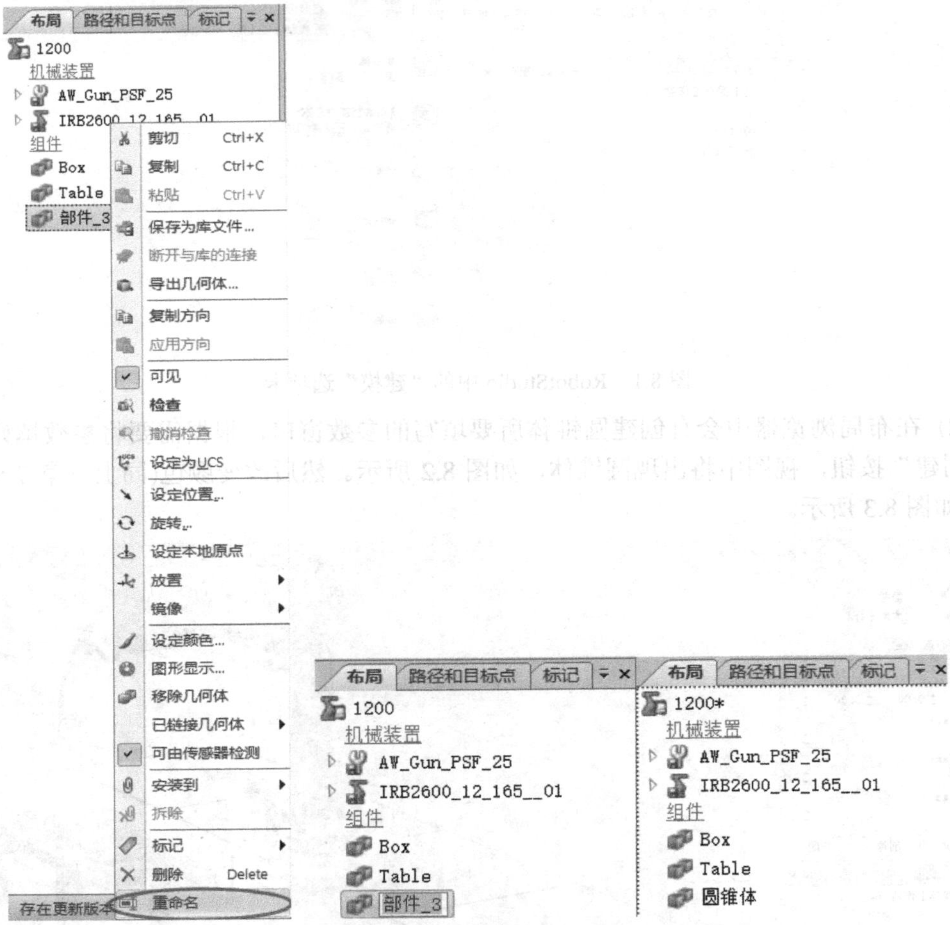

图 8.4　更改模型名称

(4) 选择“重命名”后，名称“部件_3”即可修改。

若想将所创建的几何体在日后使用，可右键单击几何体，在弹出的对话框中选择“导出几何体”，然后选择想存入的路径。以后在需要用到时，按照存放路径直接读取即可。

值得注意的是，RobotStudio 的三维建模功能并不强大，只能构建简单的三维模型，如果需要构建复杂的三维模型，建议在其他三维建模软件中建好模型再导入 RobotStudio 中。

8.3　导入及转换 CAD 文件

对于从 CAD 文件导入几何体，可以使用 RobotStudio 的导入功能，该功能支持 3D 格式。

RobotStudio 的原生 3D CAD 格式是 SAT。RobotStudio 中的 CAD 支持由软件组件 ACIS (2017 1.0 版)提供。RobotStudio 还支持其他格式(可按需要选择)，其所支持的格式和相应选件如表 8.1 所示。

表 8.1 RobotStudio 支持的格式和相应选件

格 式	文件扩展名	所需选件
3DStudio	.3ds	—
ACIS，可读版本 R1-2017 1.0，可写版本 R18-2017 1.0	.sat，.sab，.asat，.asab	—
CATIA V4，可读版本 4.1.9～4.2.4*	.model，.exp，.session	CATIAV4
CATIAV5/V6，可读版本 V5R8–V5/V6R2016，可写版本 V5R15～V5/V6R2016*	.CATPart，.CATProduct，.CGR，.3DXML	CATIAV5
COLLADA 1.4.1	.dae	—
DirectX 可写版本 2.0	.x	—
DXF/DWG，可读版本 2.5 2016*	.dxf，.dwg	AutoCAD
FBX 可写版本 7.5	.fbx	—
IGES，可读版本最高达到版本 5.3，可写版本 5.3*	.igs，.iges	IGES
Inventor，可读版本 V6–2016*	.ipt，.iam	Inventor
JT，可读版本 8.x 和 9.x *	.jt	JT
LDraw，可读版本 1.0.2	.ldr，.ldraw，.mpd	—
NX，可读版本 NX 1～NX10*	.prt	NX
OBJ	.obj	—
Parasolid，可读版本 9.0*～29.0*	.x_t，.xmt_txt，.x_b，.xmt_bin	Parasolid
Pro/E/Creo，可读版本 16～Creo3.0*	.prt，.prt.*，.asm，.asm.*	Pro/Engineer
Solid Edge，可读版本 V18~ST8*	.par，.asm，.psm	Solid Edge
SolidWorks，可读版本 2003～2016*	.sldprt，.sldasm	SolidWorks
STEP，可读版本 AP203、AP214 和 AP242，可写版本 AP214 *	.stp，.step，.p21	STEP
STL，支持 ASCII STL(不支持二进制 STL)	.stl	—
VDA-FS，可读版本 1.0 和 2.0，可写版本 2.0*	.vda，.vdafs	VDA-FS
VRML，可读版本 VRML2(不支持 VRML1)	.wrl，.vrml，.vrml2	—

*仅 64 位系统安装的 RobotStudio 支持该格式。

注：要将这些文件导入到 RobotStudio 中，可使用 Import Geometry(导入几何体)功能。

8.4 手动操作机器人

对工业机器人工程应用进行虚拟编程时，经常需要手动操作机器人。机器人模型在工作站中有三种常用的运动方式：手动关节、手动线性和手动重定位( )。它们都在如图 8.5 所示“基本”选项卡的 Freehand 组中。

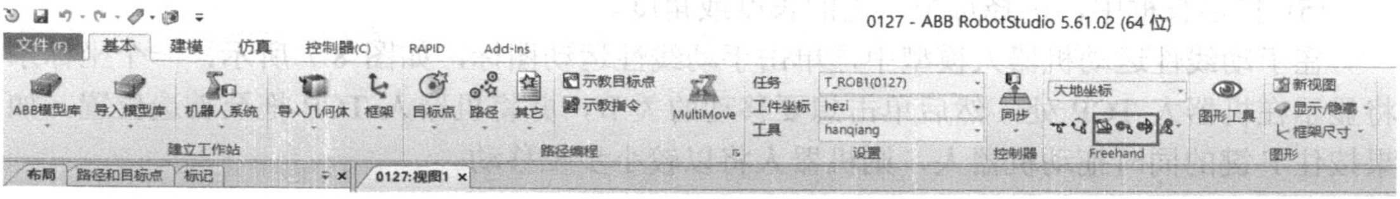

图 8.5 Freehand 界面

1．手动关节运动

(1) 在布局浏览器中选择想要移动的机器人。

(2) 单击手动关节运动图标。

(3) 单击想要移动的关节并将其拖至所需的位置。如果按住 Alt 键的同时拖动机器人关节，机器人每次移动 10°。按住 F 键同时拖动机器人关节，机器人每次移动 0.1°。

在手动关节运动机器人模型中，机器人各轴名如图 8.6 所示。单击手动线性运动图标，鼠标左键选中 1 轴(Axis 1)，左右拖曳鼠标，旋转机器人 1 轴，在视图窗口显示旋转角度；鼠标左键选中 2 轴(Axis 2)，上下拖曳鼠标，旋转机器人 2 轴。同理，鼠标左键选中 3 轴(Axis 3)，上下拖曳鼠标，旋转机器人 3 轴；鼠标左键选中 4 轴，左右拖曳鼠标，旋转机器人 4 轴(Axis 4)；鼠标左键选中 5 轴(Axis 5)，上下拖曳鼠标，旋转机器人 5 轴；鼠标左键选中 6 轴(Axis 6)，拖动鼠标，工具可绕 Y 轴、Z 轴旋转。

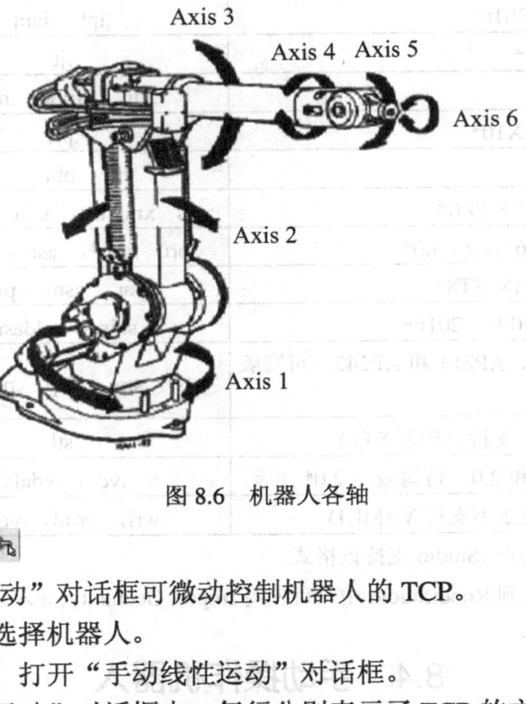

图 8.6　机器人各轴

2．手动线性运动

使用“手动线性运动”对话框可微动控制机器人的 TCP。

(1) 在布局窗口中选择机器人。

(2) 单击机械装置，打开“手动线性运动”对话框。

(3) 在“手动线性运动”对话框中，每行分别表示了 TCP 的方向和旋转角度。沿最佳方向或旋转角度微动控制 TCP，可通过单击并拖放每行的方块完成，也可使用每行右侧的箭头完成。

(4) 在参考坐标系列表中，可以选择要相对于哪个坐标系来对机器人进行微动控制。

(5) 在步长框中，选择每个步进的长度或角度。

在手动线性运动机器人模型中，单击手动线性运动图标，如图 8.7 所示，一个坐标系将显示在机器人 TCP 处，然后单击想要移动的关节，并将机器人 TCP 拖至首选位置。如果按住 F 键的同时拖动机器人，则机器人将以较小步幅移动。

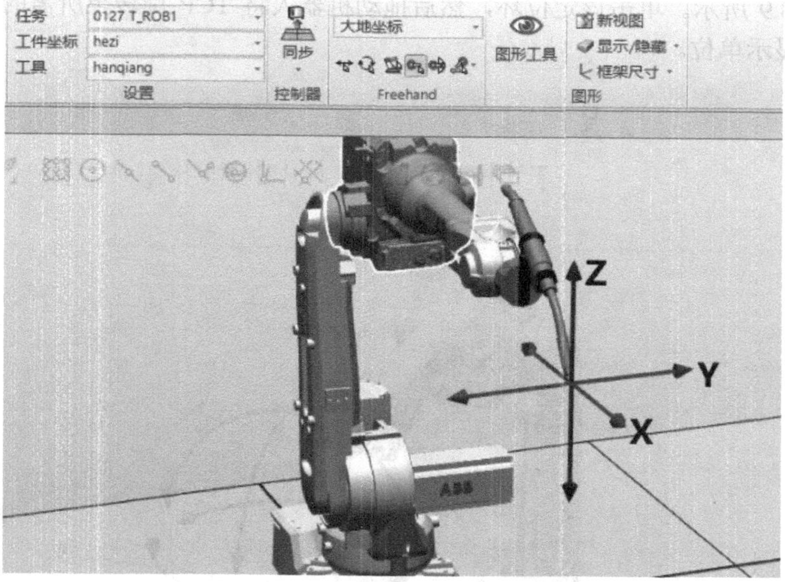

图 8.7 手动线性运动

在 RobotStudio 软件中，坐标系中红色的轴为 X 轴，绿色的轴为 Y 轴，蓝色的轴为 Z 轴。

鼠标放在 X 轴线上，不松鼠标，左右移动鼠标，可以看到机器人沿 X 轴正负方向线性运动，如图 8.8 所示。

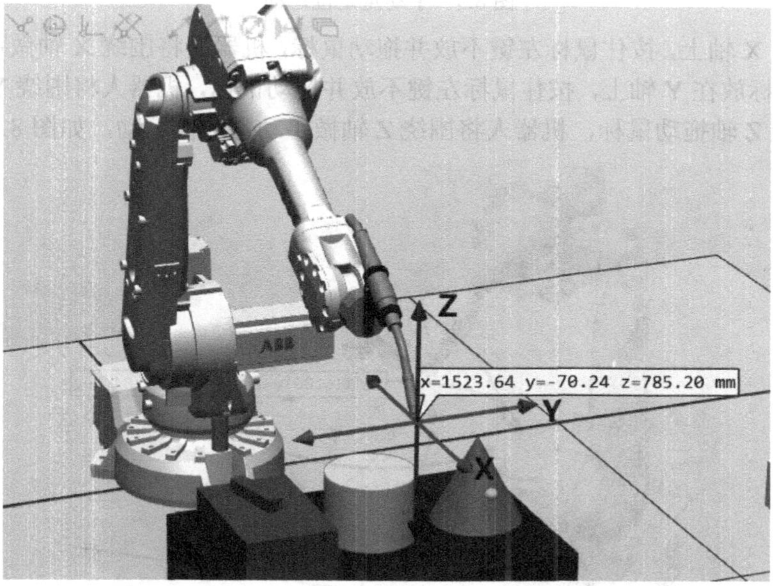

图 8.8 机器人沿 X 轴正负方向线性运动

3. 手动重定位运动

在手动重定位运动机器人模型中，选中手动重定位运动图标，TCP 周围将显示一个定位环，如图 8.9 所示。单击该定位环，然后拖动机器人将 TCP 旋转至所需的位置，X、Y 和 Z 方向均显示单位。

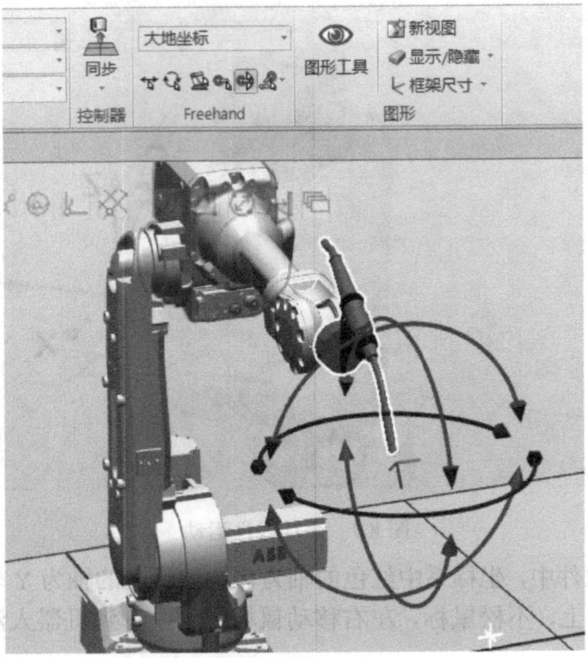

图 8.9　手动重定位运动

鼠标放在 X 轴上，按住鼠标左键不放并拖动鼠标，机器人将围绕 X 轴做手动重定位运动。同样，鼠标放在 Y 轴上，按住鼠标左键不放并拖动鼠标，机器人将围绕 Y 轴做手动重定位运动。沿 Z 轴拖动鼠标，机器人将围绕 Z 轴做手动重定位运动，如图 8.10 所示。

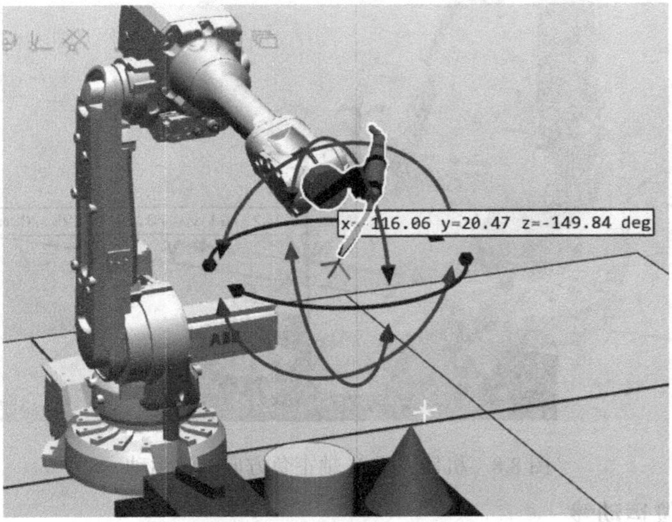

图 8.10　机器人做手动重定位运动

注意：如果在重定位时按下 Alt 键，则机器人的移动步距为 10 个单位；如果按下 F 键，则移动步距为 0.1 个单位。对于不同的参考坐标系(大地、本地、UCS、活动工件、活动工具)，定位行为也有所差异。

经过一系列手动操作后，机器人姿态将改变。如果要把机器人变成初始状态，则右击布局浏览器的机器人名称，在弹出的菜单中选择“回到机械原点”，将使机器人回到初始姿态。

第九章 RobotStudio 仿真

本章介绍在 RobotStudio 软件中的仿真操作，主要步骤包括：搭建工作站、创建工具坐标与工件坐标、创建空路径、调试路径以及仿真运行。

9.1 创建工具坐标数据

前面章节已经介绍过工作站的搭建，下面介绍如何在软件中进行仿真。选取工具坐标和工件坐标，可以直接通过鼠标选取点。

创建工具坐标数据的步骤如下：

(1) 在基本功能卡的“其它”中选择“创建工具数据”，如图 9.1 所示。

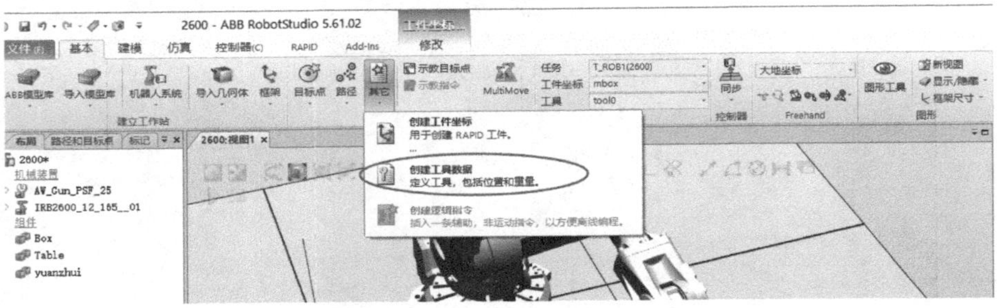

图 9.1 创建工具数据

(2) 在弹出的窗口中可修改工具数据名称，单击“工具坐标框架”中“位置 X、Y、Z”后的下拉菜单，在弹出的“位置”菜单中单击数据栏，选择焊枪枪头的捕捉点，在“加载数据”组内输入工具的重量和工具的重心，其他参数保持默认，然后单击“Accept”按钮，如图 9.2 所示。

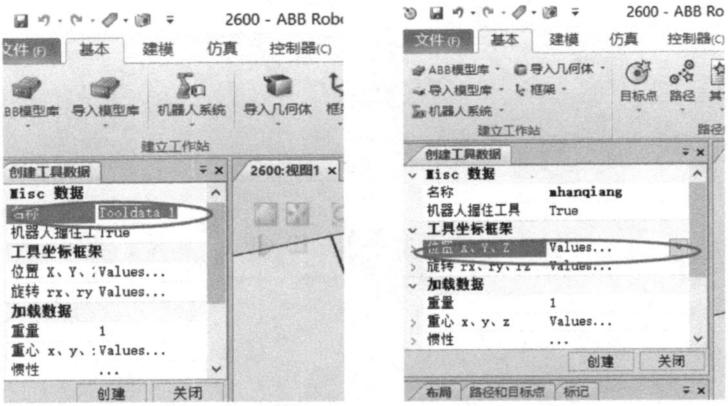

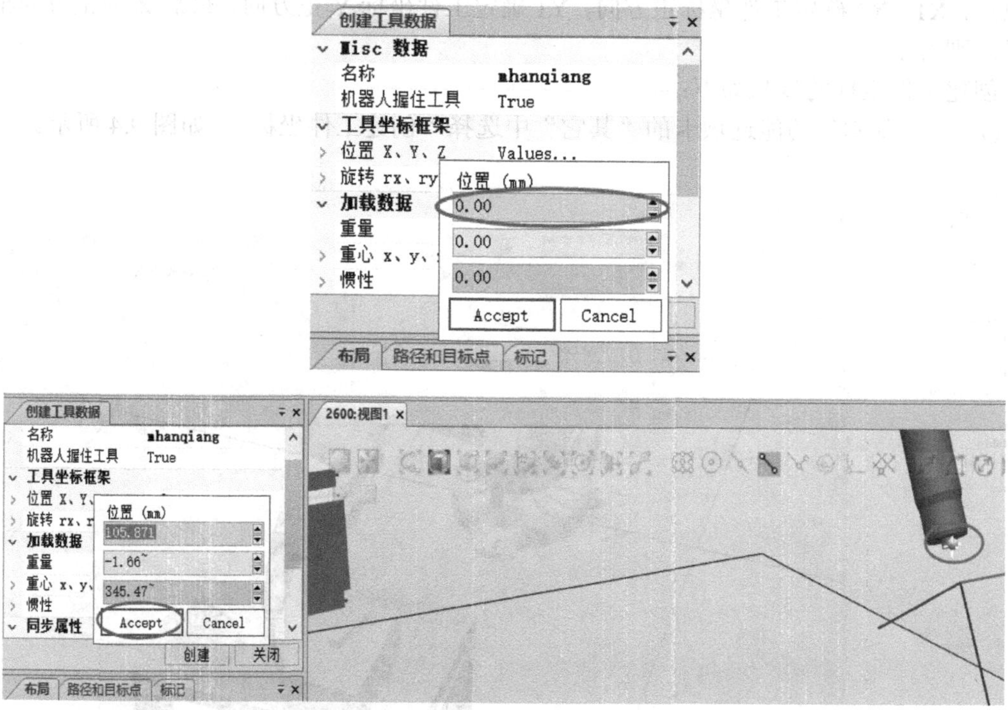

图 9.2 创建工具数据窗口

9.2 创建工件坐标

工件坐标对应工件，它是用来描述工件位置的坐标系。工件坐标由用户框架和对象框架构成。所有的编程位置将与对象框架关联，对象框架与用户框架关联，而用户框架又与大地坐标系关联。大地坐标系用于定义工件相对于大地坐标(或其他坐标)的位置。大地坐标与用户框架和对象框架的关系如图 9.3 所示。对机器人进行编程时就是在工件坐标中创建目标和路径，重新定位工作站中的工件时，只需要更改工件坐标的位置，所有的路径即可随之更新。

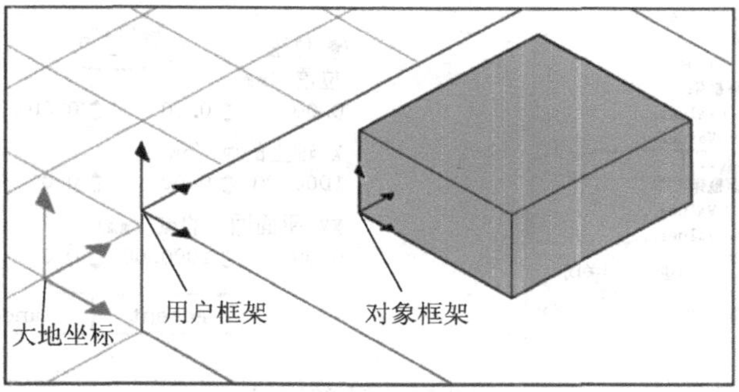

图 9.3 大地坐标与用户框架和对象框架的关系

在对象所在的平面上，只要定义三个点，就可以建立一个工件坐标。X1 点确定工件坐标原点，X1、X2 确定工件坐标正方向，Y1 确定工件坐标 Y 正方向，最后 Z 的正方向根据右手定则得出。

创建工件坐标的步骤如下：

(1) 在“基本”功能选项卡的“其它”中选择“创建工件坐标”，如图 9.4 所示。

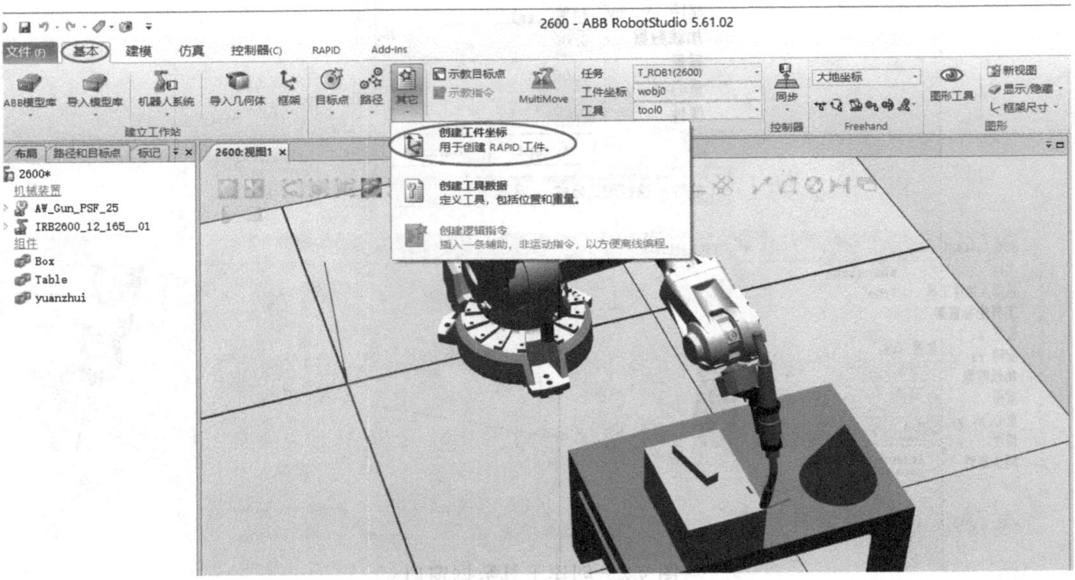

图 9.4　创建工件坐标

(2) 在“创建工件坐标”窗口的“用户坐标框架”中选择“取点创建框架”后的下拉菜单，在弹出的窗口中选择“三点”法来创建工件坐标框架，如图 9.5 所示。

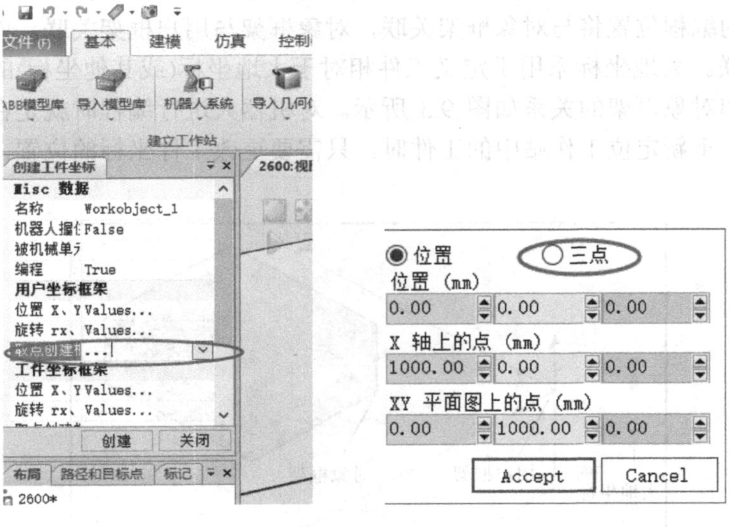

图 9.5　三点法窗口

(3) 单击三点法中 X 轴上的第一个点，在按钮区域选项中最上方选中“选择表面”图标，再选择“捕捉末端”图标，如图 9.6 所示。这样在鼠标光标接近盒子时，盒子的顶点会出现如图 9.7 所示的小白球，这时可准确选择到盒子的顶点。

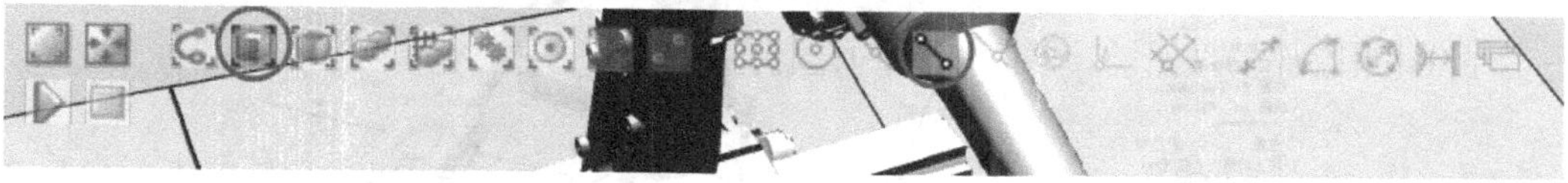

图 9.6　按钮区域选项

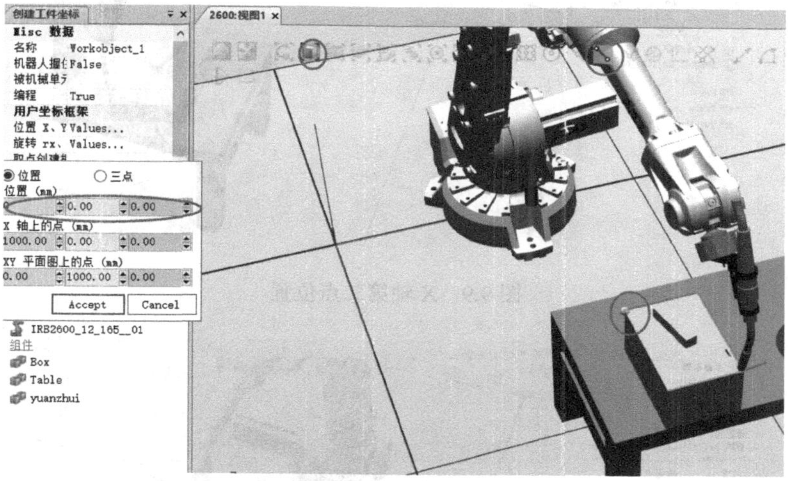

图 9.7　选择盒子顶点

(4) 当选择完盒子顶点时，坐标窗口中 X 轴上的第一个点的坐标数据也随之变化，如图 9.8 所示。

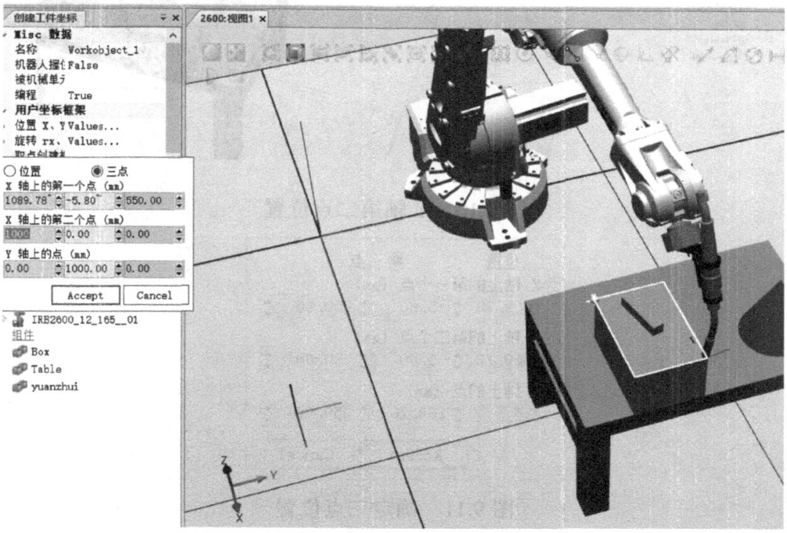

图 9.8　X 轴第一点坐标数据

(5) 单击第一个点后，光标自动跳入 X 轴上的第二个点的位置，将鼠标移动至圆圈标的角点，如图 9.9 所示，此时角点处被捕捉。按同样方法捕捉 Y 轴上的点，并记录其坐标，如图 9.10 所示。然后单击“Accept”，三点位置即被确定，如图 9.11 所示。

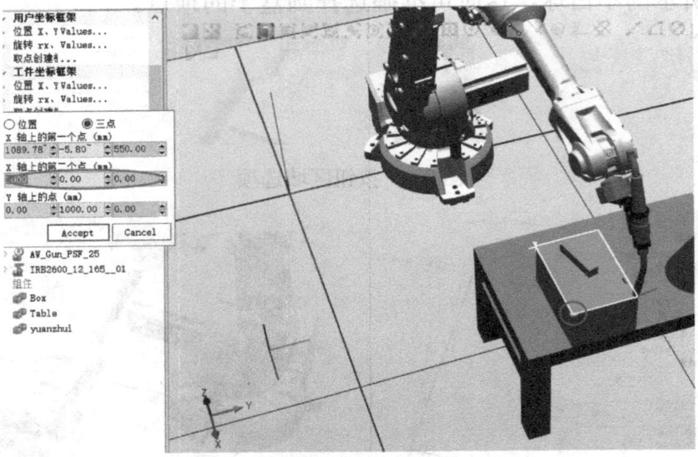

图 9.9　X 轴第二点位置

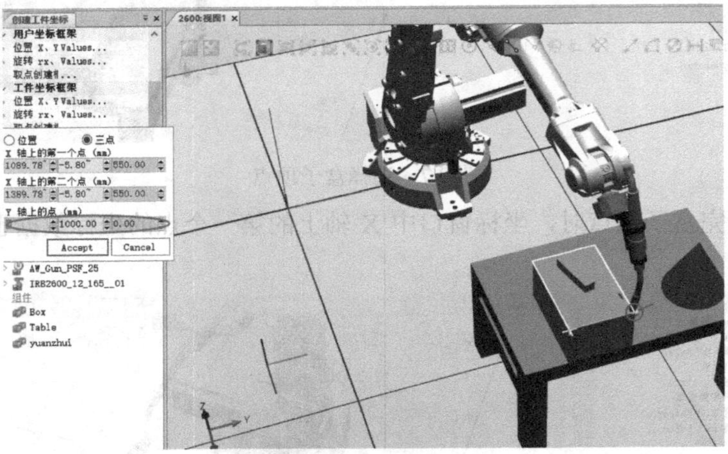

图 9.10　Y 轴第二点位置

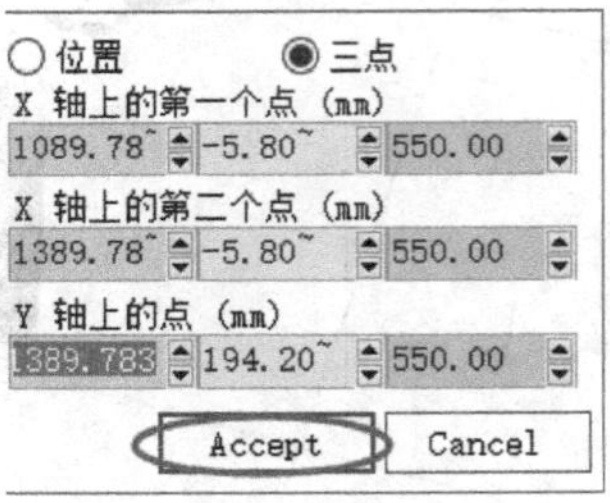

图 9.11　确定三点位置

(6) 在图 9.12(a)中可对创建的工件坐标的名称进行修改，注意不能用中文命名。修改好后，单击“创建”，如图 9.12(b)所示。修改好后，在“基本”功能选项卡中的设置项里，“工件坐标”的名称变为了“mbox”，如图 9.13 所示。

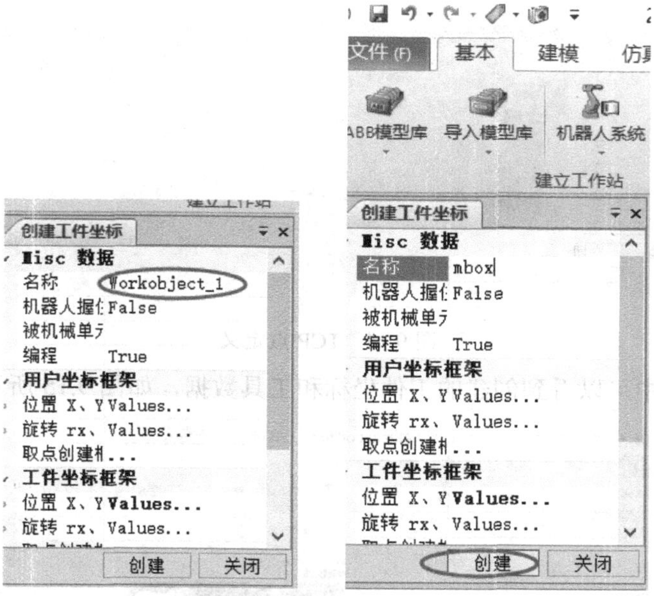

(a)　　　　　　　　(b)

图 9.12　修改工件坐标名称

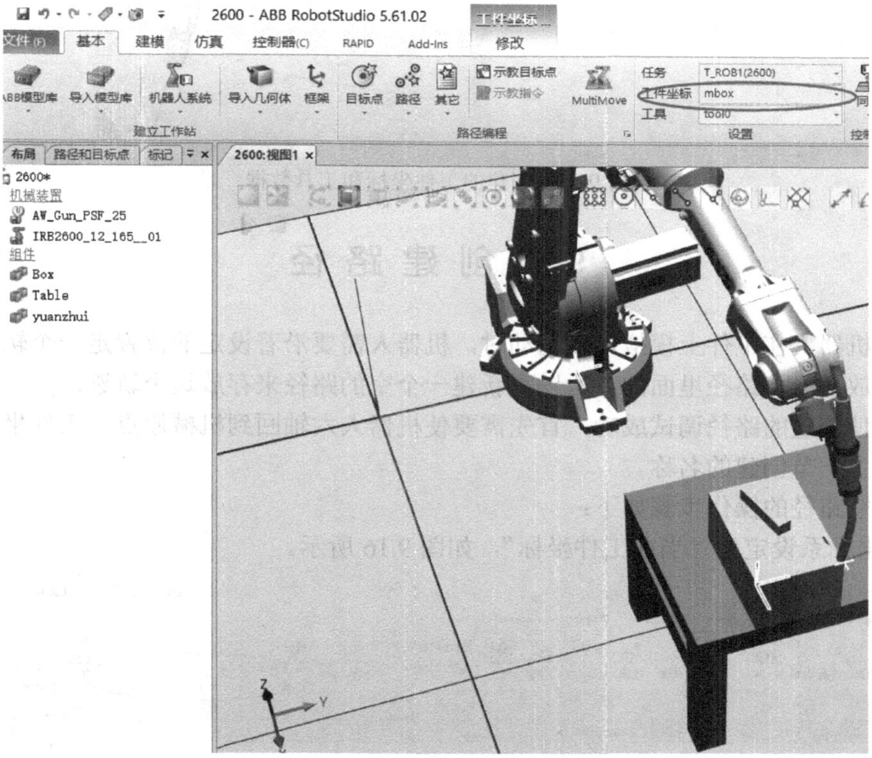

图 9.13　修改后显示的工作坐标名称

(7) 用同样的方法可以定义焊枪的 TCP 点，如图 9.14 所示。

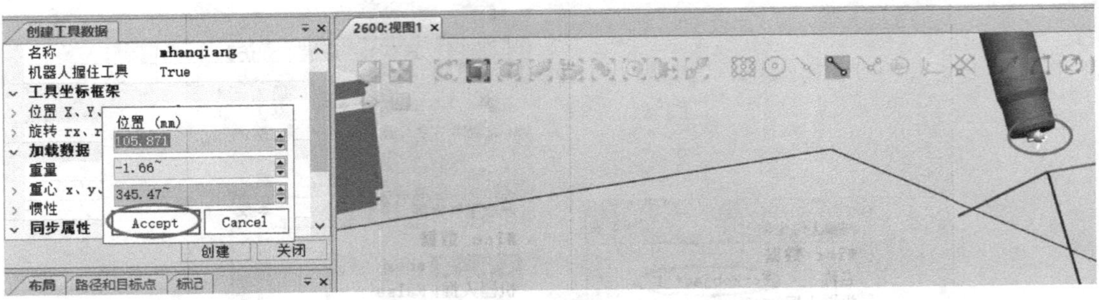

图 9.14　TCP 点定义

(8) 在设置栏中可以看到创建的工件坐标和工具数据，如图 9.15 所示。

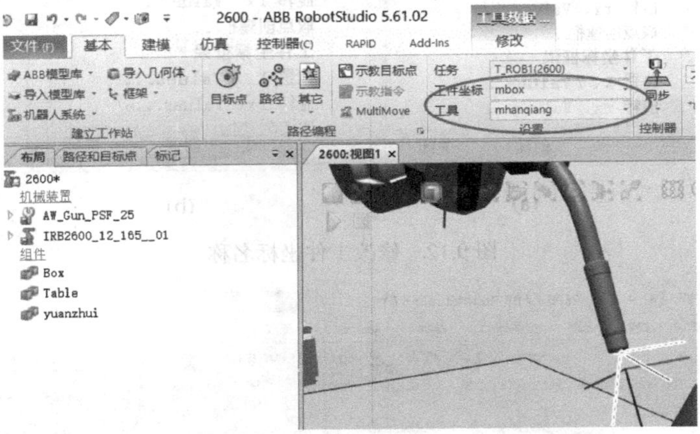

图 9.15　创建的工件坐标和工具数据

9.3 创建路径

仿真机器人在工件上模拟焊接运动时，机器人需要沿着设定的位置走一个轨迹，这个轨迹是存放到一个路径里面的，所以需新建一个空的路径来存放这个轨迹。

为了使创建的路径调试成功，首先需要使机器人六轴回到机械原点。工件坐标和工具数据都为上一节创建的名称。

创建空路径的操作步骤如下：

(1) 坐标系设定为“当前工件坐标”，如图 9.16 所示。

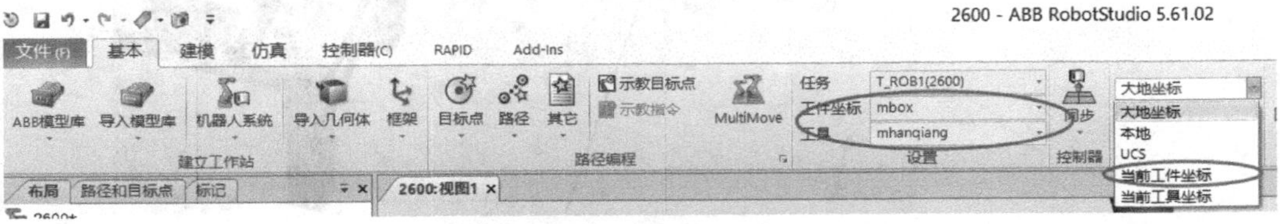

图 9.16　坐标系设定为“当前工件坐标”

(2) 机器人六轴回到机械原点，同时将焊枪的枪管垂直向下，如图 9.17 所示。

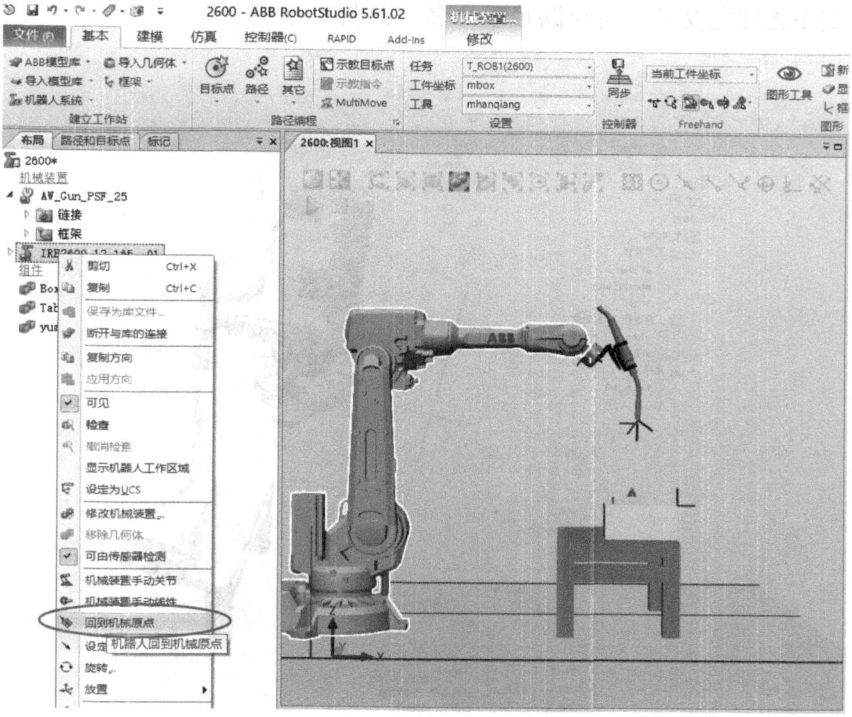

图 9.17　机器人六轴回到机械原点

(3) 以上准备工作做好后，单击“基本”选项卡里“路径”下的“空路径”，如图 9.18 所示。项目树中在“路径”文件夹下出现“Path_10”文件，运动指令将存入路径文件中，所以路径文件记录了一个路径轨迹。

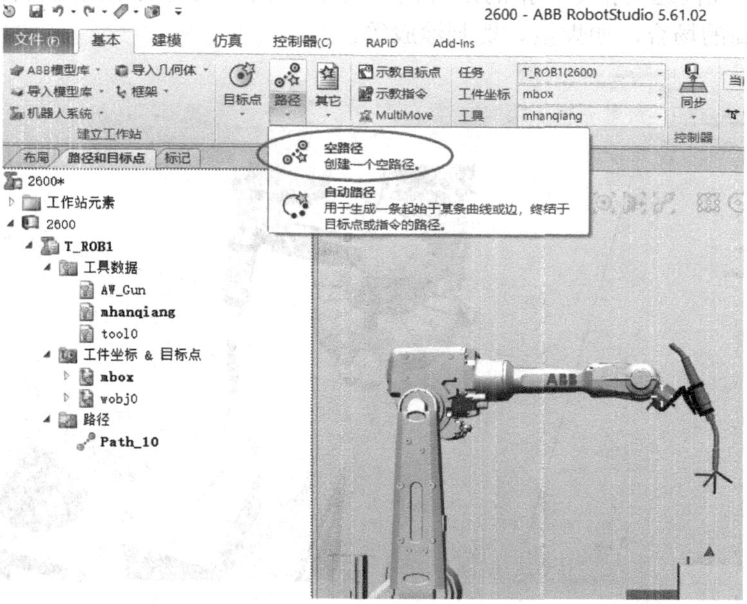

图 9.18　创建空路径

(4) 右键单击路径文件，可对路径重命名，如图 9.19 所示。

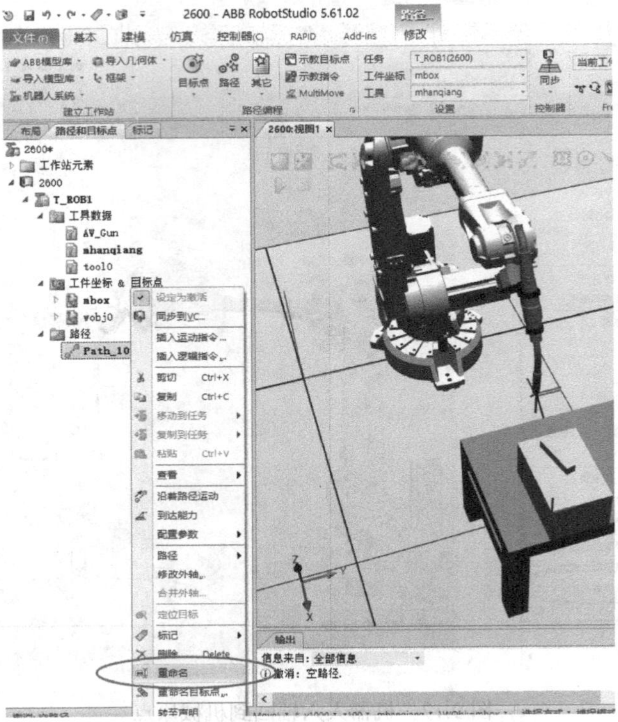

图 9.19　路径重命名

(5) 在界面下方有运动指令设定栏，如图 9.20 所示，在设定栏中单击指令模板，可以在路径文件中添加指令。各指令具体含义如下：

• MoveL：线性运动指令，指的是将机器人 TCP 沿直线运动至给定目标点，适用于对路径精度要求高的场合，如焊接、切割涂胶等。

图 9.20　指令设定栏

• MoveJ：关节运动指令，指的是将机器人 TCP 快速移动到给定目标点，运动轨迹不一定是直线。

• Speed：规定机器人 TCP 在运动中的速度，数字越大，速度越高。

• Zone：规定机器人运动时在转弯区的尺寸(也叫回转半径)。

• fine：指机器人 TCP 达到目标点，在目标点或速度将为零、或机器人动作有停顿、或焊接时必须要用。

• z 和数字的组合：表示机器人 TCP 不达到目标点，机器人动作圆滑、流畅。

这里将指令模板设置为“MoveJ”，速度为“v100”，回转半径为“z100”。指令模板需在规划路径前就将速度和半径设定好，机器人将按设定值进行运动，如图 9.21 所示。

图 9.21　指令模板

(6) 在 Freehand 中选择手动关节，将焊枪先调整到靠近工作位置之前的合适位置，这个位置作为轨迹的起始点。

(7) 将枪头调整到合适的位置后，单击“基本”功能选项卡中的“示教指令”，如图 9.22 所示。在路径文件中就出现了“MoveJ Target_10”，等待位置就是 Target_10。

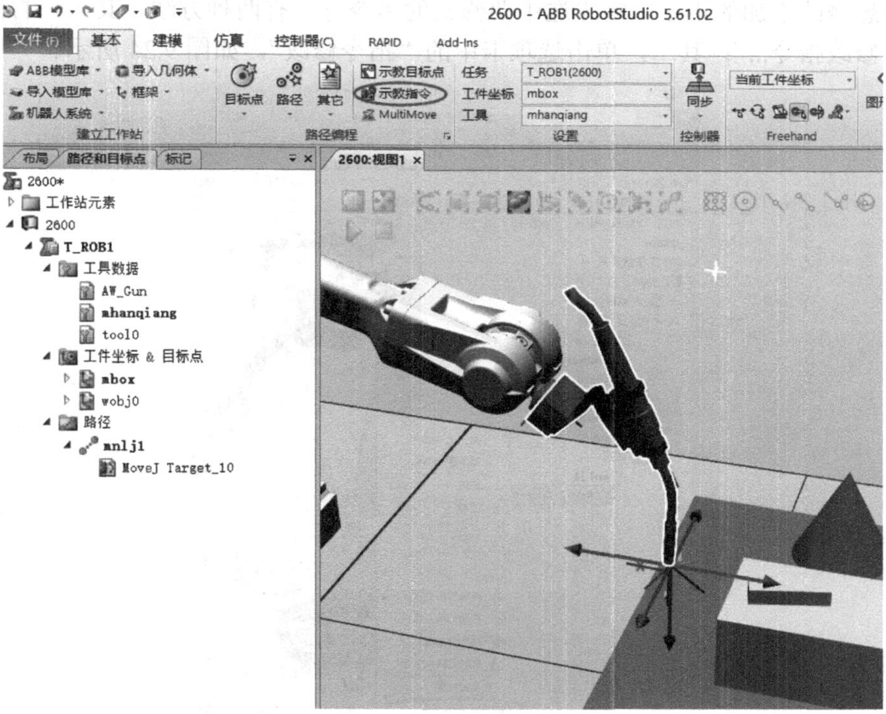

图 9.22　示教指令

(8) 将机器人继续手动关节运动到下一个位置，这个位置作为焊接的起始接近点，单击“示教指令”。

(9) 将捕捉打开，单击“手动线性”，使工具对准预焊接盒子上的第一个角点，如图 9.23 所示。工具的 TCP 自动捕捉到角点上，单击“示教指令”，到达此角点的速度可以放慢一些，右击此运动指令，选择“修改指令”，Speed 选择“v400”，Zone 选择“fine”，单击“应用”按钮，再单击“关闭”按钮。

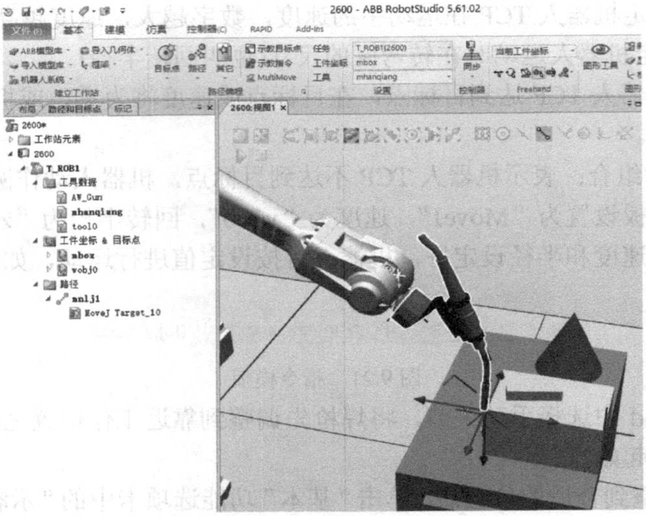

图 9.23　工具对准盒子上的第一个角点

如果想修改添加的指令，需先选中要修改的指令行，有两种方法。其一，右键单击指令选择“修改指令...”；其二，单击选项卡中的“指令修改”，如图 9.24 所示。

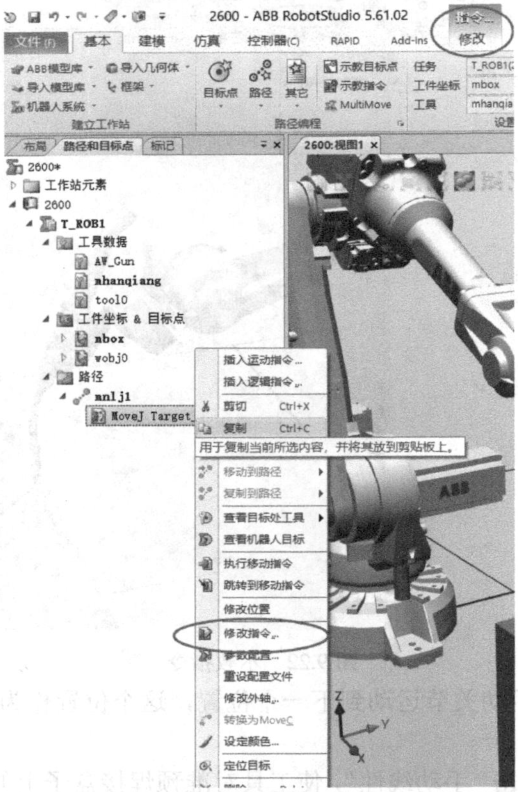

图 9.24　修改指令

接下来的指令，要使机器人沿着盒子边缘做直线运动，在此选择“MoveL”、“v150”、Zone 选择“fine”，用同样方法拖动机器人工具，使工具对准第二个角点，单击“示教指令”。此时有直线要求，所以用指令模板中的 MoveL 来实现此运动过程，如图 9.25 所示。

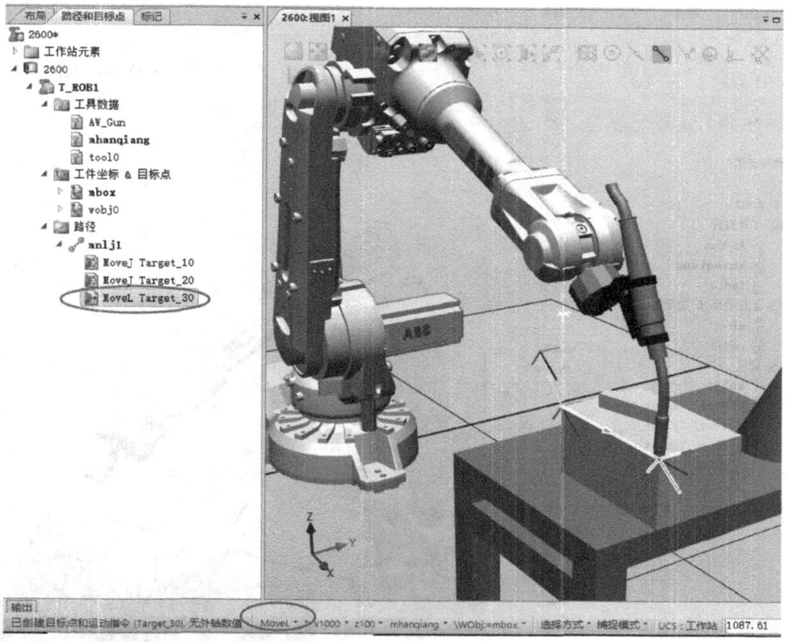

图 9.25　MoveL 指令

其他中间点都可以采用上面方法将其指令添加到路径文件中，但最后一点稍有区别。最后一点将使机器人回到等待点位置，方法如下：

(1) 在路径文件夹中右击第一点位置的指令，选择“复制”，如图 9.26 所示。

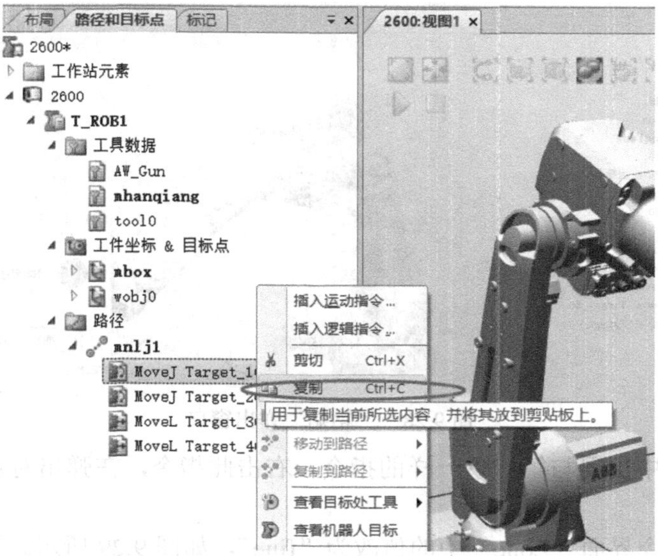

图 9.26　复制指令

(2) 在路径文件夹中右击最后一点位置的指令，选择“粘贴”，如图 9.27 所示，在弹出的窗口中单击“否”按钮，如图 9.28 所示。

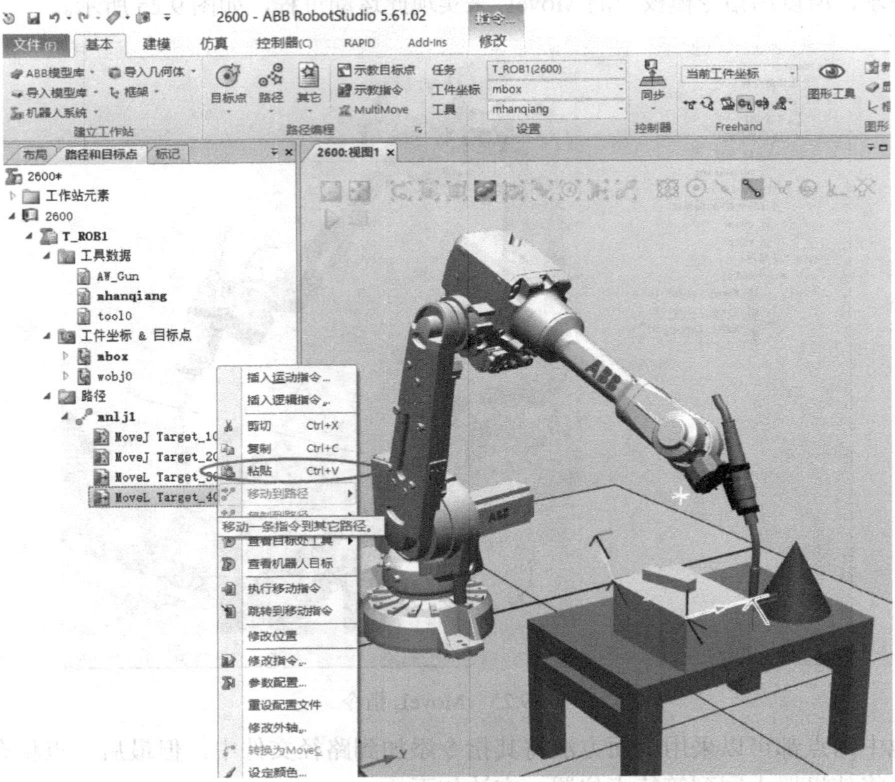

图 9.27　“粘贴”指令

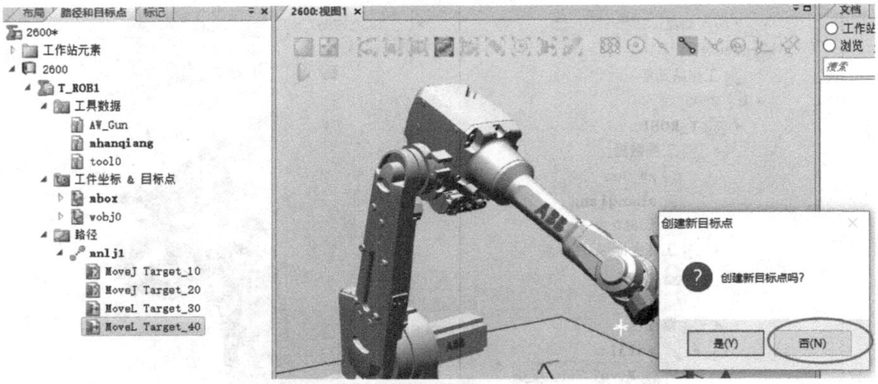

图 9.28　“粘贴”弹出窗口

(3) 路径文件中出现与第一条一样的指令，右击此指令，在弹出对话框中选择“修改指令...”。

(4) 将修改指令界面“Zone”中的值改为“fine”，如图 9.29 所示。然后单击“应用”按钮，再单击“关闭”按钮。

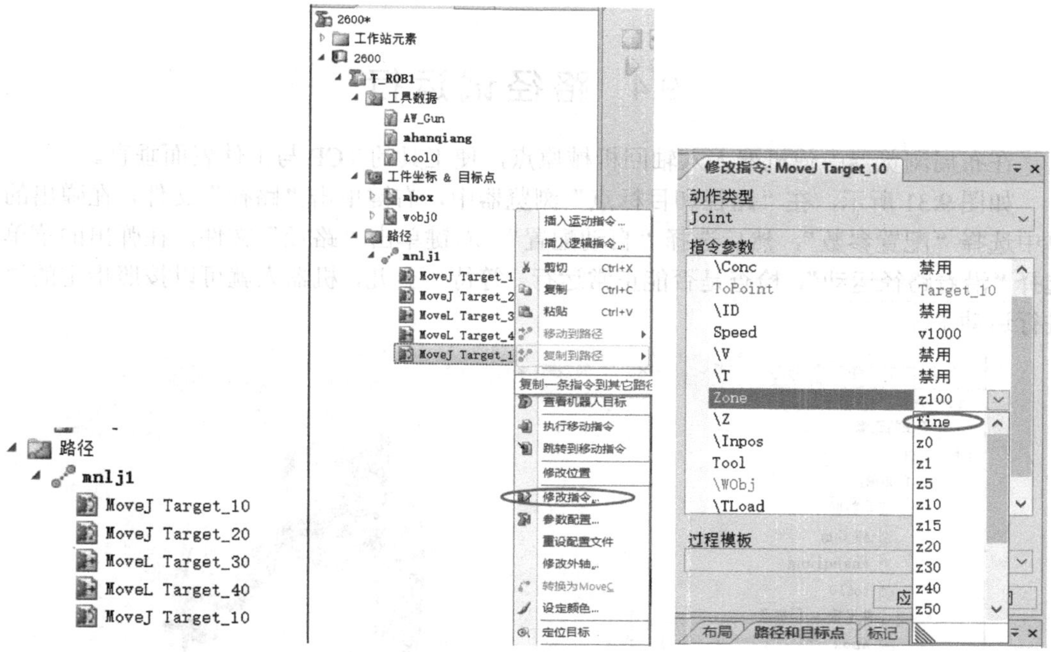

图 9.29 修改指令界面

(5) 创建完成后，检查创建的运动轨迹是否能运行，如图 9.30 所示。右键单击“路径”文件，在弹出的窗口中选择“到达能力”，在“到达能力”窗口，所有指令后面都有 ，证明定义的点都能到达。然后单击“关闭”按钮，将此窗口关闭。

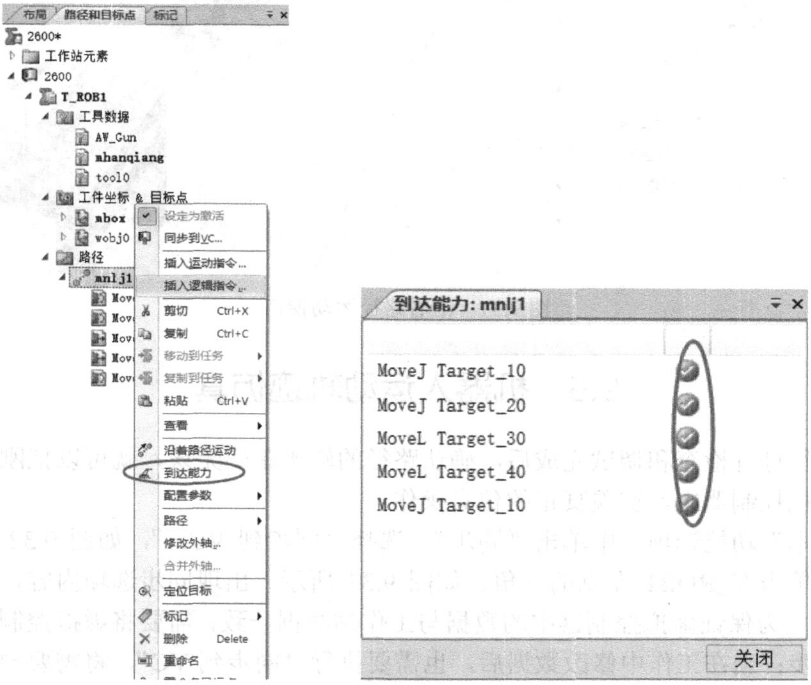

图 9.30 检查运动轨迹的“到达能力”窗口

9.4 路径试运行

在布局浏览器中使机器人六轴回机械原点，使工具的TCP与工件表面垂直。

如图9.31所示，在“路径和目标点”浏览器中，右键单击“路径”文件，在弹出的菜单中选择“配置参数”，然后选择“自动配置”。右键单击“路径”文件，在弹出的菜单中选择“沿着路径运动”，检查是否能正常运行。等待一会儿，机器人就可以按照指定的轨迹进行运动了。

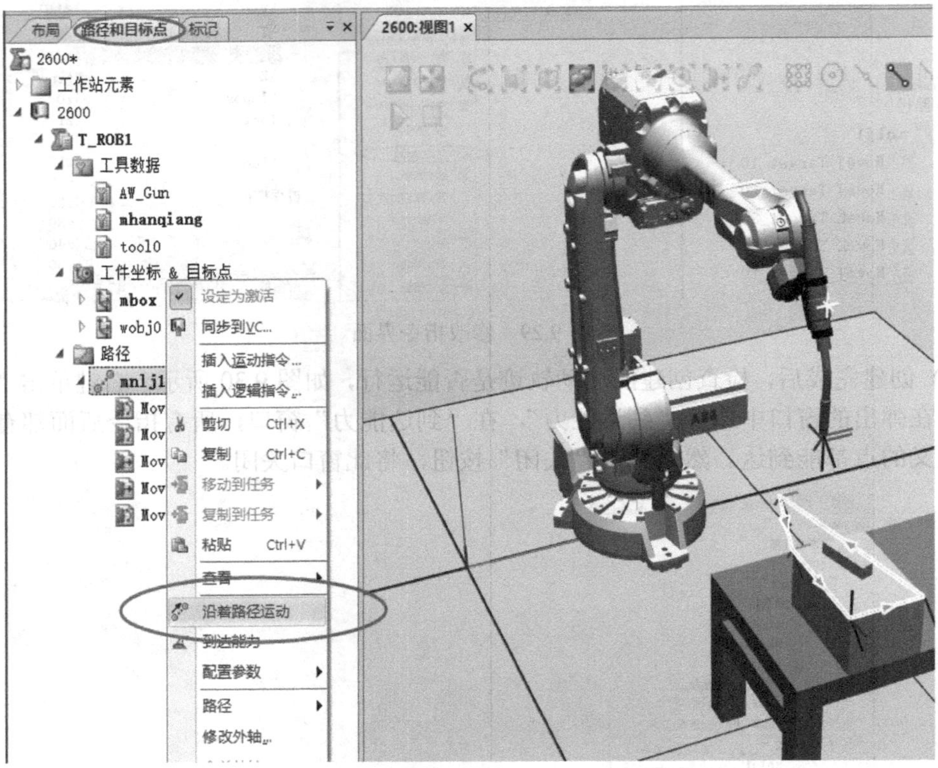

图9.31 沿着路径运动窗口

9.5 机器人运动轨迹仿真

在对路径进行检查和调试完成后，确认路径的轨迹正确无误，就可以把刚才编辑的路径同步到虚拟控制器中，实现真正的仿真操作。

在“基本”功能选项卡中单击“同步”，选择“同步到VC...”，如图9.32所示。在弹出的窗口中单击T_ROB1左侧的三角，如图9.33所示。出现同步选项内容，在“同步到VC”窗口中，为保证虚拟控制器中的数据与工作站数据一致，需要将虚拟控制器和工作站数据进行同步；当在工作中修改数据后，也需要执行“同步到VC”，将需要同步的项目都打钩后(一般全部勾选)，将所有内容选中，单击“确定”按钮，如图9.34所示。

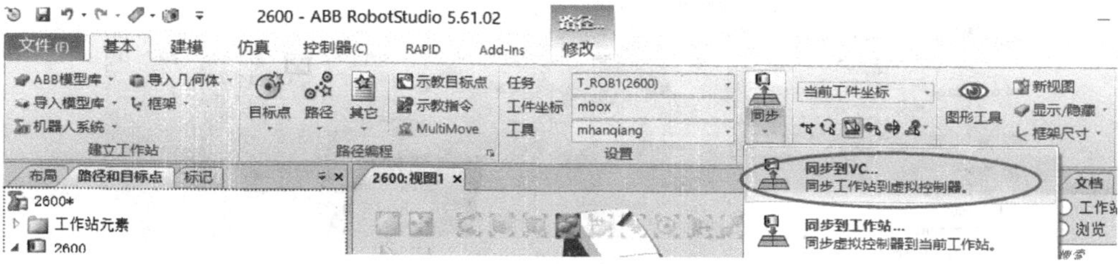

图 9.32　同步到 VC

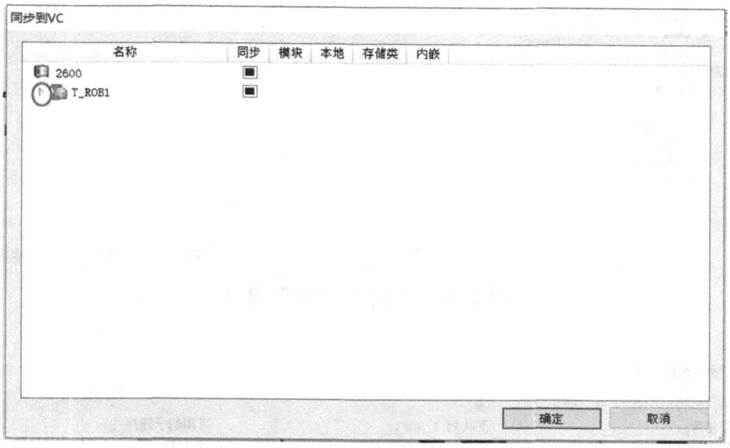

图 9.33　同步到 VC 弹出窗口

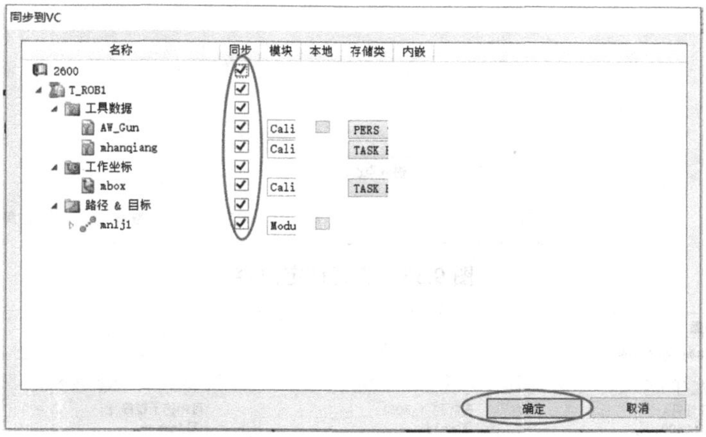

图 9.34　同步内容选项

同步完成后，就可以进行接下来的仿真步骤了。

仿真时还需进行仿真设定，将一些仿真参数进行设置，具体步骤如下：

(1) 在“仿真”选项卡的配置功能区，选择“仿真设定”，弹出如图 9.35 所示的“仿真设置”窗口。

(2) 在“仿真设置”窗口选择“T_ROB1”，如图 9.36 所示。右边界面出现了两个子程序，选择上节创建的路径文件名，然后单击左向箭头，确认路径已在主队列中，接着单击“应用”按钮，再单击“确定”按钮，最后单击“进入点 E...”，如图 9.37 所示。

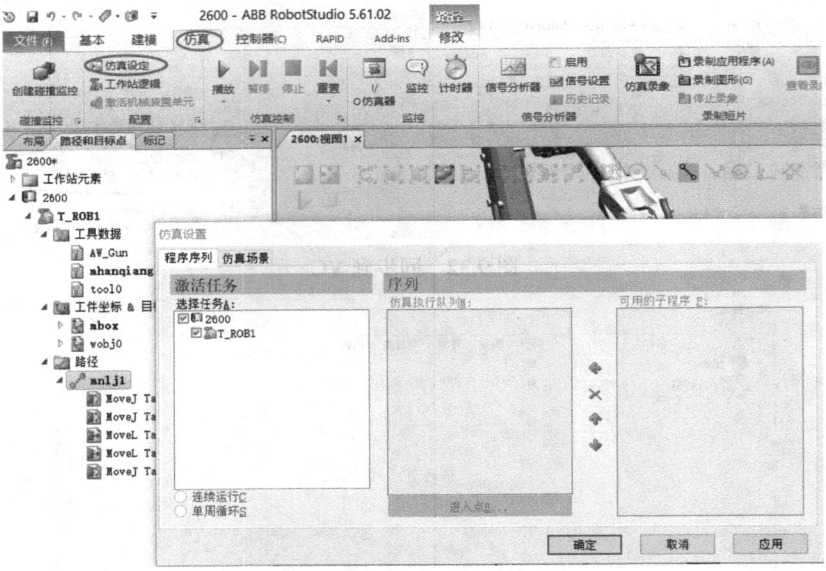

图 9.35 “仿真设置”窗口

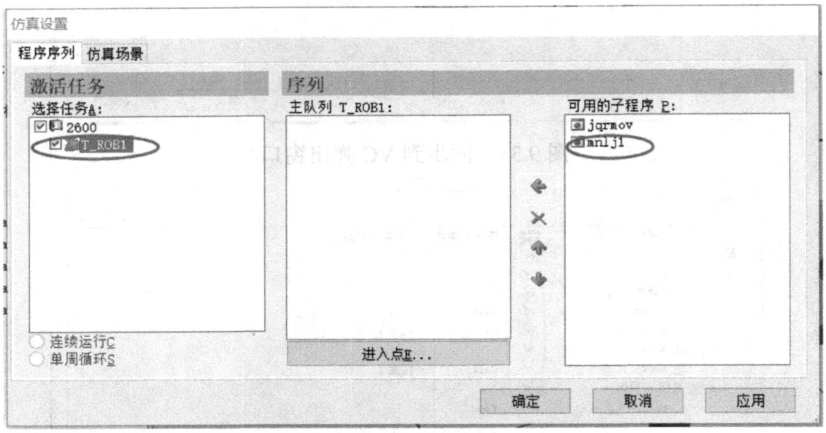

图 9.36 仿真设定内容

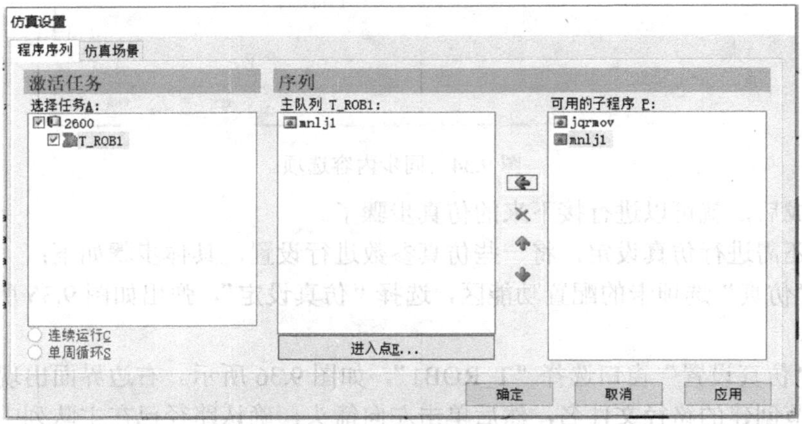

图 9.37 仿真设定序列

(3) 在弹出的窗口中选择“选择开始进入点 e T_ROB1：”，选择路径文件名“mnlj1”，单击“确定”按钮，如图 9.38 所示。

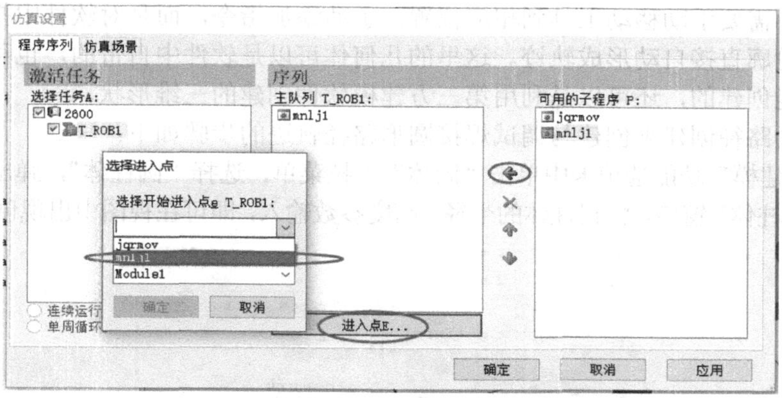

图 9.38　仿真设定序列进入点选择

(4) 仿真设置界面出现路径文件夹中包含的指令，如图 9.39 所示。

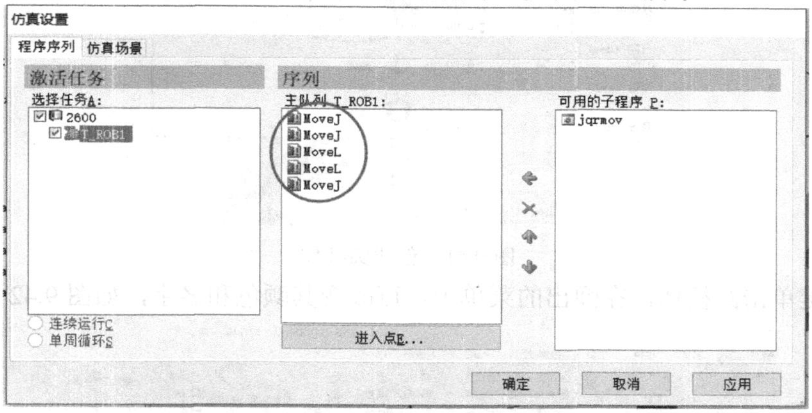

图 9.39　仿真设定序列中的指令

(5) 仿真设置完成后，单击功能区的“播放”按钮，如图 9.40 所示，这时机器人就按之前所示教的轨迹进行运动。

图 9.40　示教轨迹

RobotStudio 仿真可以对此章节介绍的虚拟机器人运行路径进行模拟，也可以对示教器中设定的路径进行模拟。

9.6　自动路径创建

在工业机器人轨迹运用过程中，如焊接、切割、涂胶等经常会需要处理一些不规则曲线，若还用前面的示教指令的方法，则费时费力，还不容易保证精度。在 RobotStudio 软件中，可以根据三维模型曲线特征，自动生成机器人焊接的运动轨迹。

机器人不需要手动移动工具到相应位置，手动添加指令，而是对软件中指定的几何体根据它的外轮廓直接自动形成轨迹。这里的几何体可以是软件中自带的，也可以是在软件中用建模功能创建的，还可以是利用第三方建模软件创建的三维形状。

通过自动路径创建来创建与调试焊接圆形路径轨迹的步骤如下：

(1) 在“建模”功能选项卡中单击“固体”下拉菜单，选择“圆柱体”，弹出如图 9.41 所示的“创建圆柱体”窗口，将圆柱体的半径、高度参数输入，即可在视图中出现创建的圆柱体。

图 9.41　创建圆柱体

(2) 右键单击圆柱体，在弹出的菜单中，可改变其颜色和名字，如图 9.42 所示。

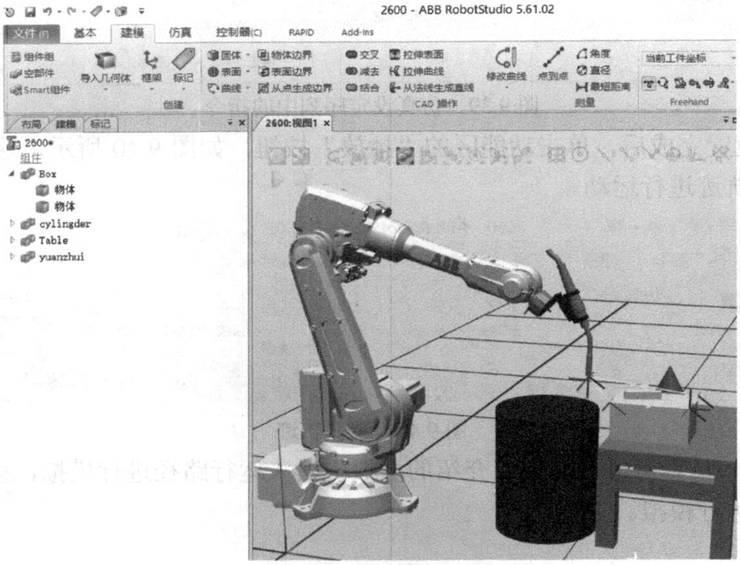

图 9.42　更改圆柱体颜色

(3) 圆柱体创建好后，就要创建一个关于圆柱体的工件坐标。单击“基本”功能选项卡中的“其它”，选择“创建工件坐标”，弹出如图 9.43 所示的相应窗口。

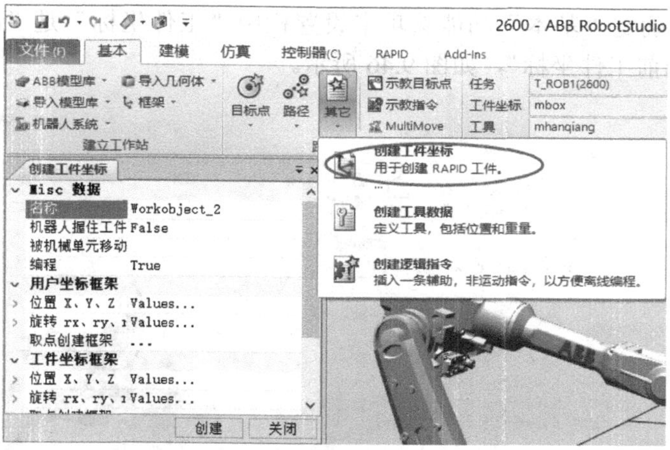

图 9.43　创建圆柱体工件坐标

(4) 在“创建工件坐标”窗口，可更改工件坐标名称，选择“取点创建框架...”来创建工件坐标，选择“三点”法来创建，如图 9.44 所示。在创建每个点之前，都需要把光标放入相应点的第一列，这样一来，在指定位置坐标后，相应点的坐标才能被记录。在指定 X 轴上的第一点可以捕捉圆柱体上表面的圆心，如图 9.45 所示。

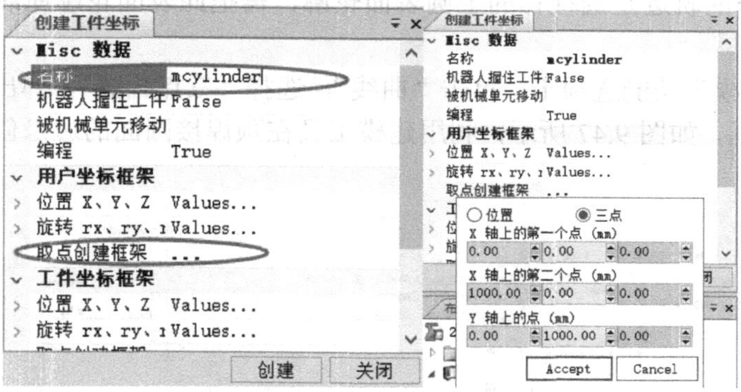

图 9.44　更改圆柱体工件坐标数据

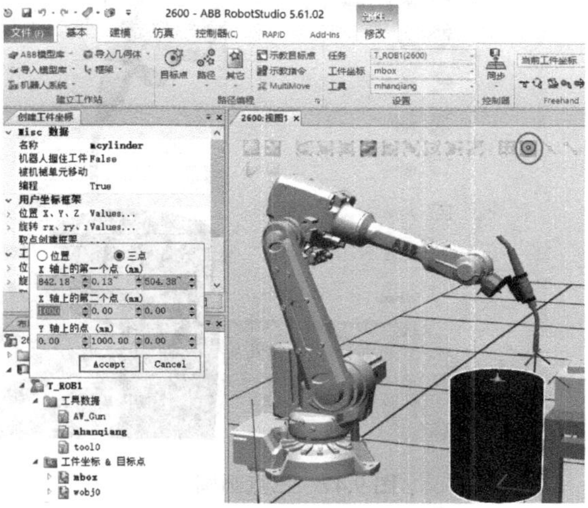

图 9.45　捕捉圆柱体上表面圆心

(5) 此时需要确定“基本”功能选项卡设置栏中“工件坐标”是“mcylinder”，同时Freehand中是“当前工件坐标”，如图9.46所示。

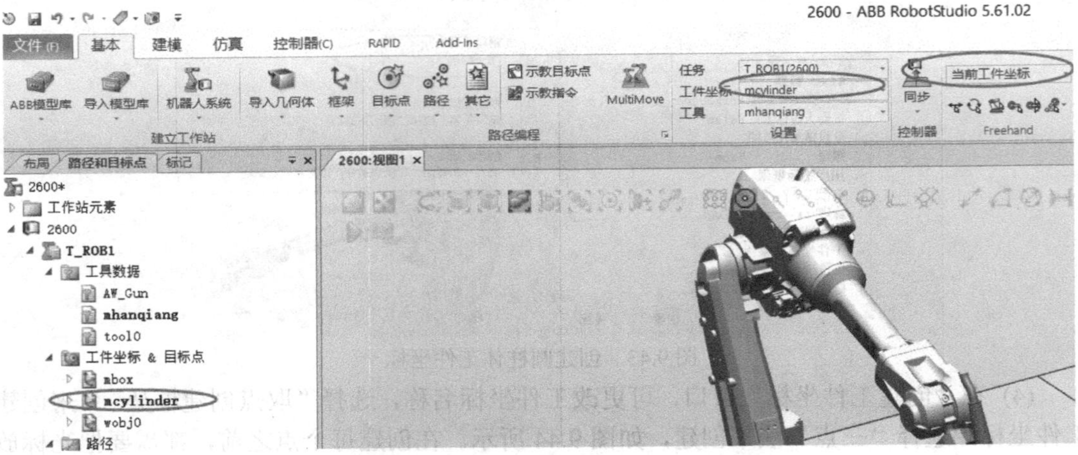

图9.46　设置圆柱体当前工件坐标

(6) 焊枪工作的轨迹是圆柱体的上圆表面轮廓，需把此表面轮廓曲线提取出来，具体操作步骤如下：

① 选择“建模”功能选项卡，单击“曲线”，选择“三点画圆”，弹出“通过三个指定点创建圆”对话框，如图9.47所示，利用建模工具在预焊接圆面的边缘创建出一条三点画圆的曲线。

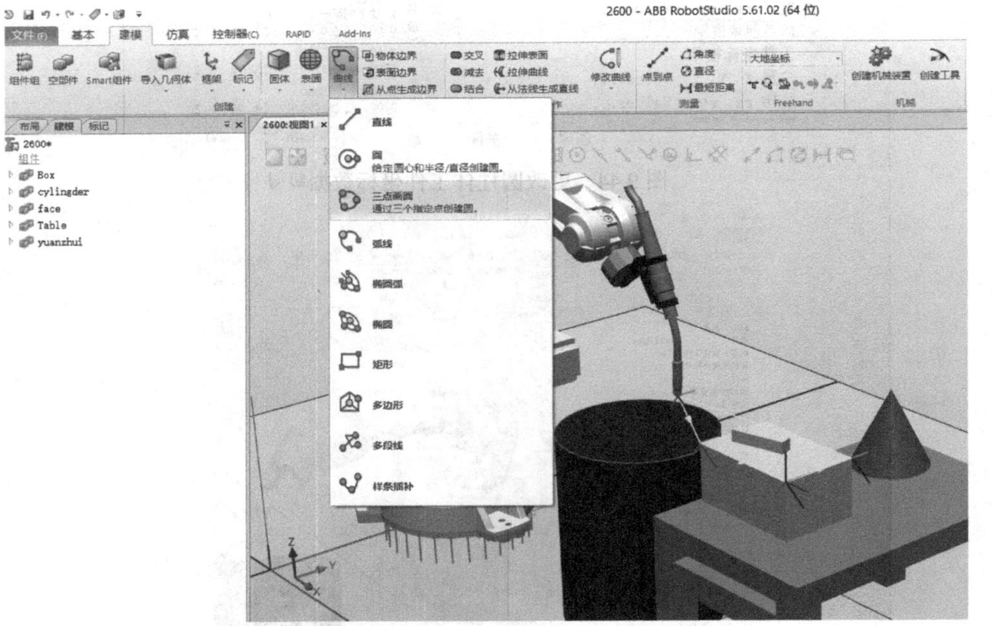

图9.47　三点画圆

② 选择捕捉末端，单击第一点下任意坐标框，在预焊接圆面的边缘捕捉一点并单击。当鼠标靠近曲线时，出现白色小球，再单击，则这一点就被确定。同理，确定第二个点、第三个点，单击“创建”按钮，再单机“关闭”按钮，这样这个曲线就创建好了。

“部件_2”就是创建的上圆表面轮廓曲线，如图 9.48 所示，将其改为“face”。

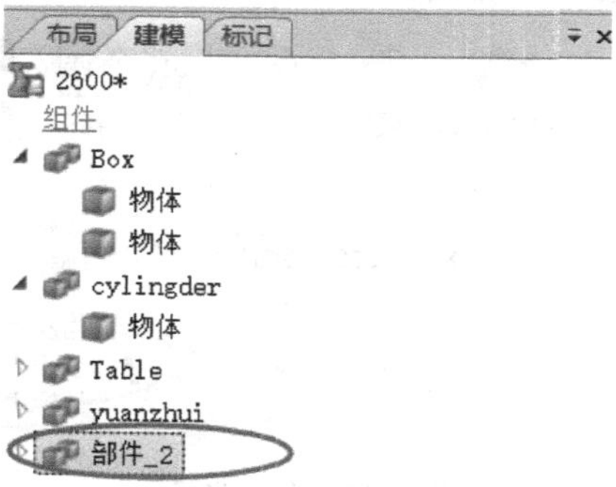

图 9.48 更改“部件_2”

(7) 选择“基本”功能选项卡，在基本运动设定中设定运动指令及参数：“MoveL”“v150”“fine”。然后单击“辅助工具”，选择“曲线”。选中曲线前，必须利用“选择曲线”这一工具，选中刚刚创建的曲线。

(8) 在视图窗口中选择“选择曲线”按钮，如图 9.49 所示，选择圆柱体上刚创建的轮廓曲线。

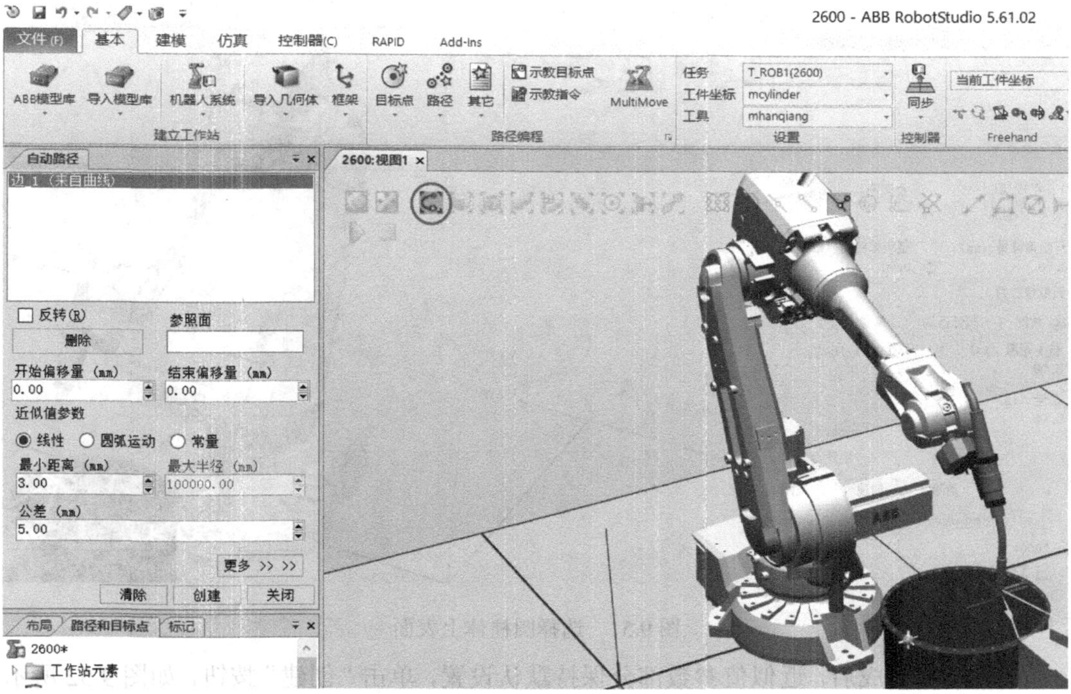

图 9.49 选择圆柱体轮廓曲线

(9) 在“基本”功能选项卡的“路径”图标中选择“自动路径”，如图 9.50 所示，弹出自动路径对话框。

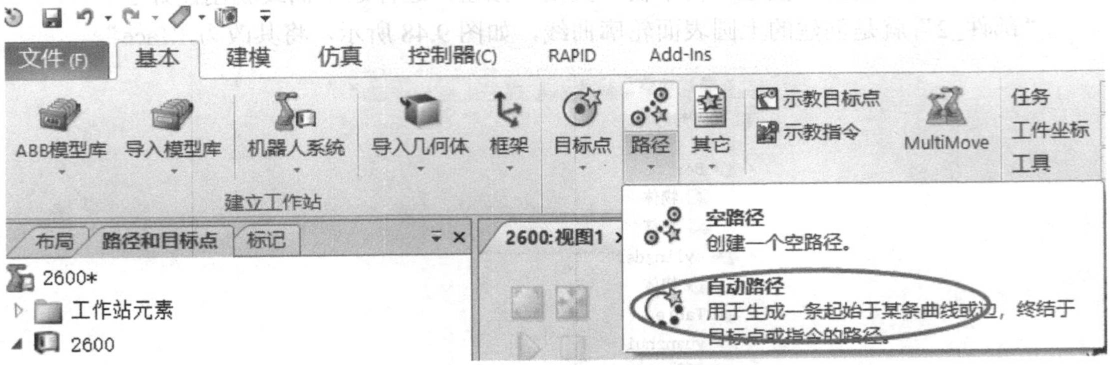

图 9.50　自动路径

(10) 将鼠标移至“参考面”栏中，单击视图中的▣按钮，如图 9.51 所示。然后单击捕捉工具选择表面，选择圆柱体上表面。

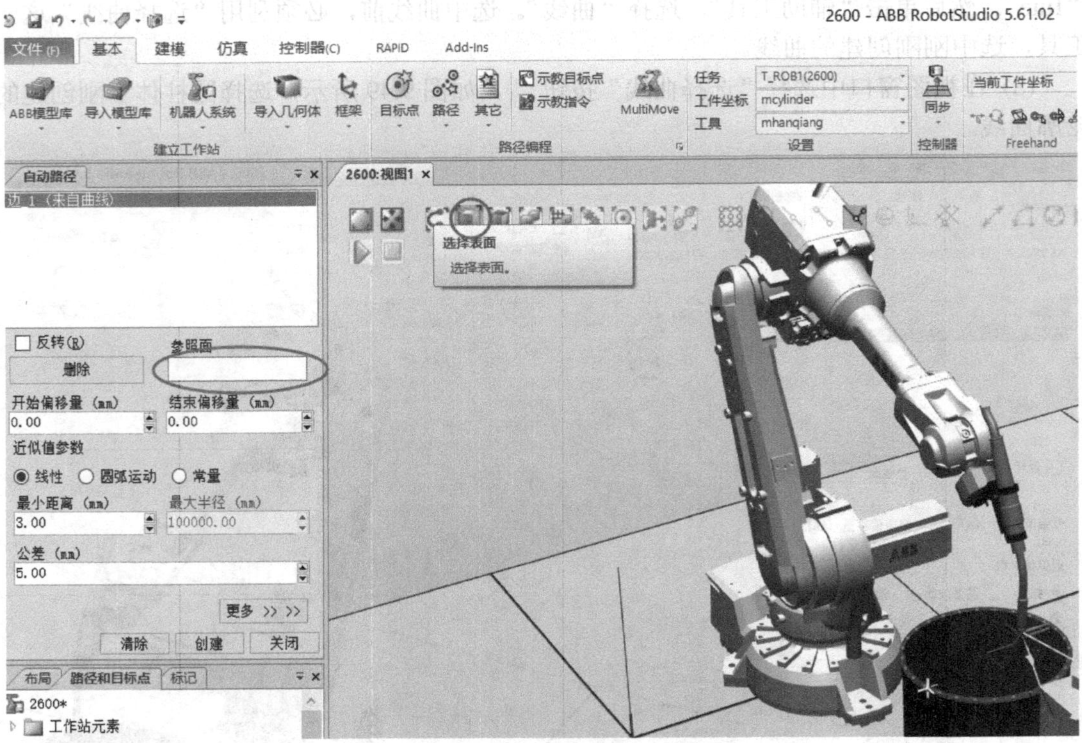

图 9.51　选择圆柱体上表面

(11) 选择完成后，近似值参数部分保持默认设置，单击“创建”按钮，如图 9.52 所示。然后单击“关闭”按钮，这样就自动生成了机器人路径 Path_10。

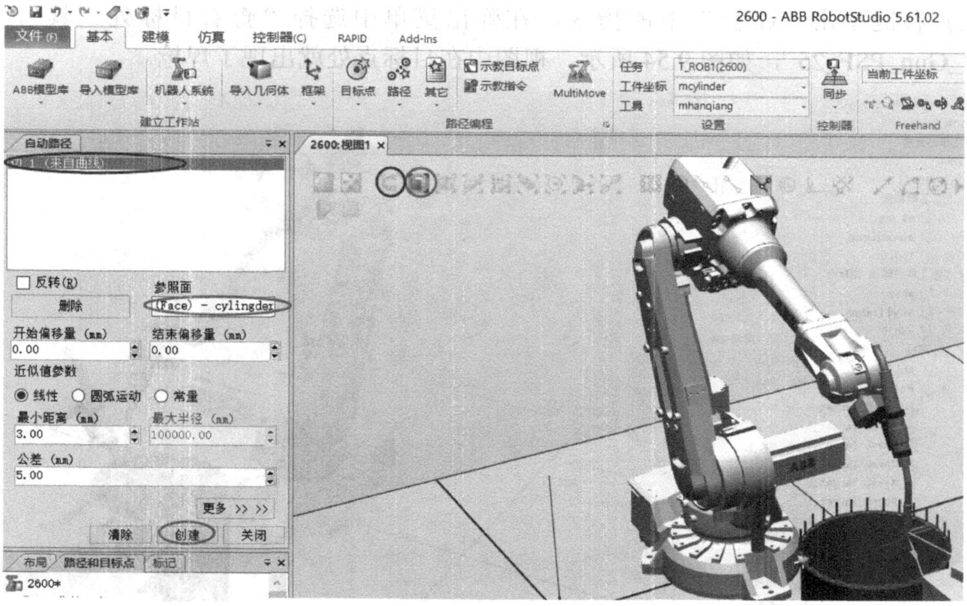

图 9.52 自动路径参数

9.7 调整目标点及轴配置参数

上一节已根据工件圆面边缘曲线，自动生成了一条机器人的运动轨迹 Path_10，但机器人暂时还不能直接按照这个轨迹运行，因为对于部分目标点姿态，机器人还难以实现。

在路径文件夹中可以看到增加了 Path_10，如图 9.53 所示。将其打开，可看到自动生成了许多轨迹点。这些指令前面有黄色感叹号，说明这些轨迹点的姿态机器人可以实现。

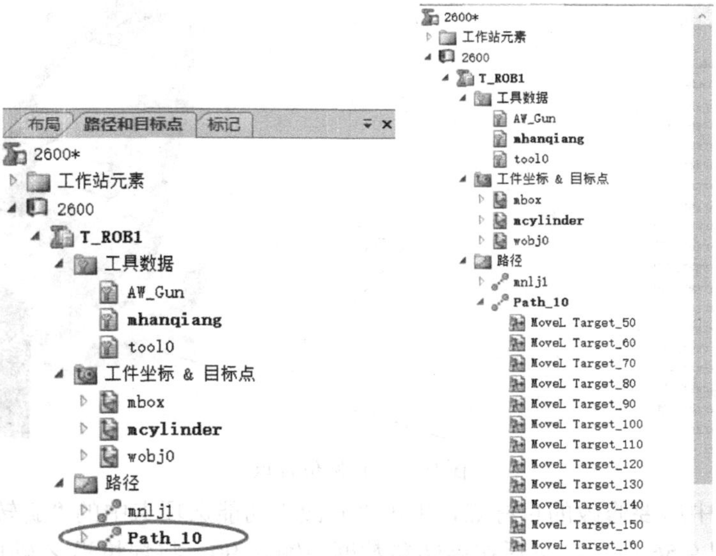

图 9.53 Path_10 路径

(1) 右键单击“路径”下的指令，在弹出菜单中选择“查看目标处工具”，选中“AW_Gun_PSF_25”，如图 9.54 所示，视图中在目标点处就出现了焊枪。

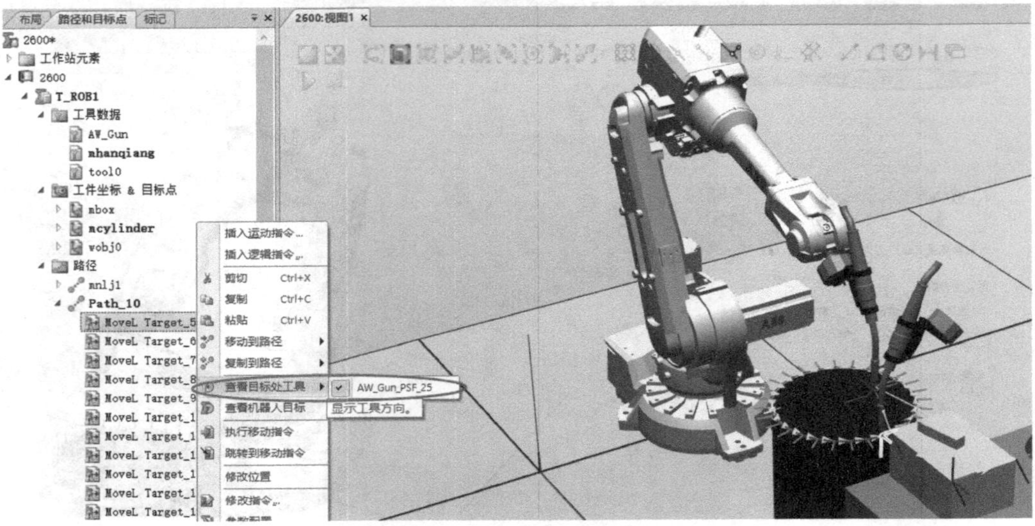

图 9.54　目标点位置处的焊枪

(2) 在“路径和目标点”项目树的“工件坐标&目标点”中，打开“mcylingder”中的“mcylingder_of”，可以看到与路径中的指令对应的目标位置点，如图 9.55 所示。单击其中的位置点，同样出现焊枪此时的姿态，可以看到有许多点对应的焊枪的姿态机器人是无法实现的，这时需要对其进行修改。其修改方法有以下两种：

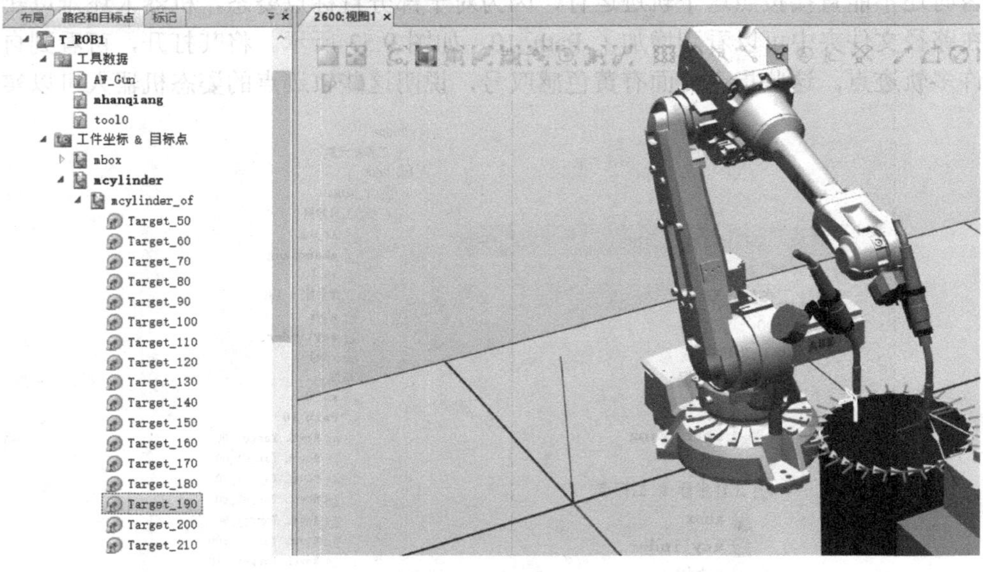

图 9.55　目标位置点

方法一：选中所要修改的目标点，单击“修改”功能选项卡中的“旋转”，在旋转窗口旋转 Z 轴，如图 9.56 所示，然后在旋转参数框中输入 90，将焊枪沿 Z 轴旋转 90°。此时的姿态机器人可以实现。

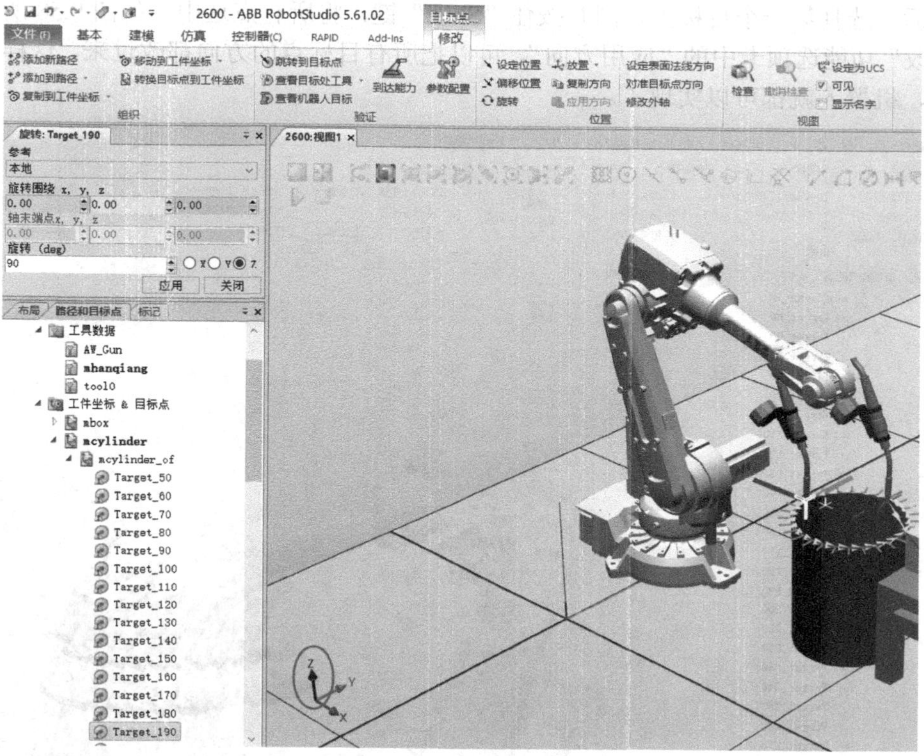

图 9.56 修改的目标点

这时一个目标点修改完毕，但还有许多其他点也存在机器人无法实现的姿态。这时可以一个一个修改，但这样很费时间。还可以选择刚修改好的目标点，单击“修改”功能选项卡中的“复制方向”，如图 9.57 所示。

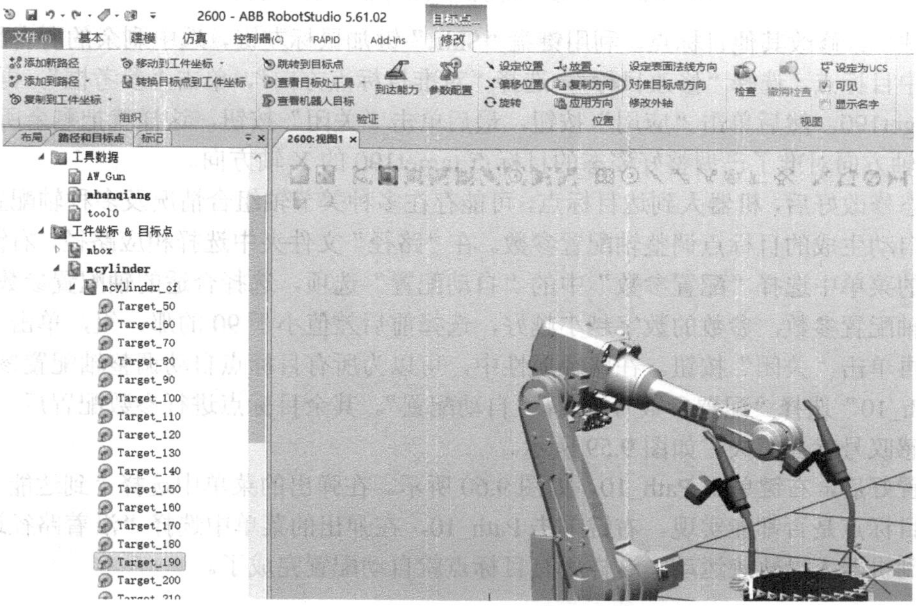

图 9.57 “修改”功能选项卡中的“复制方向”

然后，选择第一个目标点，同时按住“Shift”键，将所有点选中，如图 9.58 所示。单击“修改”功能选项卡中的“应用方向”，可以把所有目标点的方向都改过来。这样修改后的姿态，机器人就都可以实现了。

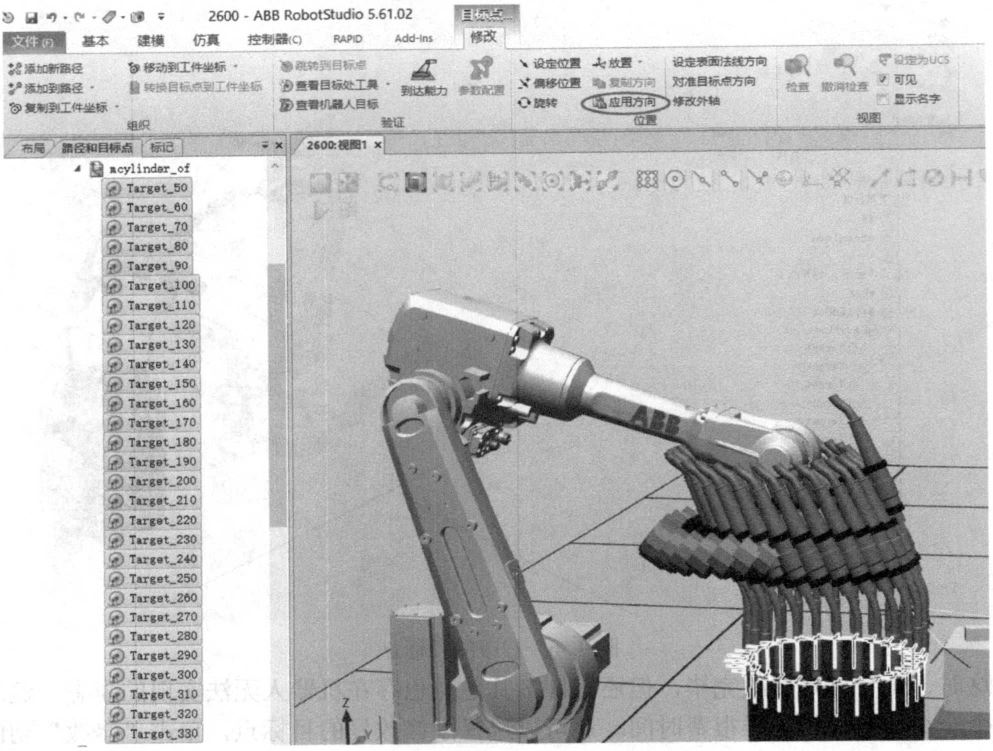

图 9.58 “修改”功能选项卡中的“应用方向”

方法二：修改其他目标点，利用键盘“Shift”键加鼠标左键，选中剩余的所有目标点，右击选中目标点，选择“修改目标”，选择“对准目标点方向”，单击“参考框”，再单击目标点 target190，然后单击“应用”按钮，最后单击“关闭”按钮，这样就把剩余所有目标点的 X 轴方向对准了已调整好姿态的目标点 target190 的 X 轴方向。

姿态修改好后，机器人到达目标点，可能存在多种关节轴组合情况及多种轴配置参数，需要为自动生成的目标点调整轴配置参数。在“路径”文件夹中选择相应路径，右键单击，在弹出的菜单中选择“配置参数”中的“自动配置”选项，选择合适的轴配置参数。这里有多种轴配置参数，参数的数字越小越好，选择前后差值小于 90 的那一组，单击“应用”按钮，再单击“关闭”按钮。在路径属性中，可以为所有目标点自动调整轴配置参数。右击“Path_10”选择“配置参数”，选择“自动配置”。其余目标点进行参数配置后，路径图标上的感叹号就会消失，如图 9.59 所示。

配置好后，右键单击 Path_10，如图 9.60 所示。在弹出的菜单中选择“到达能力”，检查所有目标点是否都能实现。右键单击 Path_10，在弹出的菜单中选择“沿着路径运动”，可以看到机器人沿轨迹运动，这样所有目标点就自动配置完成了。

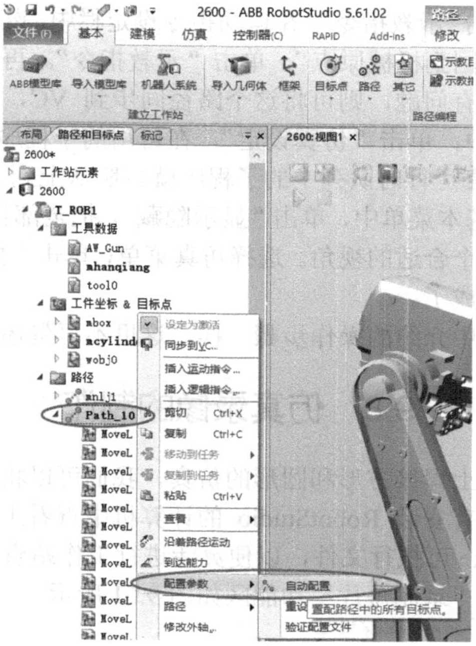

图 9.59 配置参数

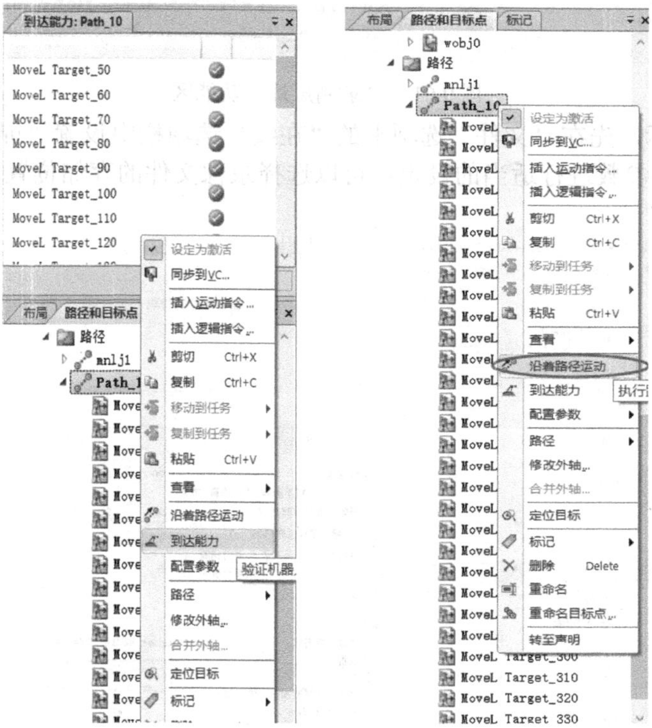

图 9.60 到达能力

下面需要完善一下程序，添加一个轨迹，离开结束点。在运动指令设定栏中，设定“MoveJ”“v400”“z200”。选择“机器人名称”，选择“手动线性”，移动机器人离开最后一个目标点一定距离，单击“示教指令”。在运动指令设定栏中，设定“MoveJ”“v600”“fine”，右击机器人名称，选择“回到机械原点”，单击“示教指令”。再次为路径 Path_10 进行一次轴配置自动调整，若没有问题，则可将这个路径同步到 VC，勾选所有的同步内容，单击“确定”。在仿真菜单中，单击“仿真设定”，在可用的子程序列表中勾选 Path_10，单击导入键，这样程序在仿真运行时队列中的子程序就按照从上到下的顺序运行了，单击“应用”，再单击“确定”。在基本菜单中，单击“显示隐藏”，把全部目标点和全部路径隐藏掉，把机器人和工件调整到一个合适的视角。选择仿真菜单，单击“播放”，机器人在工件上焊接方形和圆形的仿真就完成了。

仿真设置跟上面章节中介绍的操作步骤一样，这里不再赘述。

9.8 仿真录像的制作

完成了机器人在工件上焊接方形和圆形的仿真，我们可以将工作站中工业机器人的运行录制成视频，以便在没有安装 RobotStudio 的计算机中查看工业机器人的运行。另外，还可以将工作站制作成 exe 可执行文件，以便灵活进行工作站查看。

“仿真”选项卡中的“录制短片”功能区如图 9.61 所示。

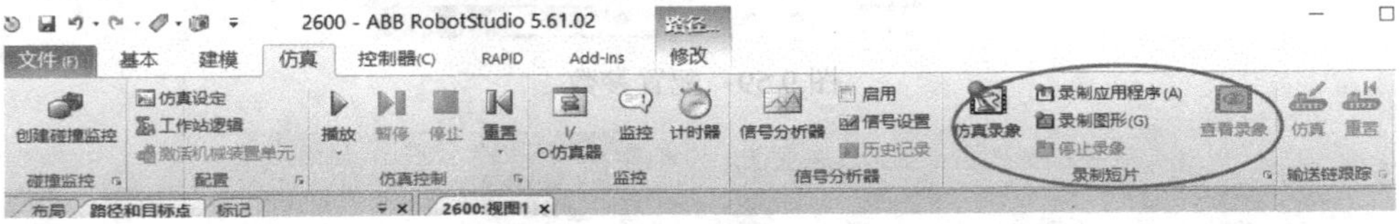

图 9.61 “录制短片”功能区

如图 9.62 所示，先在“文件”选项卡的“在线”选项栏中设置“屏幕录像机”界面，根据要求对录像的参数进行适当的设定，可以选择录像文件的存储位置以及文件格式，然后单击“确定”。

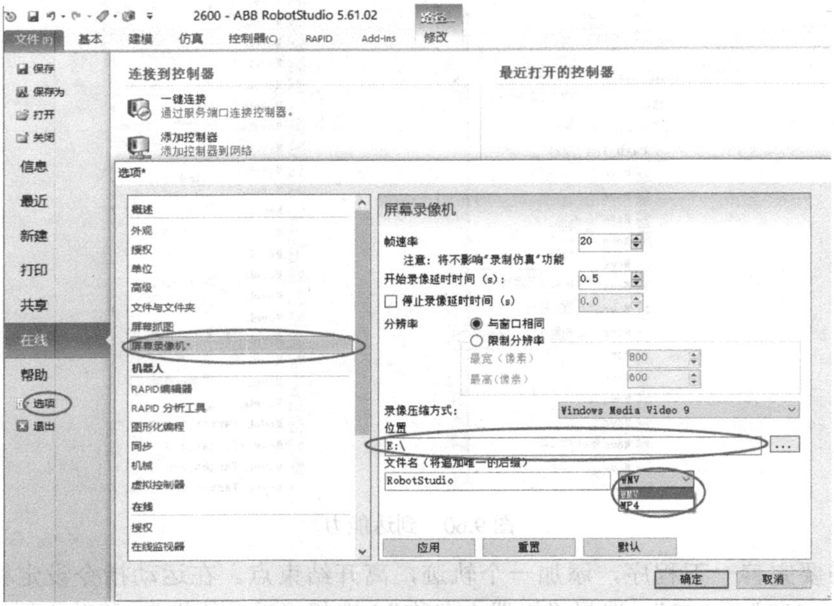

图 9.62 设置屏幕录像机界面

在“仿真”选项卡的“录制短片”功能区中选择“仿真录像”，然后单击“播放”，选择录制视图。将所录视频播放完成后，单击“停止录像”，将在存储路径中出现生成的仿真录像，如图 9.63 所示。

图 9.63　仿真录像

9.9　工作站的打包和解包

上一节完成了将机器人的仿真录制成视频，下面进行工作站的打包和解包操作。

所有工作完成后，单击“保存”按钮，对工作站进行保存。要想在其他装有 RobotStudio 软件的机器上运行此工作站，在“文件”菜单中选择“共享”，如图 9.64 所示。单击“打包”，再单击“下一个”按钮，如图 9.65 所示。这里显示了打包的名字和位置，打包文件的位置可以根据自己的需要选定，如图 9.66 所示，在工作站打包时可进行密码设置，单击“浏览”按钮，可以更改位置。这里可以保存默认设置，直接单击“下一个”按钮，如图 9.67 所示。打包准备就绪，单击“完成”按钮，在此过程中，窗口会出现“打包完成”等字样，如图 9.68 所示。

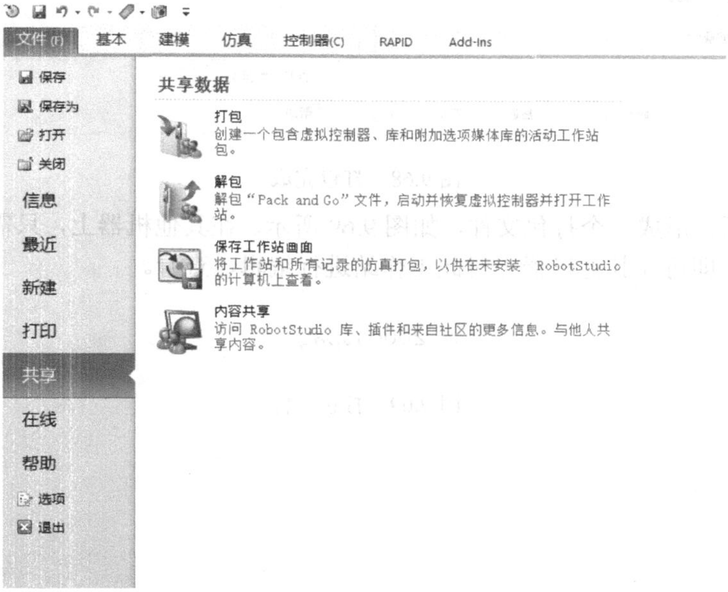

图 9.64　“共享”选项

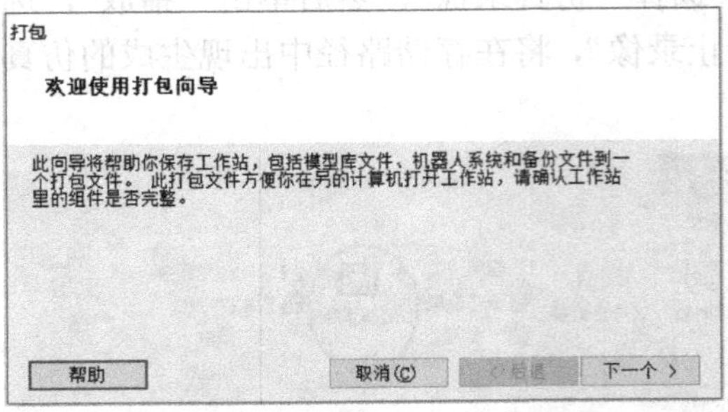

图 9.65　“打包”界面

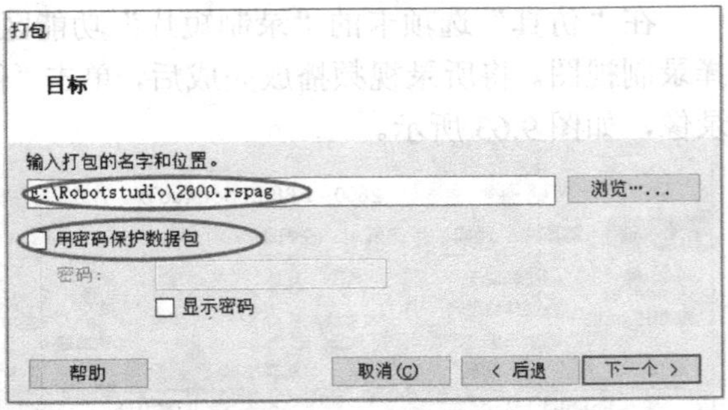

图 9.66　打包名字和位置

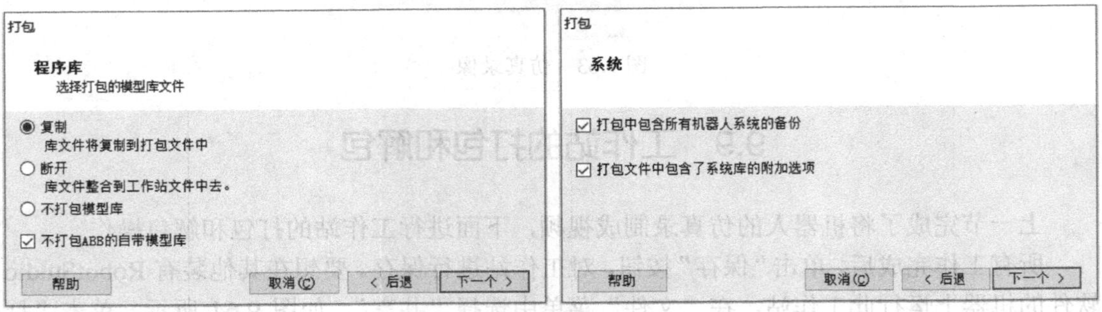

图 9.67　打包步骤

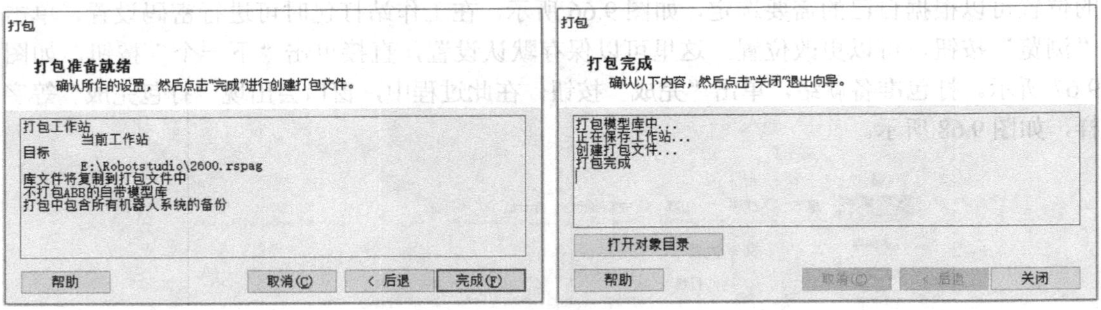

图 9.68　打包完成

打包完成后，形成一个打包文件，如图 9.69 所示。在其他机器上，只需双击这个打包文件进行解包，即可在其他机器上对此工作站进行编辑、查看。

图 9.69　打包文件

第十章　RobotStudio 仿真环境编程语言介绍

示教编程是机器人最基本和最简单的编程方法，机器人示教后可立即应用(详见第九章)。它需要手把手示教，由人直接通过示教器控制机器人手臂按照要求的轨迹运动，功能编辑比较困难，需要占用机器人，效率低，同时，编程质量还会受到编程者的熟练程度及经验的影响。而离线编程可以脱离机器人，直接在计算机上使用离线编程软件，编辑所需轨迹程序，但仿真软件并不能完全仿真真实的工作环境。ABB RobotStudio 中的虚拟控制器可使机器人在离线和在线时的行为相同。本章主要介绍机械手运动控制常用的一些指令。

10.1　RobotStudio 编程的概念

搭建工作站前面章节已介绍。在编程前，先要清楚几个术语及概念，如表 10.1 所示。

表 10.1　机器人编程中所用的术语和概念

概　念	说　　明
在线编程	与真实控制器相连时的编程。这种表达也指使用机器人创建位置和运动
离线编程	未与机器人或真实控制器连接时的编程
真正离线编程	指 ABB Robotics 中关于将仿真环境与虚拟控制器相连的概念。它不仅支持程序创建，而且支持程序测试和离线优化
虚拟控制器	一种仿真 FlexController 的软件，可使控制机器人的同一软件(RobotWare 系统)在 PC 上运行。该软件可使机器人在离线和在线时的行为相同
坐标系	用于定义位置和方向。对机器人进行编程时，可以利用不同坐标系更加轻松地确定对象之间的相对位置
Frame	即为坐标系
工作对象校准	如果所有目标点都定义为工作对象坐标系的相对位置，则只需在部署离线程序时校准工作对象即可

10.2　虚拟控制器

RobotStudio 使用虚拟控制器运行机器人。虚拟控制器既可运行真实机器人的系统，也可运行用于测试和评估的特定虚拟系统。虚拟控制器与控制器使用的软件相同，可以计算机器人动作、处理 I/O 信号和执行 RAPID 程序。启动虚拟控制器时，需要指出虚拟控制器上运行的系统。因为系统包含有关所使用的机器人的信息，以及机器人程序和配置等重要数据，所以必须为工作站选择正确的系统。机器人必须安装系统才能启动，就像电脑需要安装操作系统一样。在现实中，机器人系统一般在购买后由厂家安装好，但在 RobotStudio 软件中需要手动创建。创建方法主要有 3 种：① 快速导入系统(英文界面)；② 手动创建新系统；③ 从备份创建系统，该方法是使用真实的机器人备份系统，创建一个与真实机器人完全相同的系统。

1．快速导入系统(不推荐)

从“基本”选项卡“机器人系统”中的“快速打开系统”里选择对应的机器人，如图 10.1 所示。

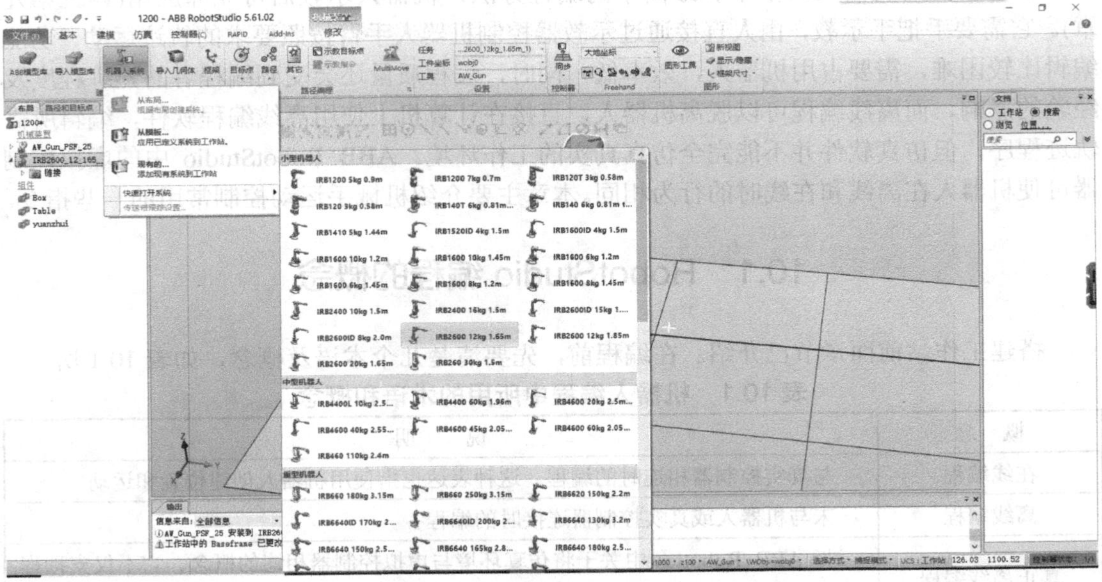

图 10.1　机器人系统窗口

在机器人系统窗口的右下角会出现“控制器状态”窗口，红色代表正在启动，绿色代表已启动，如图 10.2 所示。

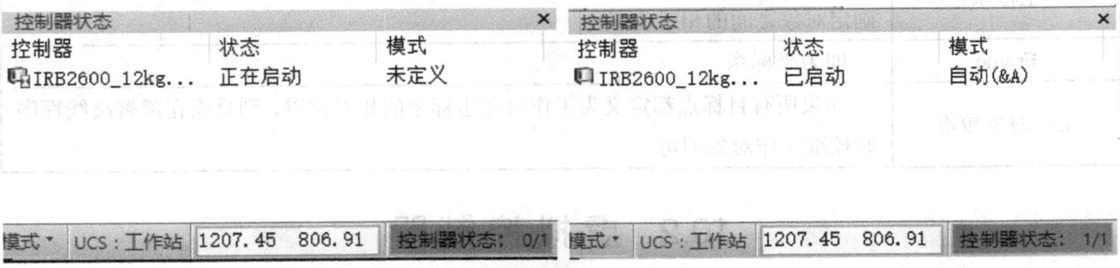

图 10.2　控制器状态窗口

这时，“控制器”选项卡“示教器”中的“虚拟示教器”才可打开，如图 10.3 所示。

图 10.3　打开虚拟示教器

单击“虚拟示教器”，出现如图 10.4 所示的界面。

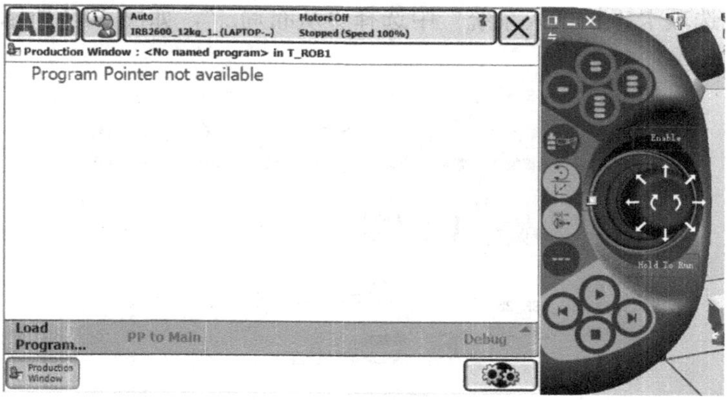

图 10.4　虚拟示教器界面

单击“ABB”，在如图 10.5 所示的“Control Panel”里有一栏“Language”，单击并进入。可以看到目前只能显示英语，如图 10.6 所示。

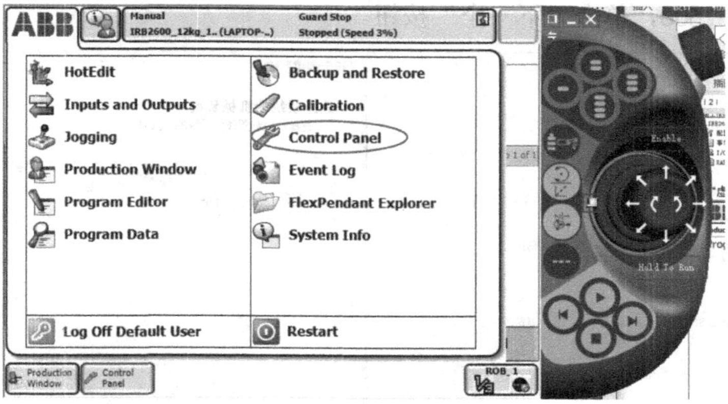

图 10.5　虚拟示教器选项

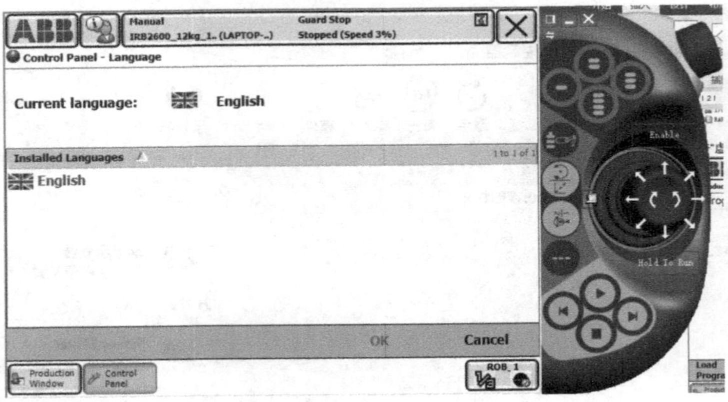

图 10.6　虚拟示教器语言选项

2. 手动创建新系统(推荐)

从“基本”选项卡“机器人系统”中选择“从布局...”，如图 10.7 所示。

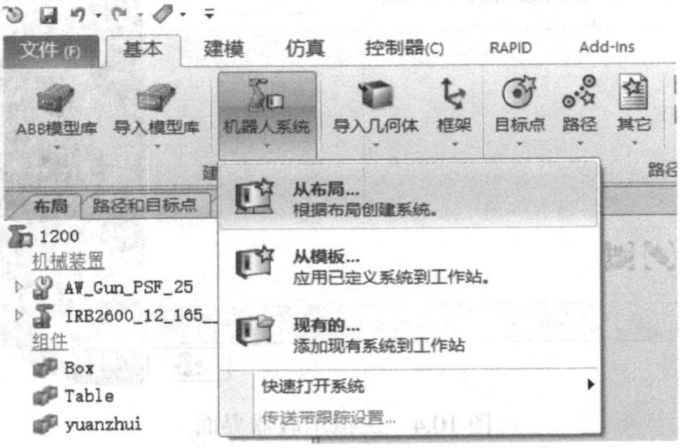

图 10.7　选择“从布局...”选项

单击“从布局...”，出现如图 10.8 所示的窗口，可将系统名称“System1”改为对应的机器人型号，如 2600，单击“下一个”按钮。

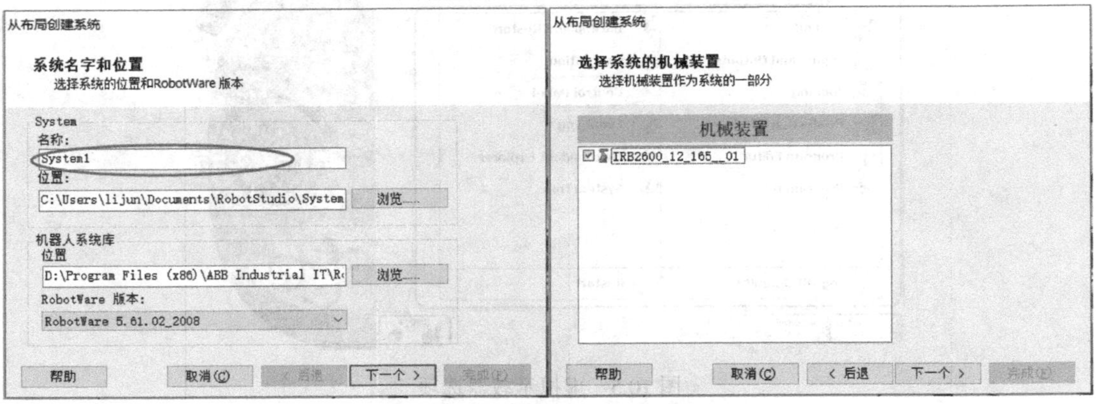

图 10.8　创建系统

配置此系统窗口中要选中“TASK_1”，然后单击“添加任务”按钮，灰色“下一个”按钮将被激活，单击“下一个”按钮，如图 10.9 所示。

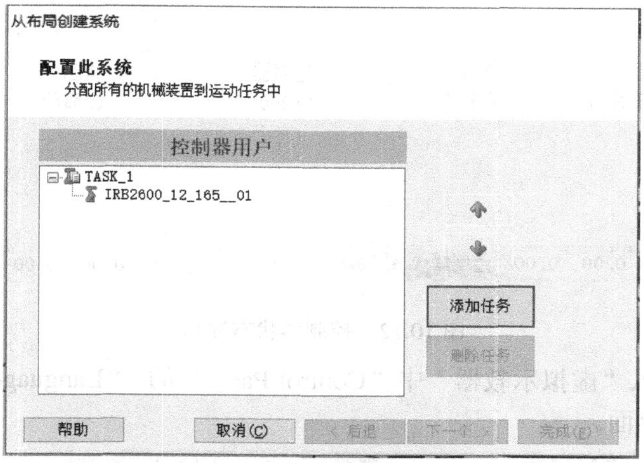

图 10.9　配置系统

出现系统选项窗口，如图 10.10 所示，单击“选项...”中的“644-5 Chinese”“709-x DeviceNet”及“840-2 PROFIBUS Fieldbus Adapter”，如图 10.11 所示。然后回到系统选项窗口中单击“完成”按钮。

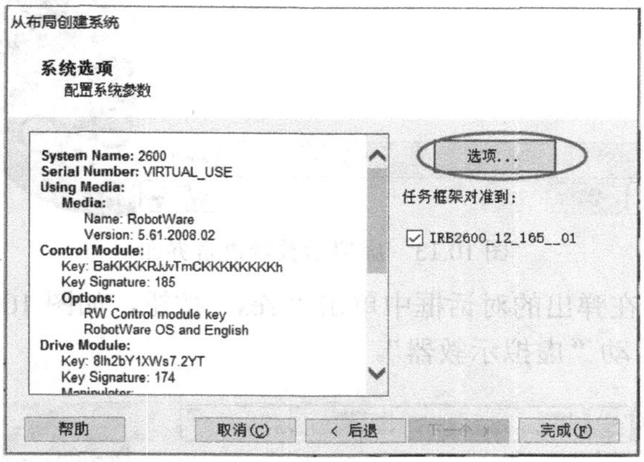

图 10.10　系统选项

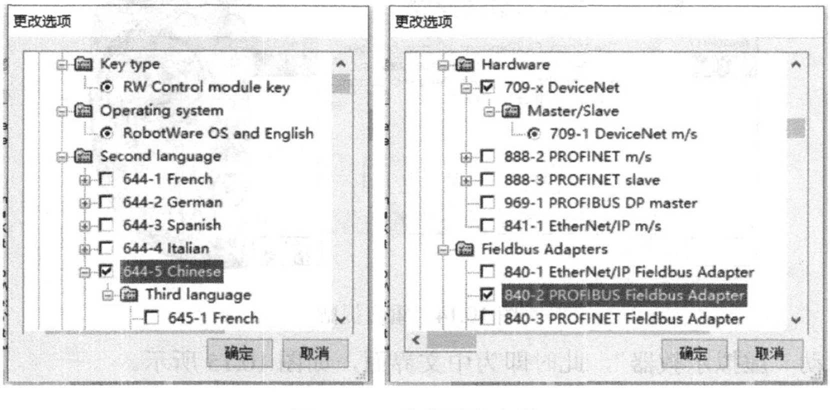

图 10.11　选择系统参数

视图右下角出现控制器状态窗口，如图 10.12 所示。绿色出现，说明控制器已启动完成。

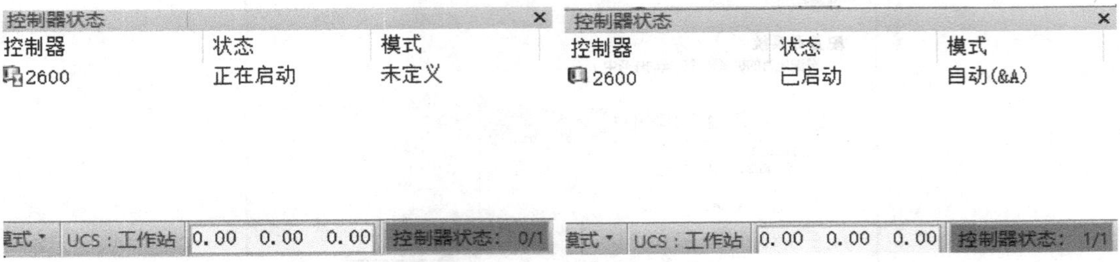

图 10.12　控制器状态窗口

同样方法，进入“虚拟示教器”中“Control Panel”的 “Language”一栏，单击进入如图 10.13 所示的界面。

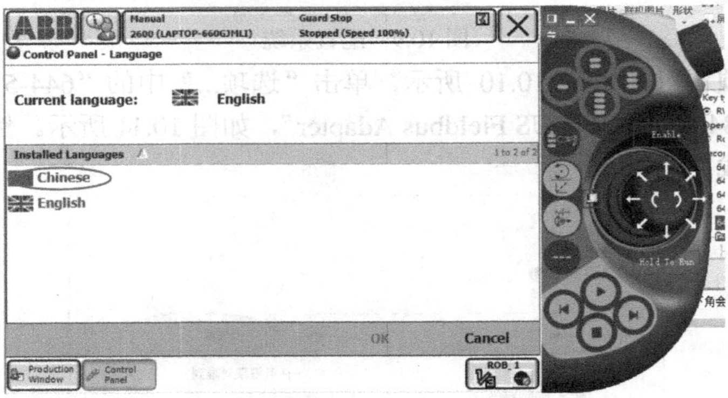

图 10.13　虚拟示教器语言界面

选择“Chinese”，在弹出的对话框中单击“Yes”按钮，如图 10.14 所示，此对话框提醒语言改变需要重新启动“虚拟示教器”。

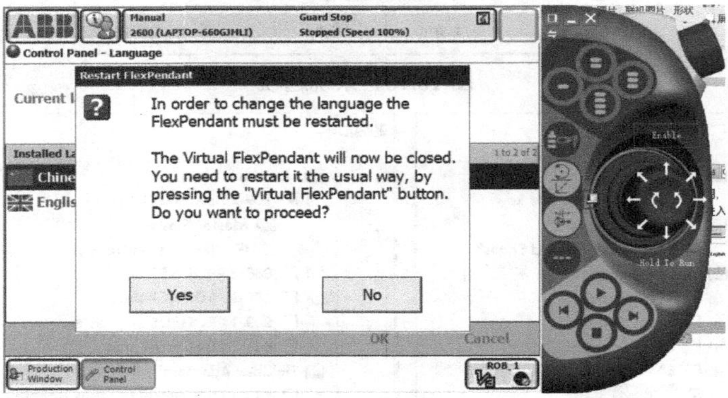

图 10.14　重启提醒

再次启动“虚拟示教器”，此时即为中文界面，如图 10.15 所示。

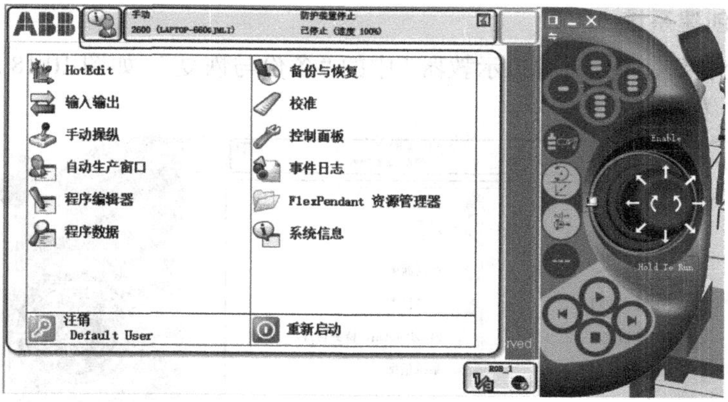

图 10.15　中文界面

示教器中有三种操作模式：自动、手动、全速手动。很多操作指令和参数修改需要在手动模式下进行，这里介绍如何将示教器置于手动模式，具体步骤如下：

(1) 单击示教器中圆圈标识的按钮，如图 10.16 所示。

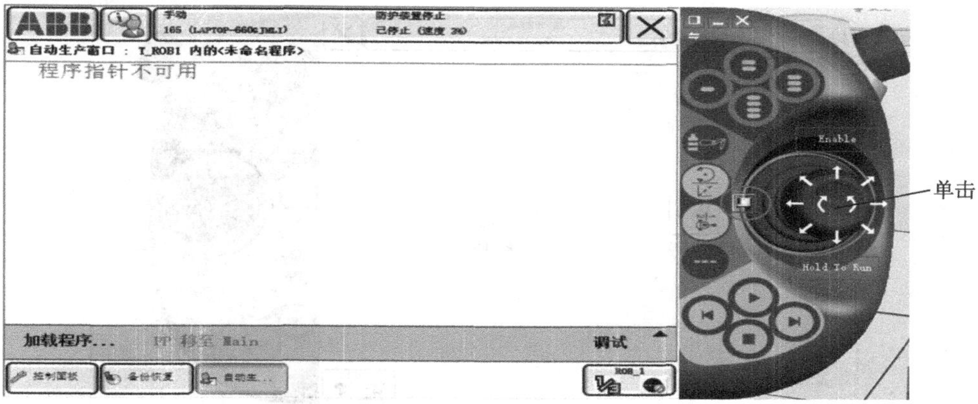

图 10.16　手动模式按钮

(2) 弹出如图 10.17 所示的窗口，图 10.17(b)中有三个按钮，从左到右分别是自动模式、手动模式、全速手动模式。

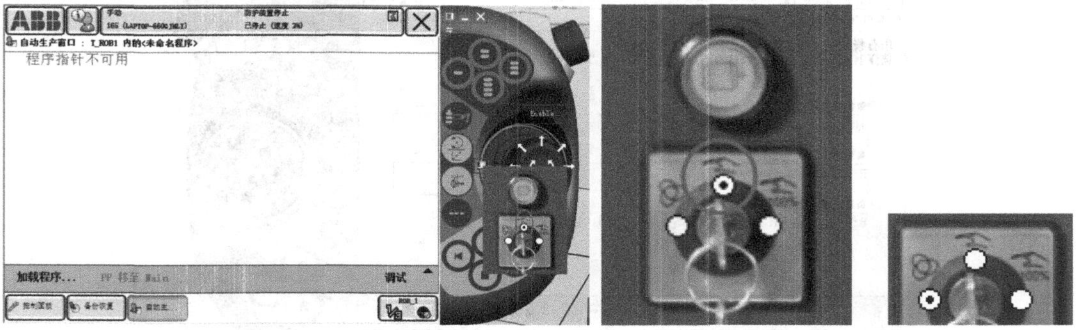

(a)　　　　　　(b)

图 10.17　示教器操作模式

3．从备份创建系统

从示教器上备份，单击“虚拟示教器”中的“备份与恢复”，如图 10.18 所示，单击“备份当前系统...”，如图 10.19 所示。

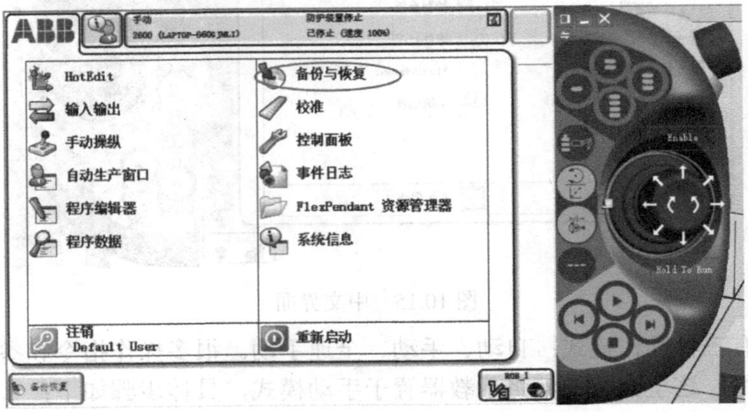

图 10.18　备份与恢复

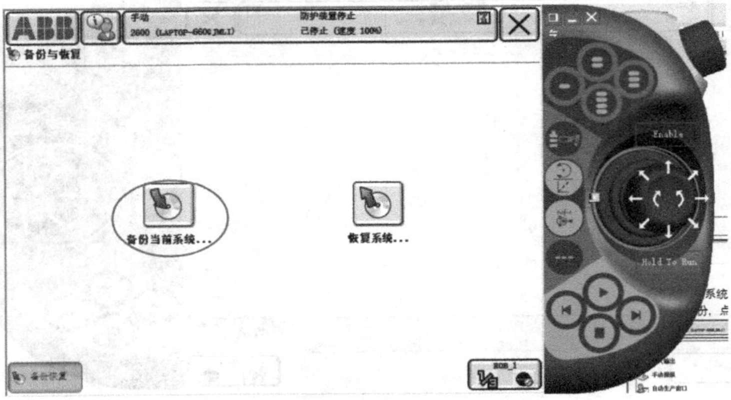

图 10.19　备份当前系统

单击备份文件夹按钮，可在弹出窗口输入需要修改的名称，如图 10.20 所示。

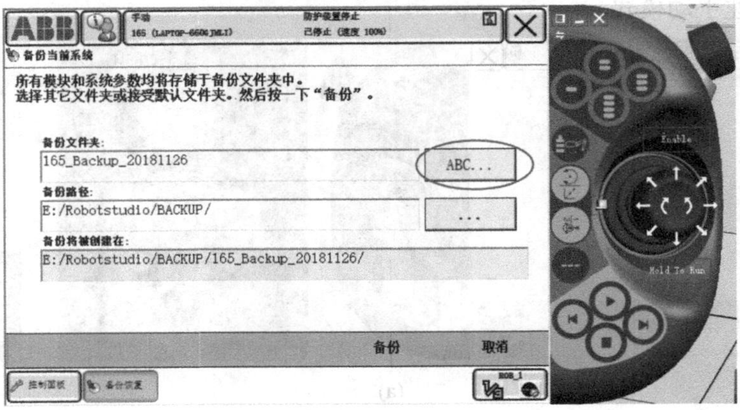

图 10.20　修改备份文件名称

单击 按钮，可进入新建文件夹窗口，单击 按钮，可返回上一级目录，备份文件夹名称和路径都可更改，如图 10.21 所示，但要注意不能出现中文。也可以选择默认文件夹，单击“备份”，完成备份系统任务。

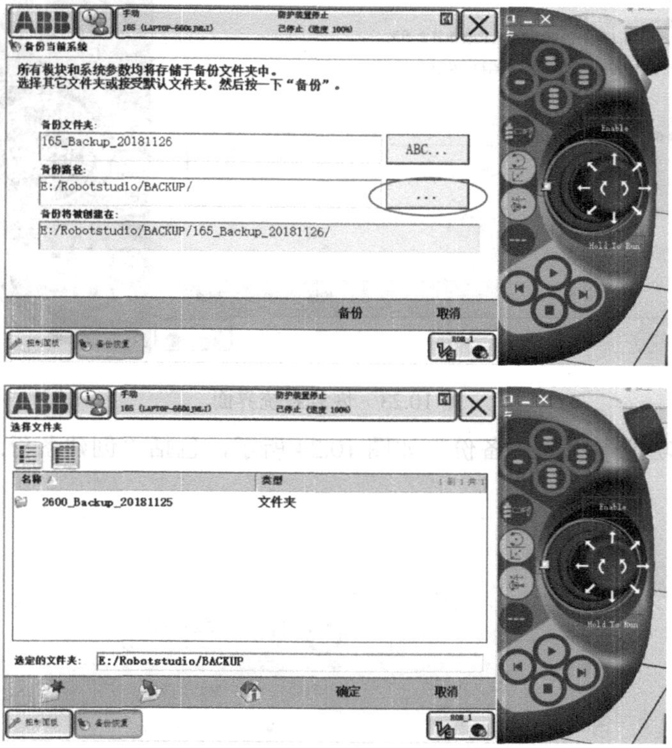

图 10.21　备份文件夹

10.3 恢复系统

从示教器上备份，单击“虚拟示教器”中的“备份与恢复”，选择“恢复系统...”，如图 10.22 所示。

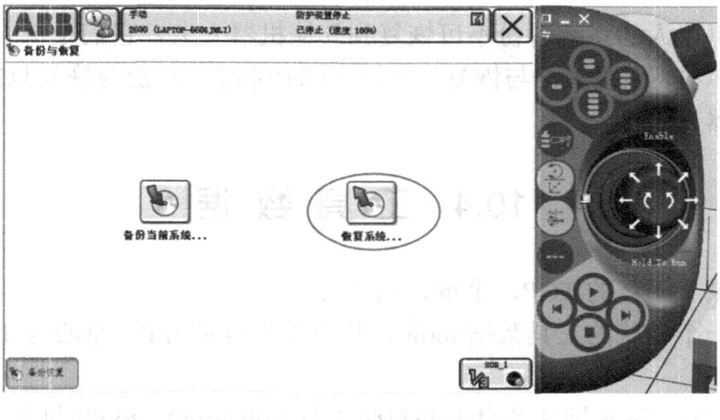

图 10.22　恢复系统

找到需要恢复的备份文件夹，如图 10.23 所示，单击“恢复”即可。

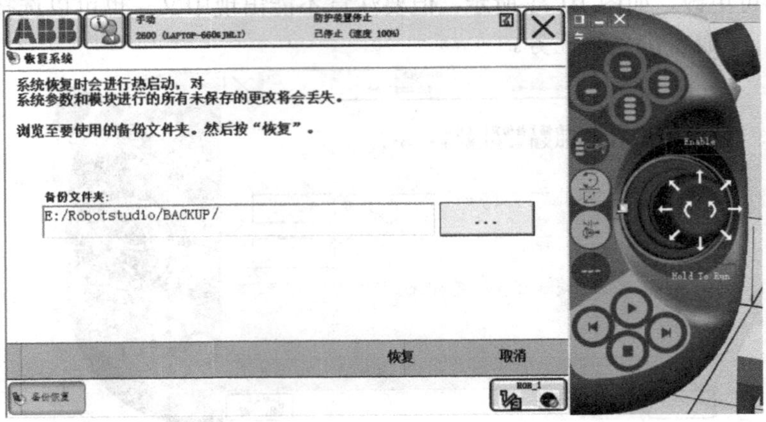

图 10.23　恢复系统界面

“控制器”功能卡中的“备份”如图 10.24 所示，包括“创建备份...”和“从备份中恢复...”。

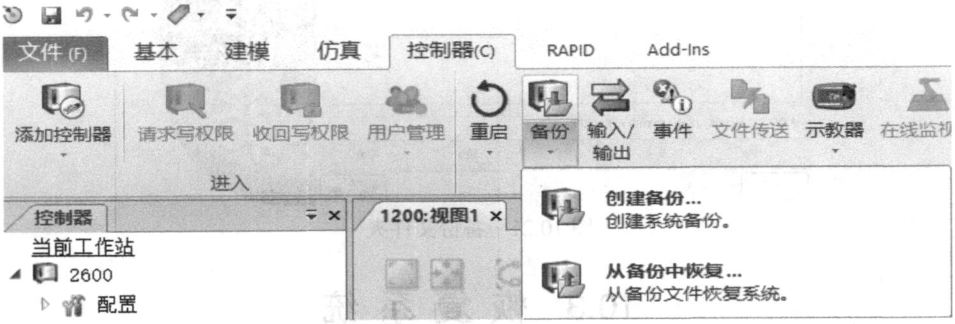

图 10.24　“控制器”中的“备份”

这里也可以备份和恢复系统。需要指出的是，在这些备份文件中都不能出现中文，否则会出现警告。

注意：一台机器人的系统备份不可恢复到其他机器人上，它们是一一对应的。真实的机器人只能使用示教器的“备份与恢复”。而使用“控制器”备份与恢复只能在软件中使用，不能用于真实机器人。

10.4　工 具 数 据

工具数据记录了工具的 TCP、重量、重心。

机器人自带一个默认的工具数据 tool0，其中工具重量为 0，重心与 TCP 位置都在第 6 轴法兰盘中心。

如图 10.25 所示，第 6 轴法兰盘中心自带工具数据 tool0，tool0 包含三个数据：重量、重心及 TCP 位置。

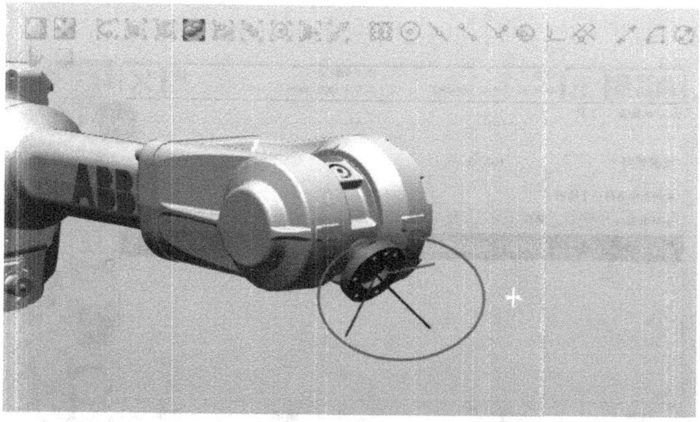

图 10.25 TCP 位置

定义工具的具体操作如下：

(1) 将示教器设置为手动模式，在示教器窗口单击“ABB”，出现如图 10.26 所示的界面，单击“手动操纵”。

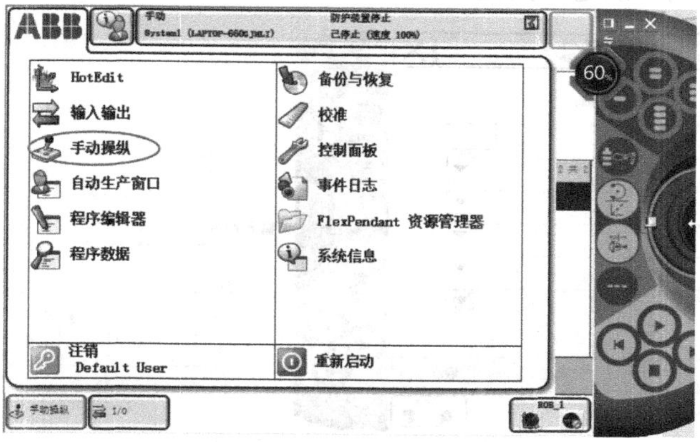

图 10.26 手动操纵选项

(2) 在如图 10.27 所示的窗口中单击“工具坐标”属性，将其中的动作模式改为“线性”。

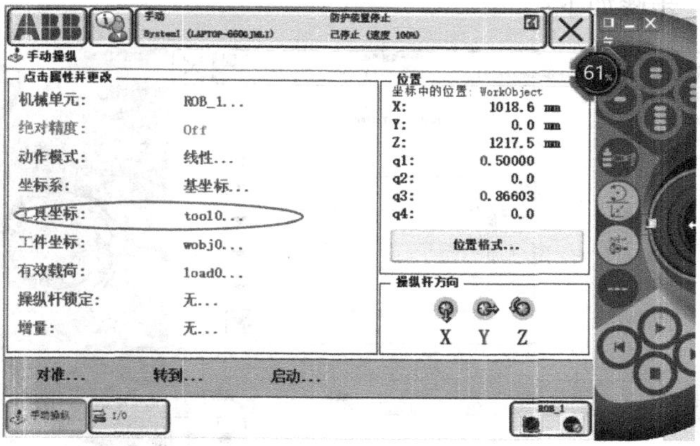

图 10.27 工具坐标属性修改

(3) 进入“工具坐标”窗口，会有一个默认的tool0，单击左下角的“新建...”，如图10.28所示。

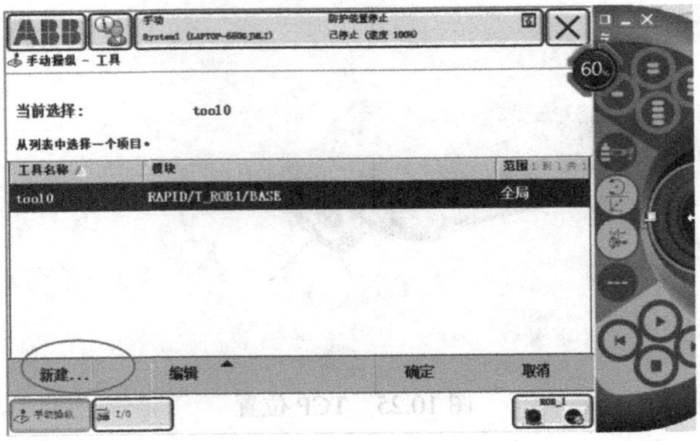

图10.28 工具坐标窗口

(4) 在弹出的新建数据tooldata中，可单击“名称”后的 ... ，修改工具名称，如图10.29所示，然后单击“确定”按钮。

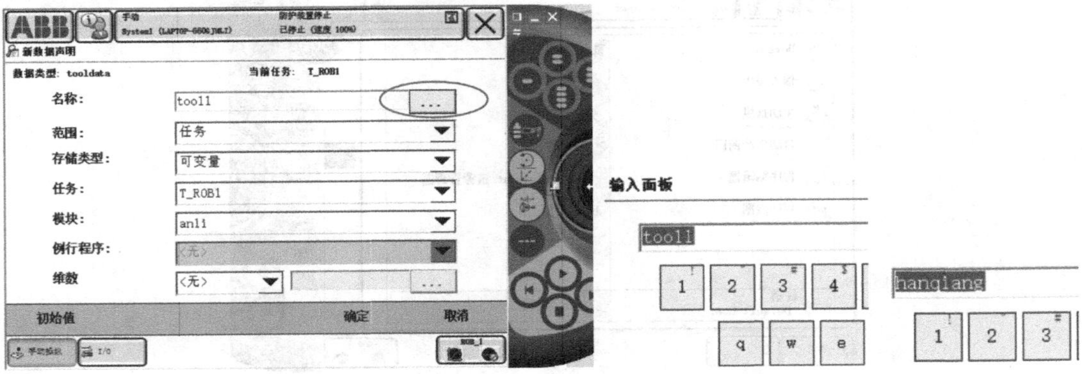

图10.29 修改工具名称

(5) 修改完名称后，在此窗口单击左下角的“初始值”，如图10.30所示，进入hanqiang工具数据设定窗口，步骤如下：

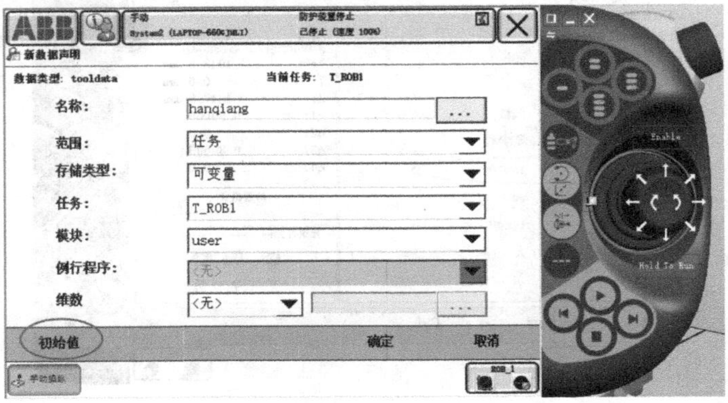

图10.30 工具数据窗口

① 设定初始值界面，如图 10.31 所示。

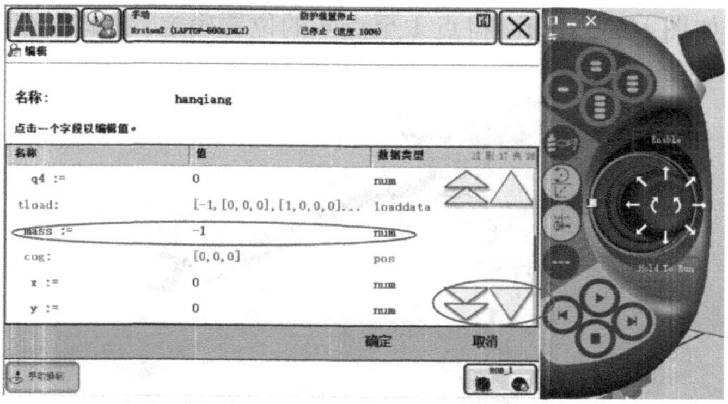

图 10.31　工具数据初始值界面

② 在此界面中按右下角的▽，找到 mass，输入焊枪的重量，例如 2 kg 就输入 2，然后单击“确定”；重心坐标为(−5，0，10)cm，那么在 mass 下面的 x、y、z 中分别输入−50、0、100，然后单击“确定”按钮。这时就把工具数据的两个要素确定了。下面确定焊枪的 TCP 位置。

③ 焊枪工具初始值数据确定完成后，返回到工具数据界面，选择焊枪工具行，在此界面单击“编辑”，在弹出的窗口中单击“定义...”，如图 10.32 所示。

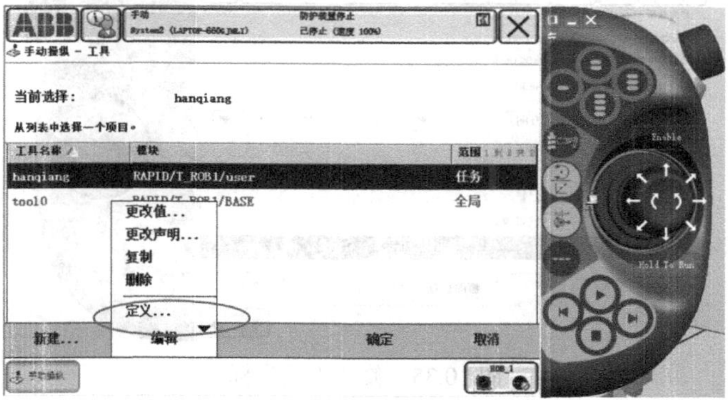

图 10.32　编辑工具坐标

④ 用 4 点法来确定焊枪的 TCP 位置，如图 10.33 所示，点 1 至点 4 的含义是通过枪头用 4 种不同的姿态去接触空间固定一点，来确定焊枪的 TCP 位置。

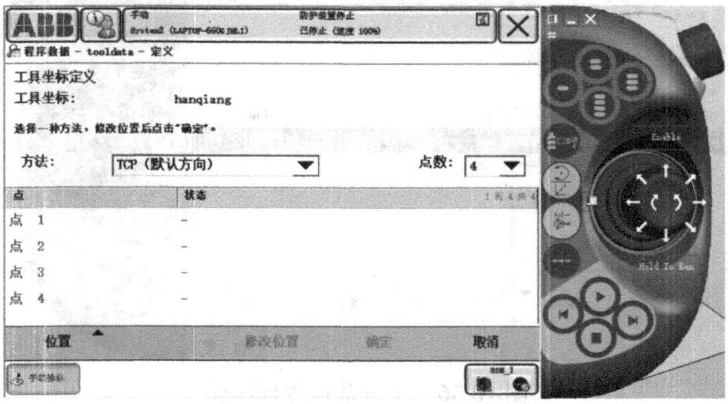

图 10.33　工具坐标的定义

⑤ 这 4 个点将焊枪枪头以 4 种不同姿态去接触圆锥体的顶点，如图 10.34 所示，然后单击“修改位置”，如图 10.35 所示，将点 1 至点 4 的位置确定，将其保存，则 TCP_hanqiang 确定完成。

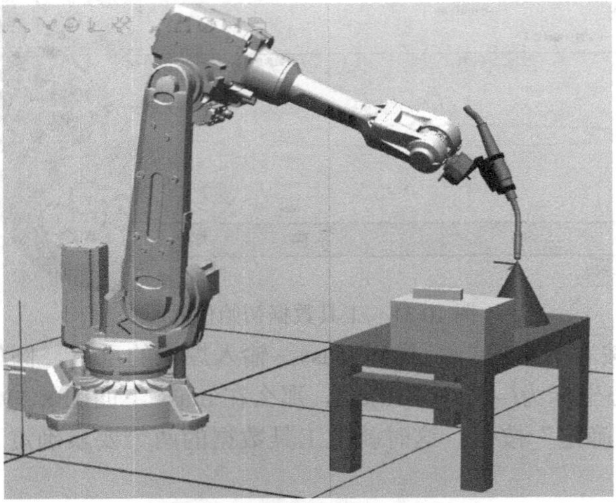

图 10.34　焊枪接触圆锥体的顶点

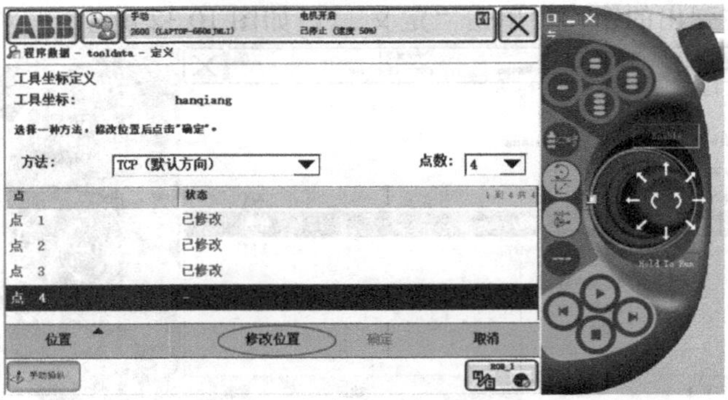

图 10.35　修改工具坐标

⑥ 在工具界面，单击“编辑”中的“更改值...”，如图 10.36 所示，将工具 hanqiang 的工具数据界面打开。

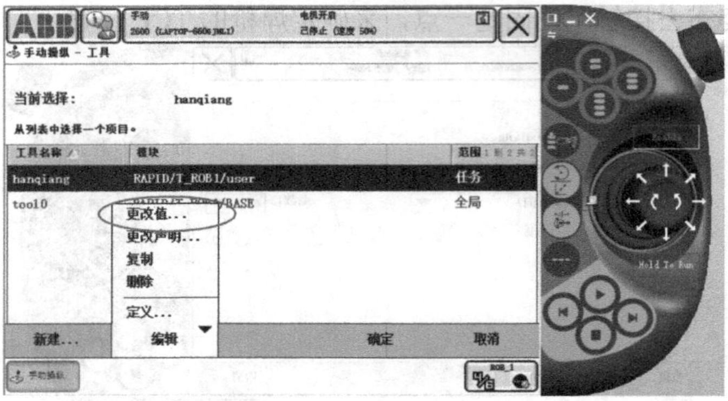

图 10.36　工具数据界面编辑

此时界面里所有参数都有数值，hanqiang 的三个 tooldata 数据，即重量、重心及 TCP 位置都已确定完成，如图 10.37 所示。

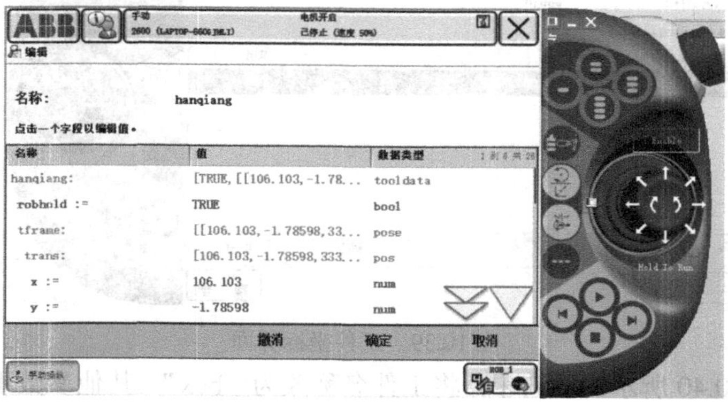

图 10.37　工具数据

10.5　工件坐标系

机器人的运动其实是 TCP 点的运动，其运动轨迹是相对于工件坐标系 wobjdata 而言的，即工具 TCP 做的运动轨迹都是基于工件坐标的。

可以通过选择坐标轴上的点来创建框架，RobotStuio 能自动计算出框架原点的位置和方向。

具体操作如下：

(1) 将示教器调至手动模式，进入“手动操纵”界面，如图 10.38 所示，其中，动作模式改为“线性”，坐标系改为“大地坐标系”，工具坐标用上节创建的“hanqiang”。

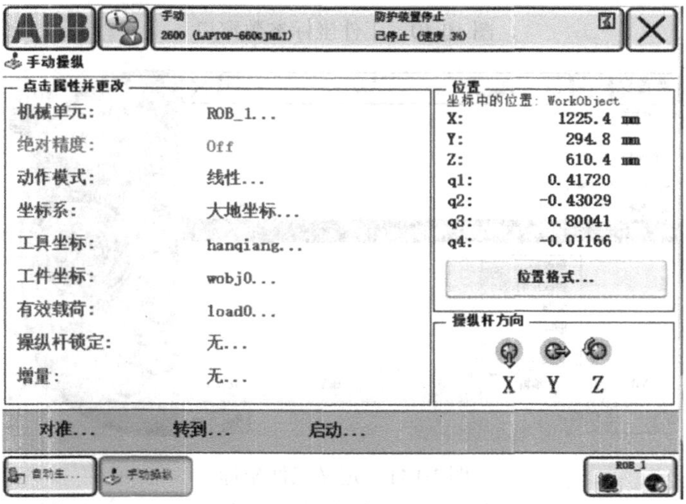

图 10.38　手动操作界面的参数设置

(2) 单击工件坐标，弹出如图 10.39 所示的窗口，单击“新建...”按钮。

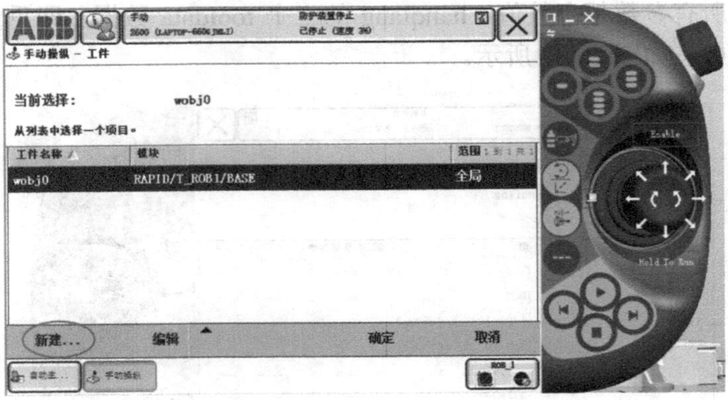

图 10.39　工件坐标界面

(3) 在如图 10.40 所示的窗口中，将工件名称改为“box”，其他参数不用修改，然后单击“确定”按钮。回到工件坐标界面，选中“box”一栏，单击编辑栏中的“定义...”，如图 10.41 所示。

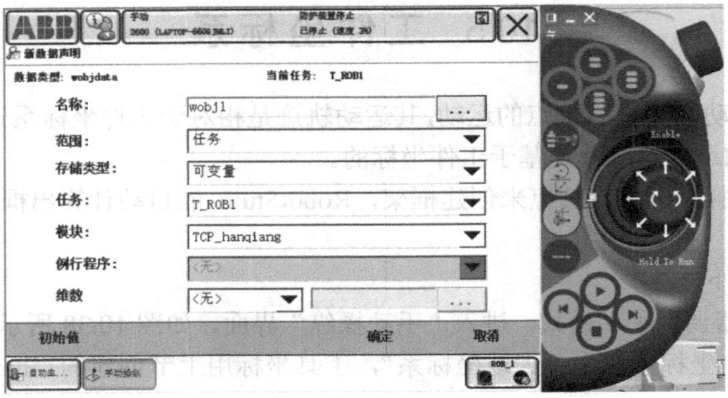

图 10.40　工件坐标参数窗口

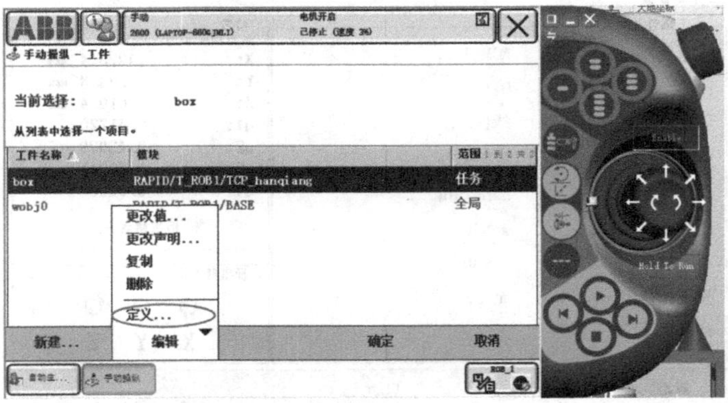

图 10.41　定义工件坐标

(4) 在“box”工具坐标界面的“用户方法”中选择“3 点”，如图 10.42 所示。

工件坐标的设定方法为三点法：X1 确定原点；X2 确定 X 轴的正方向；Y1 确定 Y 轴的正方向。

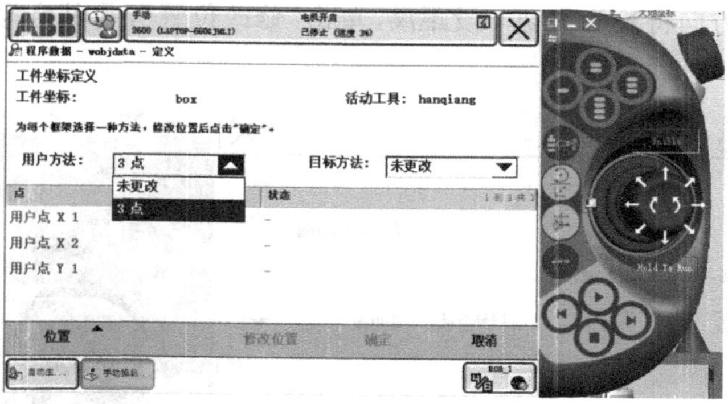

图 10.42　定义工件坐标界面

(5) 右键在视图中空白处单击，弹出查看视图窗口，选择“方向”中的“正面”，如图 10.43 所示，可正对机器人方向来操纵和观察其运动。

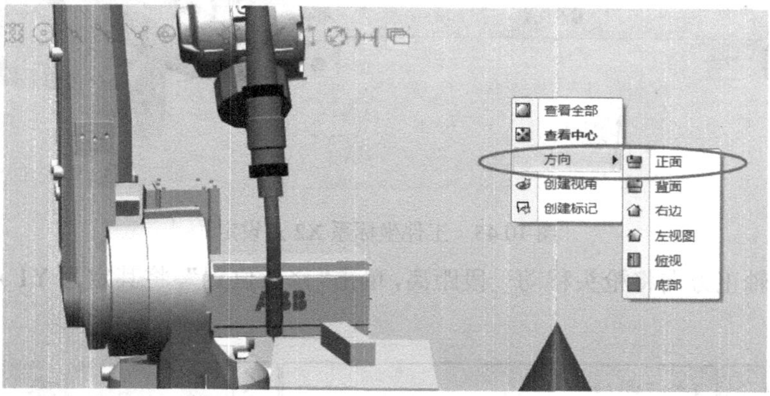

图 10.43　查看视图窗口

(6) 将焊枪枪头接触 box 的左上角，将 box 工件坐标系界面的“用户点 X1”选中并单击“修改位置”将其定为 X1 并作为原点，如图 10.44 所示，按图中标识的坐标系方向进行 X2、Y1 的设定。

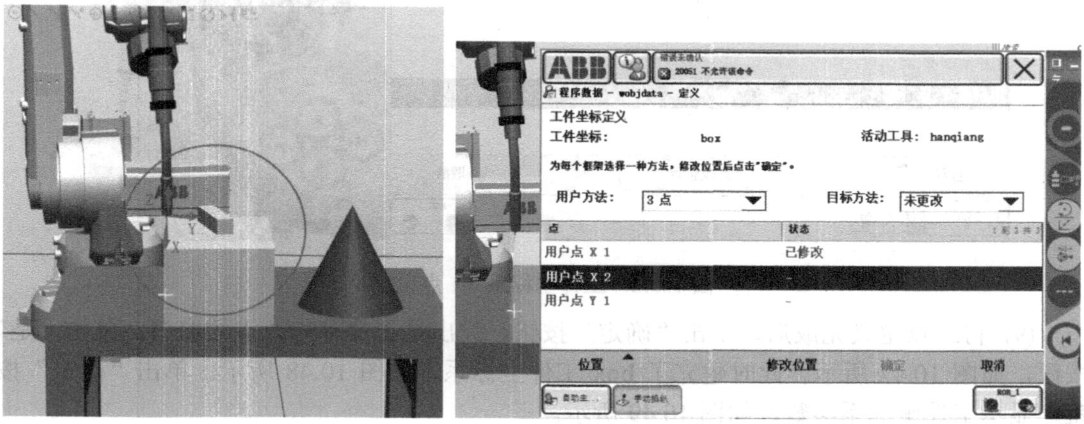

图 10.44　工件坐标系 X1 点设定

(7) 沿 X 轴正方向将枪头移动一段距离，单击“修改位置”，将其定为 X2 点，如图 10.45 所示。

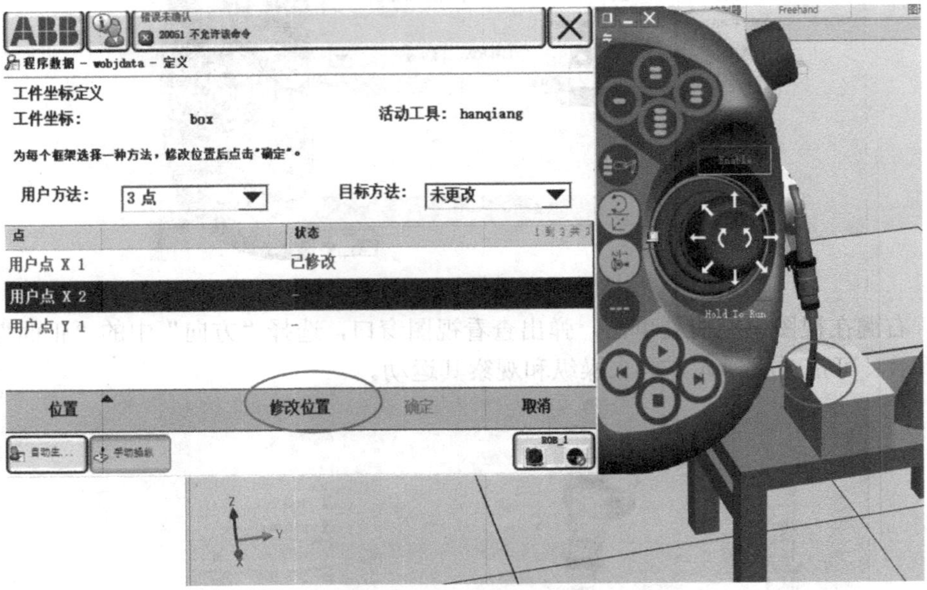

图 10.45　工件坐标系 X2 点设定

(8) 沿 Y 轴正方向将枪头移动一段距离，单击“修改位置”，将其定为 Y1 点，如图 10.46 所示。

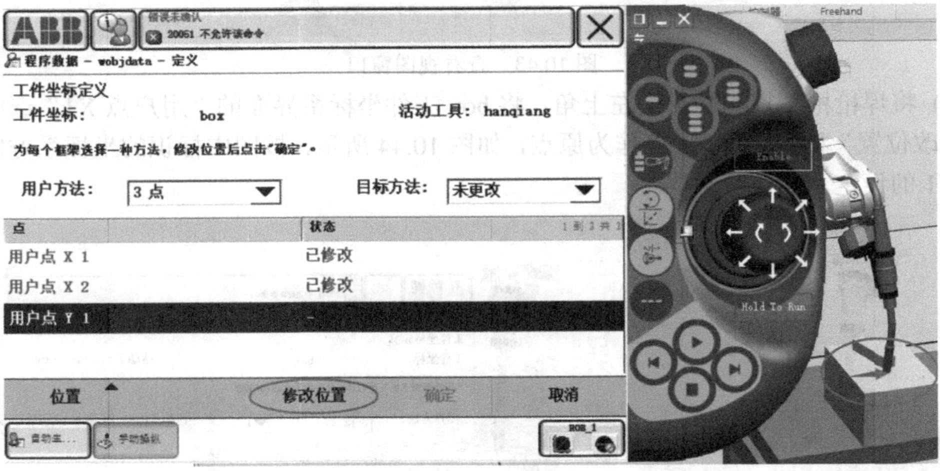

图 10.46　工件坐标系 Y1 点设定

(9) 将三点定义完成后，单击“确定”按钮。弹出是否保存修改点的窗口，单击“是”按钮，如图 10.47 所示。此时建立了 box 工件坐标系，如图 10.48 所示。单击“确定”按钮，显示工件坐标系参数，如图 10.49 所示。

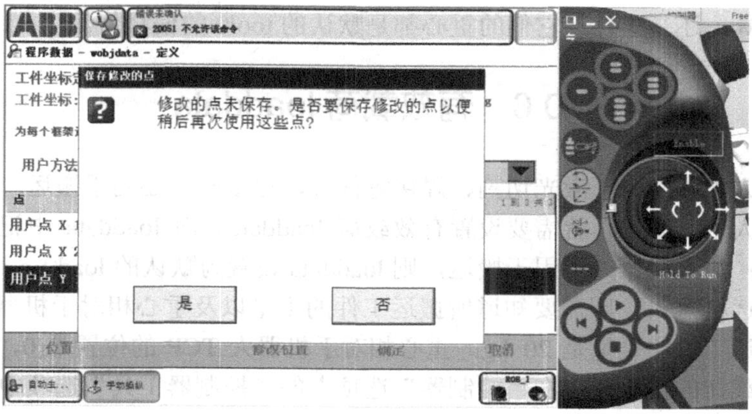

图 10.47　保存修改点窗口

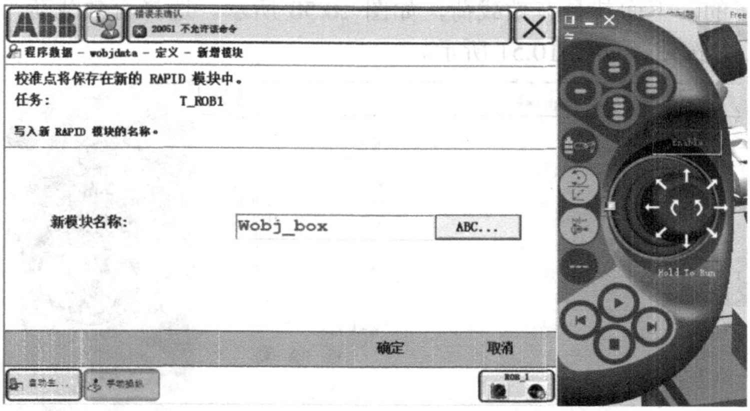

图 10.48　建立 box 工件坐标系

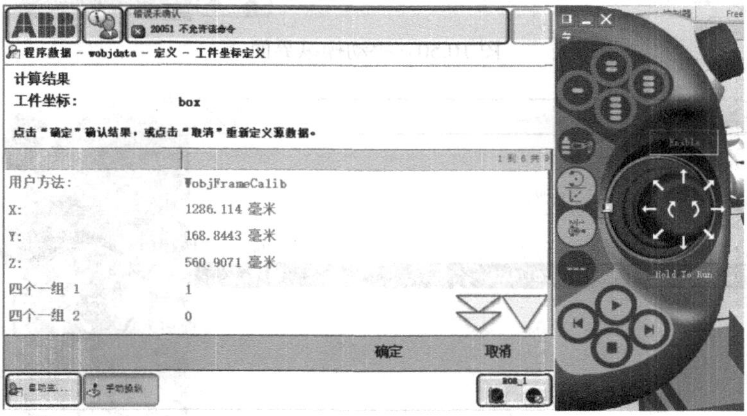

图 10.49　工件坐标系参数

值得注意的是：定义的三点应该始终与工件表面是平行的关系，这样才能保证工具的 TCP 坐标系与工件表面是平行的关系，在工具运行时不会与工件干涉。同时，当工件位置改变，而机器人运动轨迹不变时，只需要新建一个工件坐标，即可将机器人的运动轨迹整体搬迁到新的工件坐标系中。

不管是工具，还是工件，它们的重心都是默认的 tool0 的偏移值。

10.6　有效载荷 loaddata

工业机器人除被应用于激光切割、焊接等任务，更多时候还用于搬运。

如果机器人用于搬运，就需要设置有效载荷 loaddata。而 loaddata 中记录了所搬重物的重量及重心；如果机器人不用于搬运，则 loaddata 设置为默认的 load0。

如果是搬运机器人，则需要知道所搬运工件的重量以及重心相对于机器人 TCP 的位置。例如，搬运工件的重量是 20 kg，重心相对于机器人 TCP 的位置是(0，0，300)mm，那么设置有效载荷的步骤为：在“控制器”选项卡的“控制器工具”选项中选择“虚拟示教器”，单击“ABB”，选择“手动操纵”，里面有工具坐标、工件坐标，这两个参数是之前已经定义好了的，下面就是有效载荷，如图 10.50 所示。选择有效载荷，在弹出的界面中单击“新建...”按钮，如图 10.51 所示。

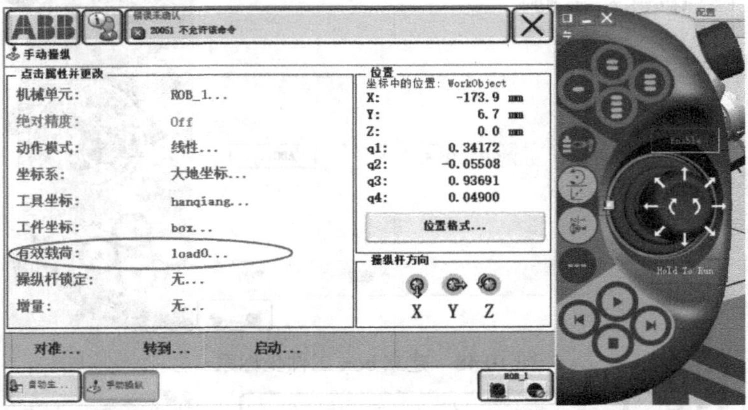

图 10.50　手动操纵界面

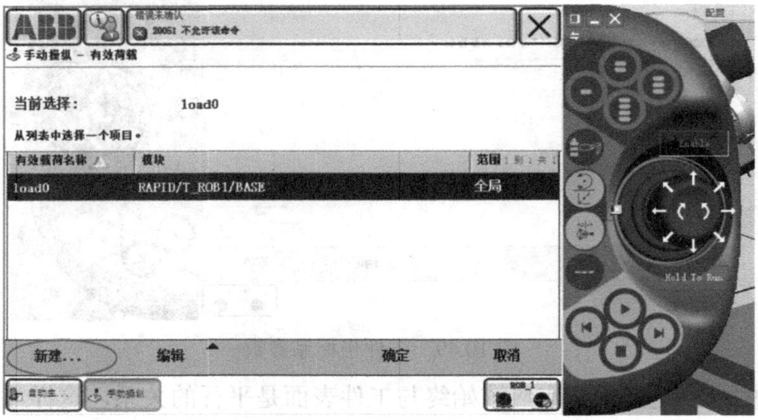

图 10.51　有效载荷界面

在新建的 loaddata 中输入修改的名称，单击“确定”按钮，如图 10.52 所示。

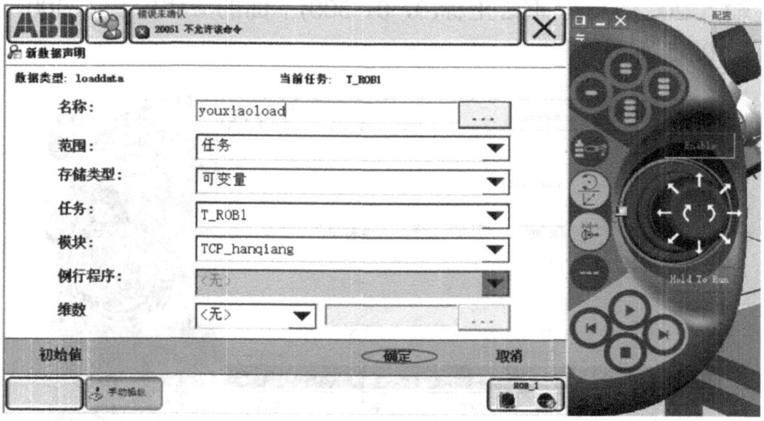

图 10.52　定义有效载荷

在有效载荷界面中选中刚修改的载荷名称，单击编辑中的“更改值...”，如图 10.53 所示。

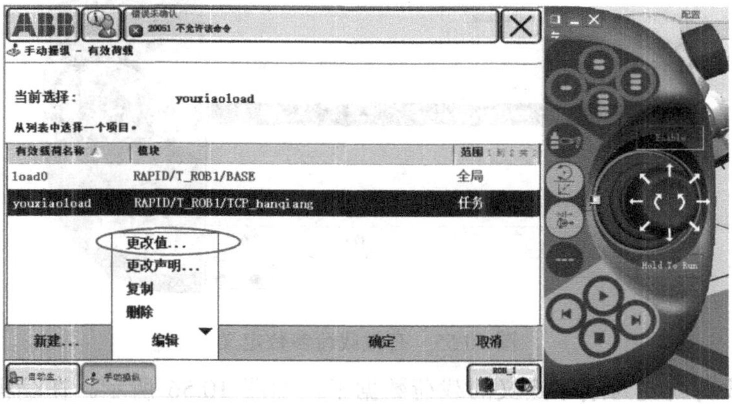

图 10.53　编辑有效载荷

找到 mass 和重心 cog 项目，如图 10.54 所示。

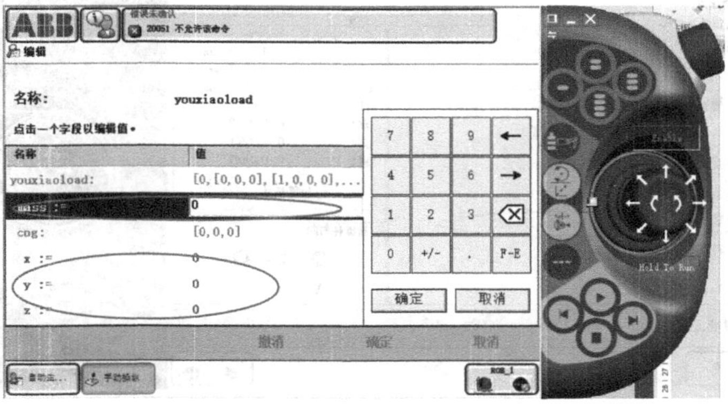

图 10.54　有效载荷参数

在 mass 栏输入 20，在 cog 重心坐标(0，0，300)下面的 z 栏中输入 300，然后单击“确定”按钮，如图 10.55 所示。

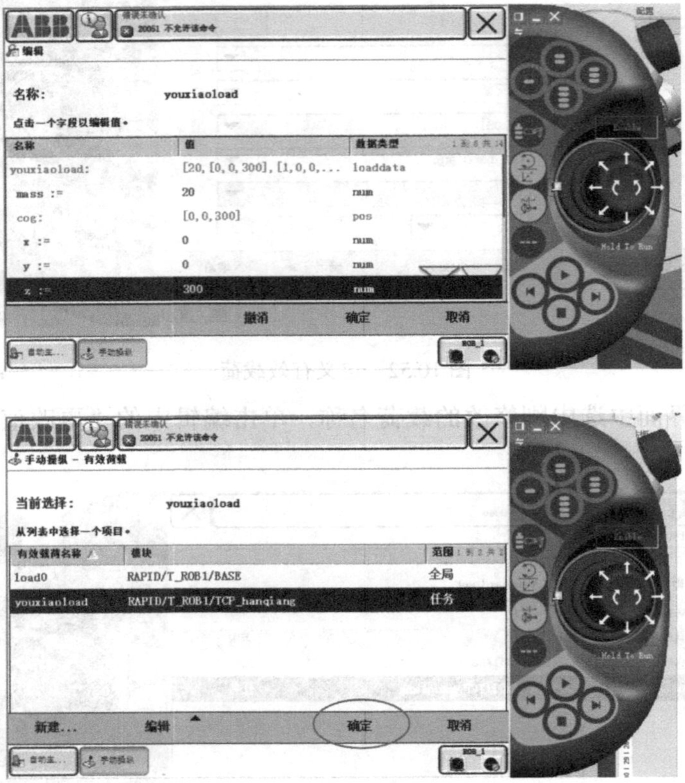

图 10.55　有效载荷参数定义

此时有效载荷就变为刚才定义的载荷数据了，如图 10.56 所示。在编程时只要将对应工具设置为对应的有效载荷就可以了。

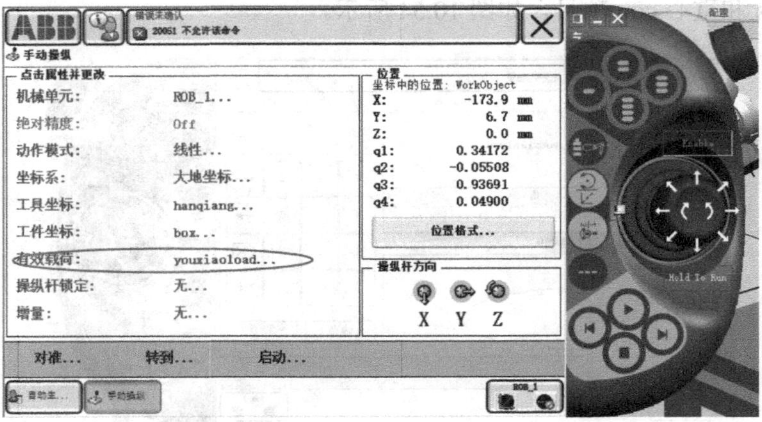

图 10.56　新建的有效载荷

如果机器人不用于搬运，则 loaddata 设置为默认的 load0。例如，焊枪不用于搬运，那么它对应的有效载荷就选择系统中的 load0，如图 10.57 所示。

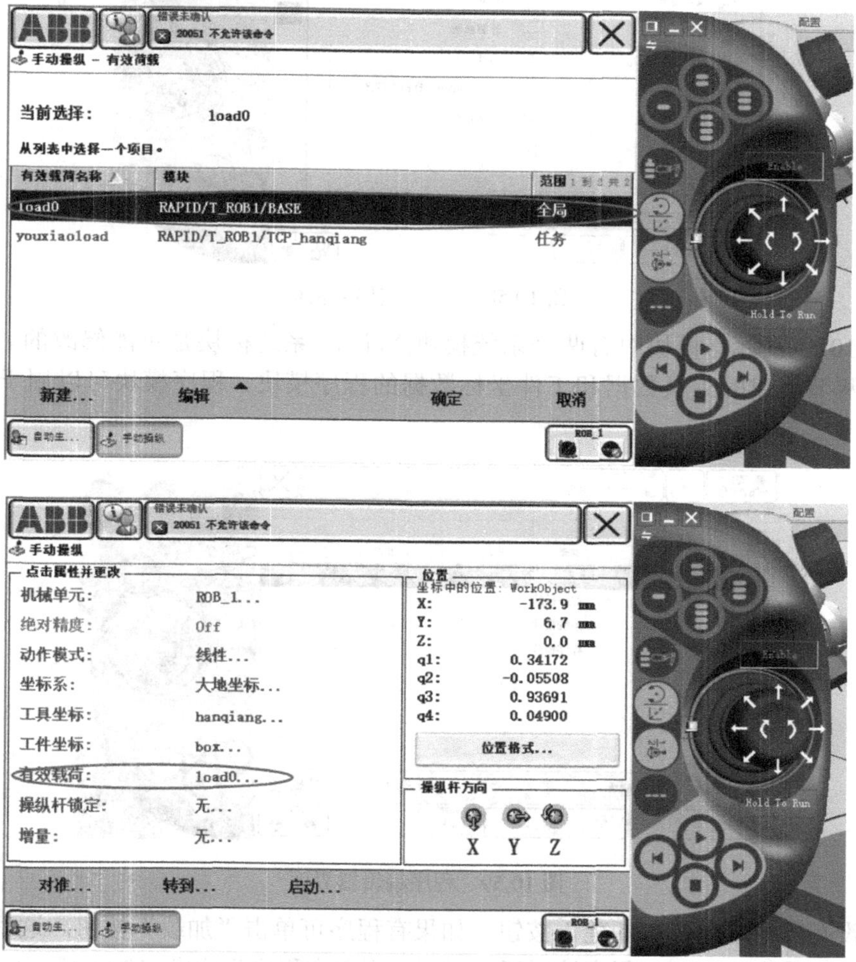

图 10.57　系统有效载荷

10.7　RobotStudio 编程

RobotStudio 编程的一般步骤为：搭建工作站→设置好 3 个重要程序数据(工具数据、工件坐标、有效载荷)→编程。

ABB 机器人编程所用的语言叫 RAPID 语言，它是一种高级语言，语法和结构与 C 语言类似，都是采用将复杂问题拆分成单个简单问题，对每个简单问题加以解决的编程思想。

将示教器设置为手动模式，在示教器窗口单击“ABB”，出现如图 10.58 所示的界面，单击“程序编辑器”。

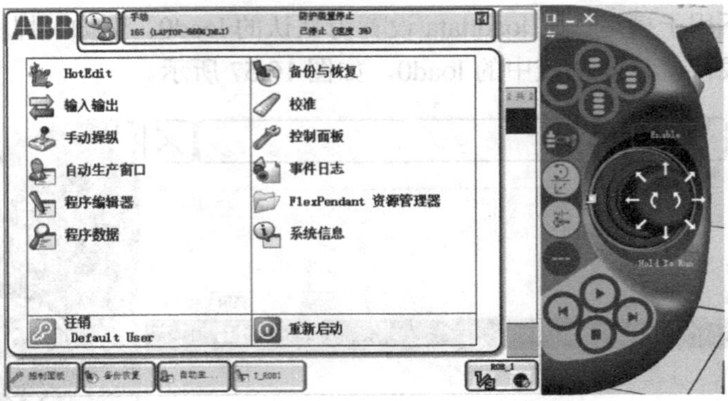

图 10.58　虚拟示教器界面

如图 10.59 所示，模块中有两个系统模块(默认)，系统模块是不能修改的。同时还有两个前面两节创建的工具数据和工件坐标数据的程序模块。程序模块可以用于对程序进行分类。

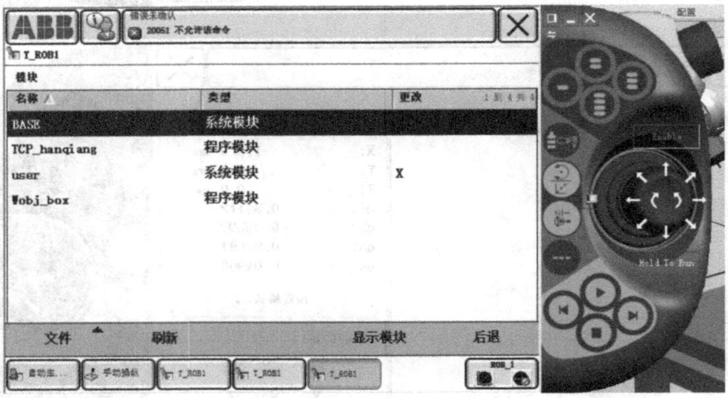

图 10.59　程序编辑器界面

如果没有程序就单击“新建”按钮，如果有程序可单击“加载”按钮。这里新建程序模块的主要步骤为：ABB→程序编辑器→提示“不存在程序”(如图 10.60 所示)→取消，这

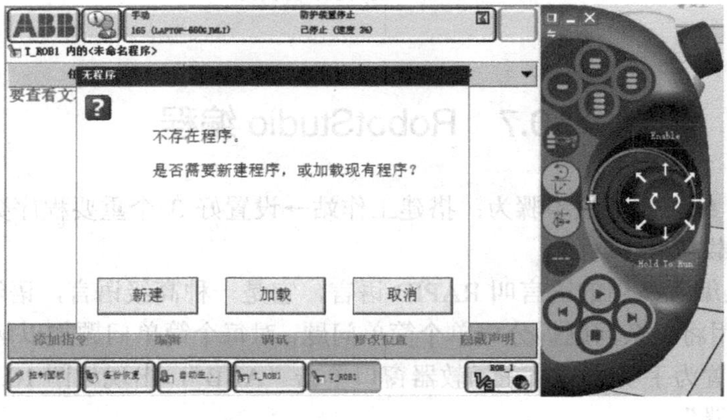

图 10.60　新建程序模块弹出窗口

时窗口出现两个系统模块，切记不可删除。单击“文件→新建模块”→提示“丢失指针”→单击“是”按钮，如图 10.61 所示。然后输入模块名称，如图 10.62 所示，类型为“Program”，单击“确定”按钮。

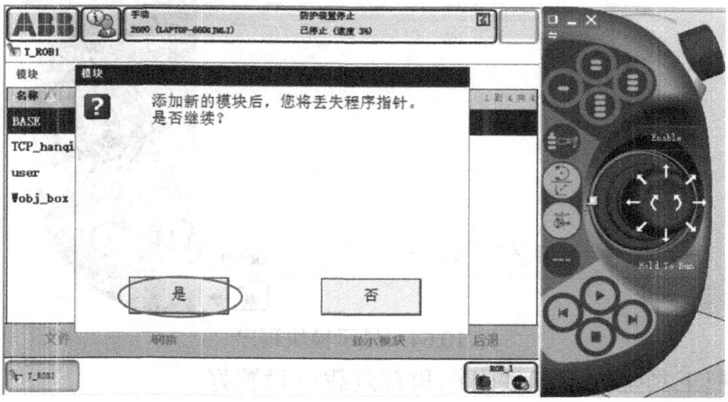

图 10.61　程序模块弹出窗口

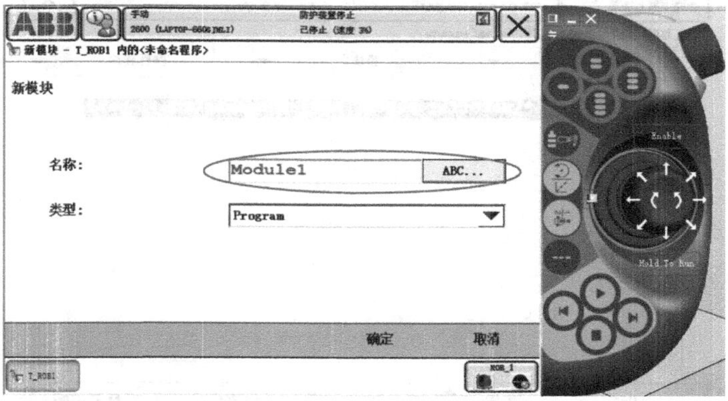

图 10.62　修改模块名称

例如：修改模块名称为“exam”，单击“确定”按钮，即建立 exam 模块，如图 10.63 所示。

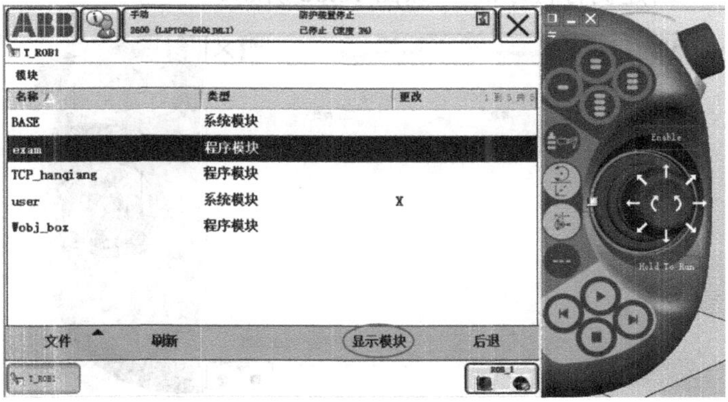

图 10.63　创建新程序模块

选择 exam 程序模块，单击“显示模块”。在显示模块界面单击“例行程序”，可以新建程序，如图 10.64 所示。

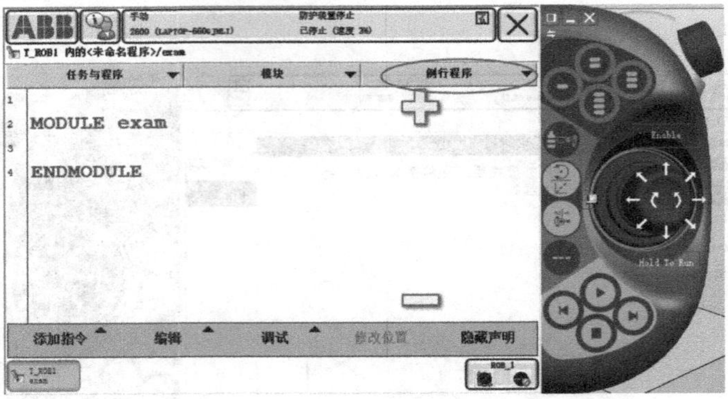

图 10.64　显示模块程序

编程前需要把工具坐标、工件坐标和有效载荷设置好。

一个程序由程序名、程序指令和程序数据组成，如图 10.65 所示。

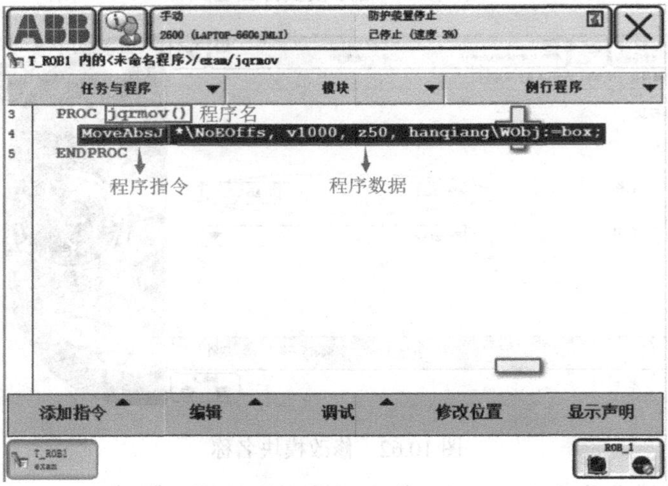

图 10.65　程序组成

单击文件中的“新建例行程序...”，如图 10.66 所示。

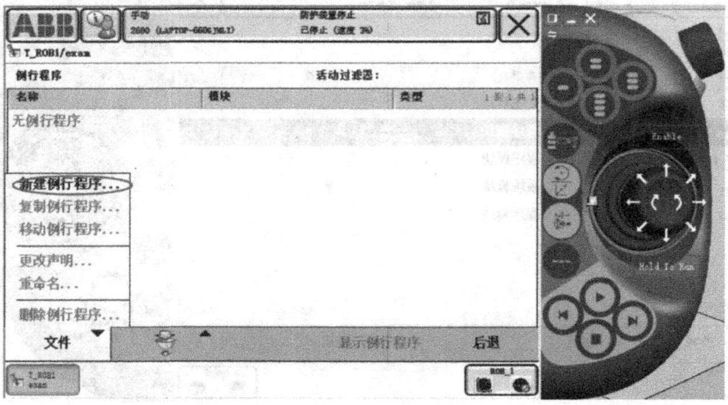

图 10.66　新建例行程序

可在名称框修改程序名，模块框选择所属模块名称，如图 10.67 所示，单击“确定”按钮。

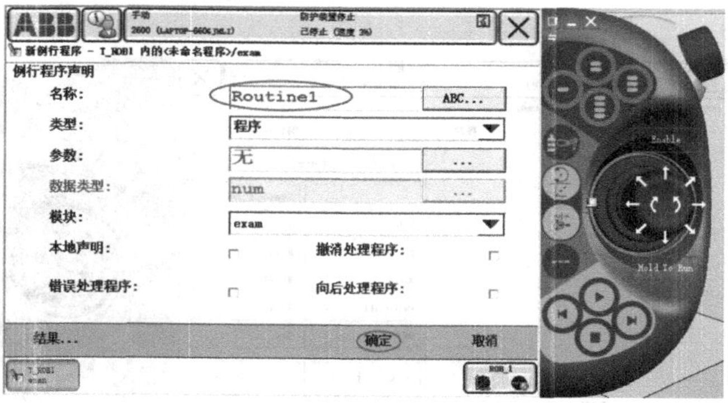

图 10.67　修改程序名称

选中所建的程序，单击“显示例行程序”，如图 10.68 所示。

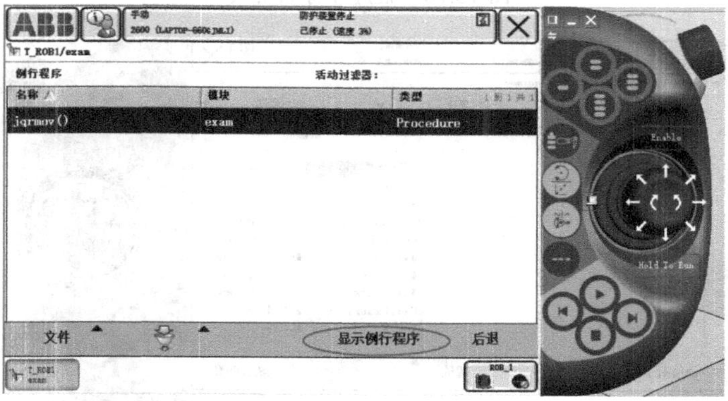

图 10.68　显示程序

此时为所建程序的程序行，如图 10.69 所示，目前为空的语句，需要添加指令。界面中的 用于对字体的放大和缩小。

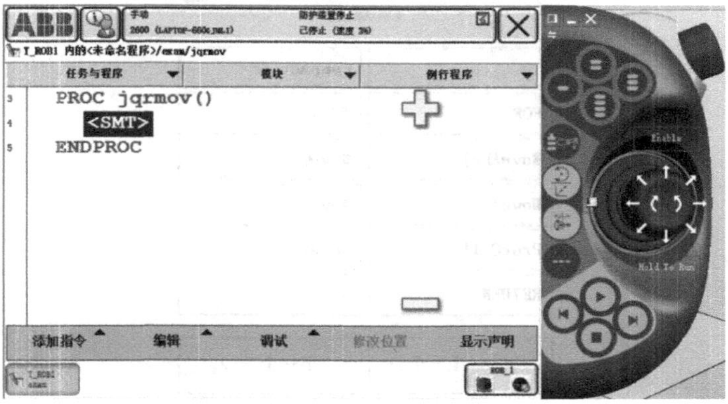

图 10.69 新建程序

单击左下角的“添加指令”，如图 10.70 所示，显示“Common”的指令列表，单击“Common”右上角的三角符号，显示所有类型的名称，可以选择类型，进入指令列表，如图 10.71 所示。

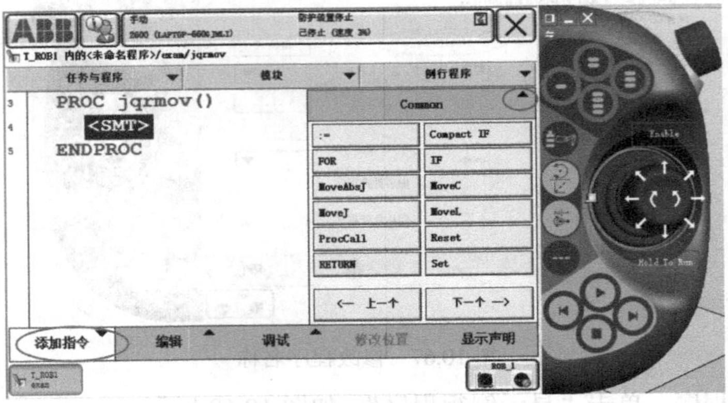

图 10.70　程序中添加指令

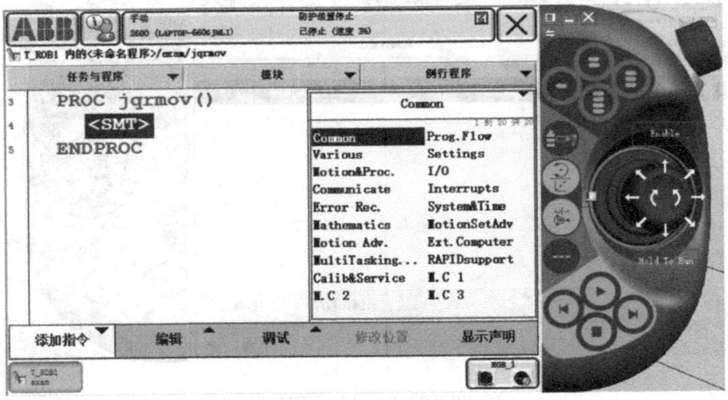

图 10.71　Common 指令列表

“Common”中包含很多常用的指令，如“FOR”“MoveJ”等，如图 10.72 所示。

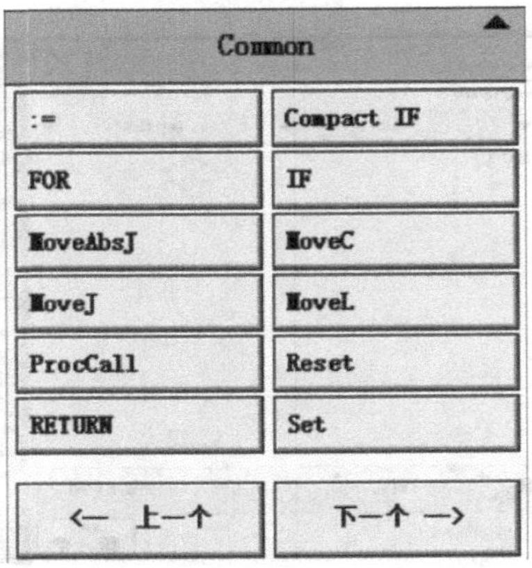

图 10.72　Common 常用指令

“Motion&Proc.”中包含很多运动指令，如“MoveAbsJ”“MoveJ”等，如图 10.73 所示。

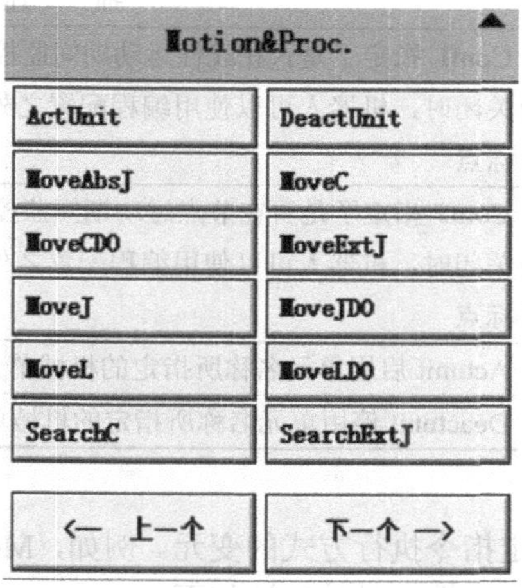

图 10.73　Motion & Proc 指令列表

可以单击类型按钮，了解其下所包含的指令。

10.8　RAPID 指令

RAPID 指令包括运动指令和动作指令。对于 RAPID 编程而言，RobotStudio 的主要优势在于动作编程。运动指令是使机器人以指定的方式移动至指定目标点的一种指令。

1. 创建运动指令

通过 RobotStudio，可以用表 10.2 所示的三种方法创建运动指令。

表 10.2　创建运动指令的方法

方　法	描　述
根据现有目标点创建运动指令	根据 Paths&Targets(路径和目标点)浏览器中选择的一个或多个目标点来创建运动指令
创建运动指令和相应的目标点	立即创建运动指令和相应的目标点。目标点的位置可从图形窗口选择，也可以数字形式键入
示教运动指令	在机器人的当前位置调整运动指令，创建一个运动指令和一个相应的目标点。调整运动指令也可把当前位置和目标点存储在一起

2. 创建操作指令

除运动指令外，还可以在 RobotStudio 软件中创建并插入操作指令。操作指令与运动指令不同，比如，操作指令可以设置参数，激活或禁用设备和功能。RobotStudio 软件中可用的操作指令限于那些影响机器人运动的常用指令。要在程序中插入其他操作指令或其他类型的 RAPID 代码，需使用 RAPID 编辑器。

可在 RobotStudio 软件中创建的动作指令如表 10.3 所示。

表 10.3 RobotStudio 软件中的动作指令

动作指令	描　述
ConfL 开/关	ConfL 指定了是否在线性运动期间监控机器人的配置。将 ConfL 设置为关闭时，机器人可以使用编程配置之外的配置在执行程序期间移动到目标点
ConfJ 开/关	ConfJ 指定了是否在节点运动期间监控机器人的配置。将 ConfJ 设置为关闭时，机器人可以使用编程配置之外的配置在执行程序期间移动到目标点
Actunit 单元名称	Actunit 启用单元名称所指定的机械单元
DeactUnit 单元名称	Deactunit 停用单元名称所指定的机械单元

3. 修改指令

大多数指令都有用于指定指令执行方式的变元。例如，MoveL 指令的变元用于指定机器人移动至目标点的速度和准确性。具体方法如下：

(1) 在路径和目标点浏览器中，选择想要修改的指令。如果想要将同样的属性应用至多个指令，可按住 Ctrl 同时选中多个指令。

(2) 单击修改指令以打开对话框。

(3) 若要修改移动指令，可在动作类型列表中选择 Linear 或 Joint。

(4) 在指令参数组内修改指令值。

(5) 完成修改后单击“应用”。

运用快捷菜单，无需打开编辑指令窗口，就能修改常见运动指令参数，如速度、区域和工具等。右击任一移动指令，选择修改指令(Modify Instruction)，以访问速度 (Speed)、区域(Zone)或工具(Tool)，如表 10.4 所示。

表 10.4 RobotStudio 软件中的运动指令参数

若要设置	请使用
要立即执行的后续指令	\Conc
指令目标点的目的地目标点	ToPoint
工具中心点、工具重定位和外轴的速度	Speed
指令中直接以毫米/秒表示的 TCP 速率(它将替代相应的速度数据)	\V
机器人移动的总秒数(它将替代相应的速度数据)	\T
所产生的转角路径的尺寸	Zone
指令内机器人 TCP 位置的准确性(路径的长度将替代区域数据内指定的相应区域)	\Z
移动所使用的工具(此工具的 TCP 将定位于目的地目标点)	\Tool
指令中机器人位置所属的工件坐标	\Wobj

4. 转换为圆弧运动

要创建指令目标点的圆弧运动，则必须把动作类型转换为圆弧运动(即 RAPID 内的 MoveC)。圆弧运动通过两条指令定义，第一个动作指令是中途点，第二个动作指令包含圆弧运动的终点。循环动作仅能用于开口圆弧，而不能用于闭合圆。如要创建封闭圆的路径，需使用两个循环动作。

5. 创建控制 I/O 信号的 RAPID 指令

要控制机器人程序中的 I/O 信号，可以使用设置这些信号的 RAPID 命令。但前提是先为设置信号的指令创建指令模板。要添加设置 I/O 信号的 RAPID 指令，请执行以下步骤：

(1) 将想要添加指令的系统同步至虚拟控制器。

(2) 在编程模式下，选择要编辑的模块并右键单击，然后单击编辑程序。

(3) 在 RAPID 编辑器中，添加用于设置信号的指令。

(4) 添加完指令之后，重新使虚拟控制器中的任务和路径与工作站同步。

6. 使用设置 I/O 信号的交叉连接和组

要控制机器人程序中的 I/O 信号，也可以创建交叉连接和信号组，以便可以通过一个信号设置其他多个信号的值。要使一个信号可以设置多个其他信号，请执行以下步骤：

(1) 申请写访问权限，并在配置编辑器中打开配置主题的 I/O，为要创建的交叉连接和组添加配置实例。

(2) 创建指令说明时，由于可用指令类型从系统读取，因此虚拟控制器必须处于运行状态。可以导入和导出四个层级的模板：任务、运动指令说明、操作指令说明和过程定义。用于导入和导出模板文件的默认目录是 MyDocuments/RobotStudio。一旦选择其他目录，这个新目录便会变为默认目录。默认文件格式为.xml。执行验证过程时，可以检查重复名称、不完整的过程定义和虚拟控制器等同性。导入模板文件或重命名或删除节点之后，将会自动执行该过程。

10.9　绝对位置运动指令 MoveAbsJ

绝对位置运动指令 MoveAbsJ 的应用：机器人以单轴运行的方式运动至目标点，运动状态是完全不可控的，应避免在正常生产中使用此指令。此指令常用于机器人零点位置的检查，指令中的工具 TCP 与工件坐标只与运行速度有关，与位置无关。该指令直接指定六个轴的角度控制机器人的运动，常用于使机器人六个轴回到机械零点的位置。指令格式如图 10.74 所示。

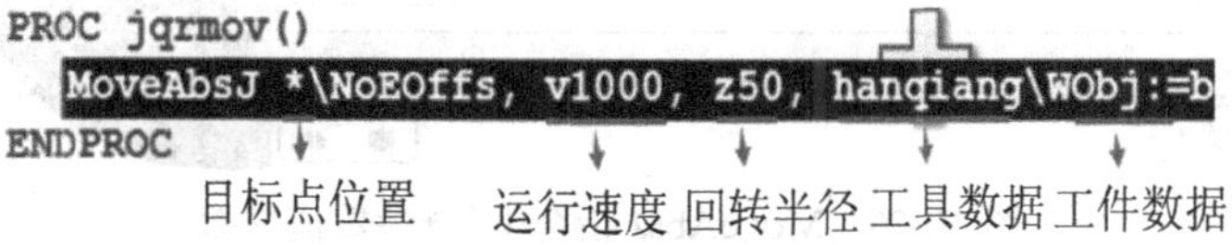

图 10.74　MoveAbsJ 指令格式

编写机器人六个轴回到机械零点位置的程序，具体步骤如下：

选中如图 10.75 所示程序中的“*”，单击调试中的“查看值”。将其中的“rax_1”～“rax_6”全部设定为 0，如图 10.76 所示，单击“确定”。

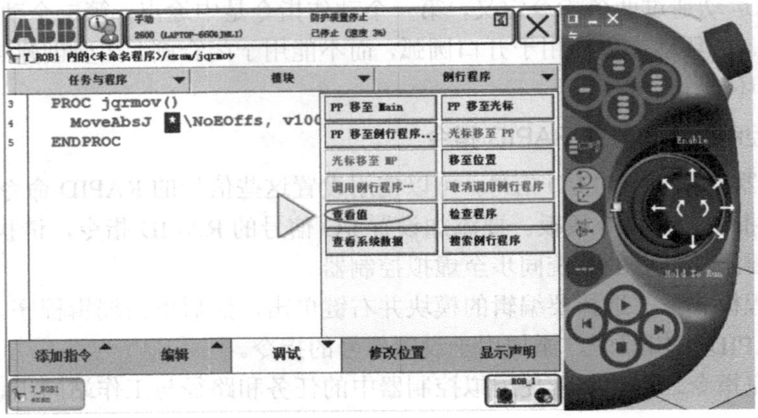

图 10.75　MoveAbsJ 指令中的“*”

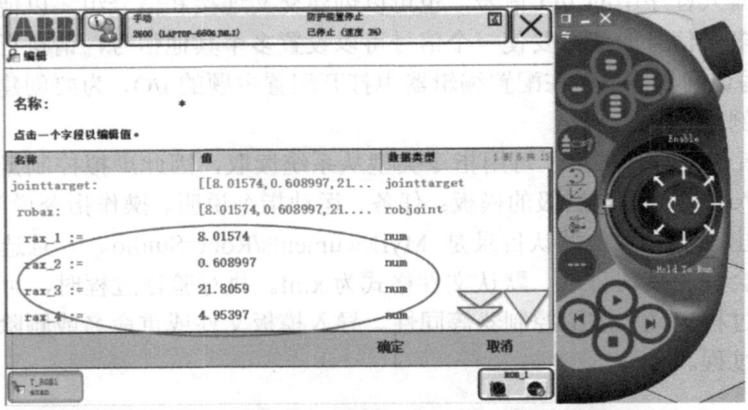

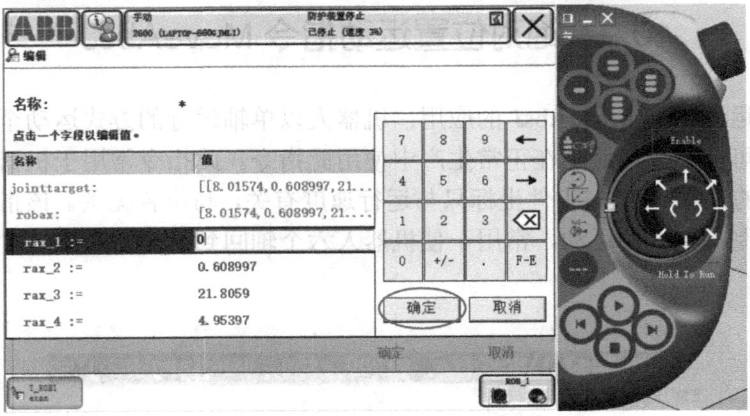

图 10.76　MoveAbsJ 指令中的*参数值修改

单击“PP 移至例行程序”，然后单击“确定”按钮，如图 10.77 所示。

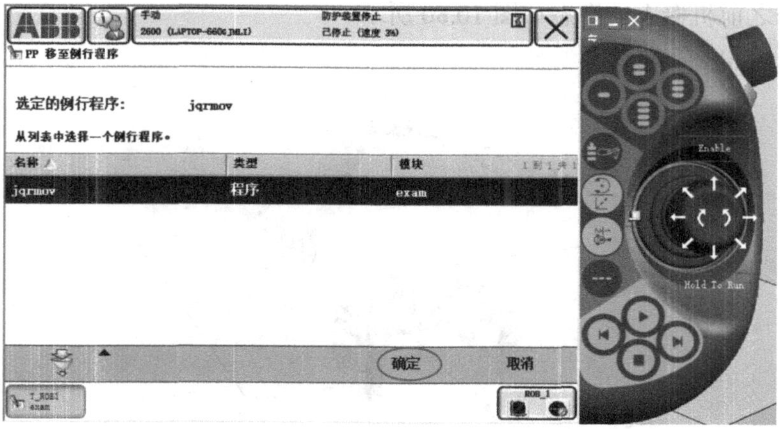

图 10.77　返回例行程序

左边出现光标，将其移至当前要执行的程序段，如图 10.78 所示。

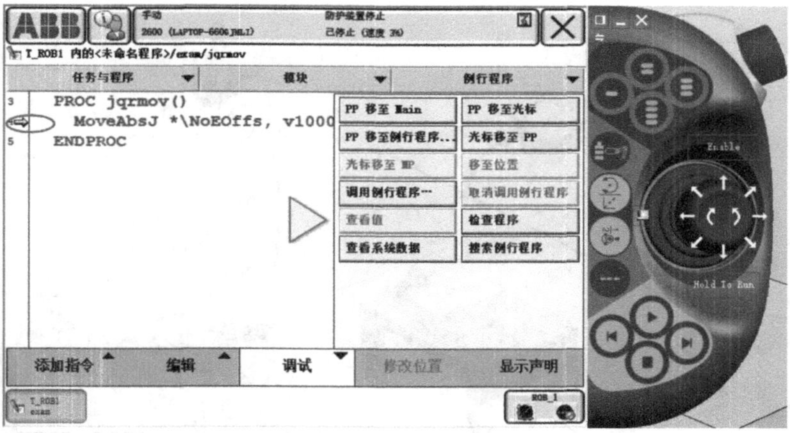

图 10.78　光标移至要执行的程序段

将右边的使能键 Enable 激活，使其变绿，如图 10.79 所示。然后单击按钮。

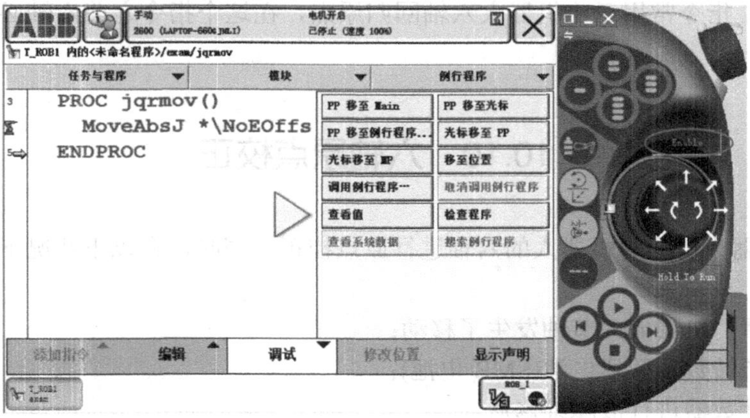

图 10.79　使能键 Enable 激活

执行指令之前机器人的姿态如图 10.80 所示。

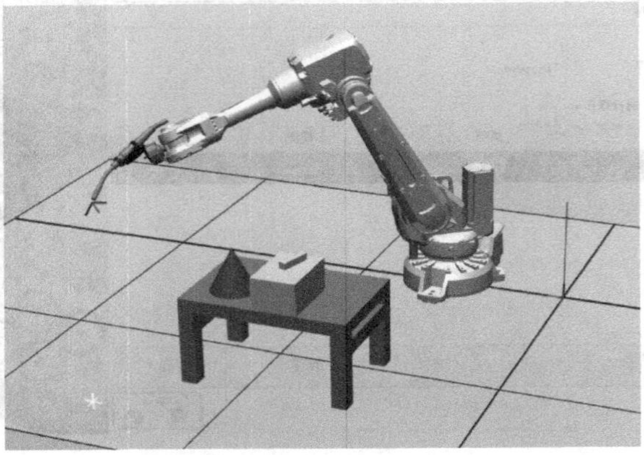

图 10.80　机器人执行指令前的姿态

执行指令之后机器人的姿态如图 10.81 所示，右边是正面视图。

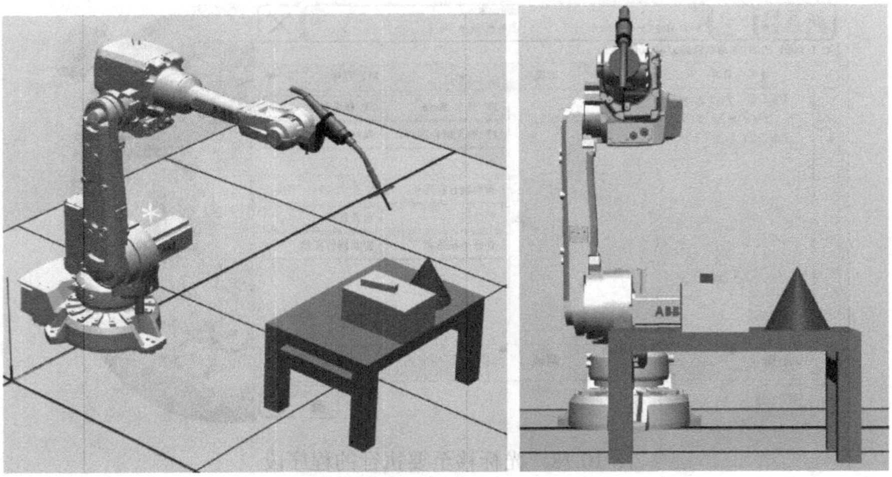

图 10.81　执行指令之后机器人的姿态

MoveAbsJ 指令常用于将机器人六轴回归原点，在这个指令之前六轴必须有原点校正的前提。

10.10　六轴原点校正

在使用机器人前要将机器人的六轴进行原点校正。同时，在以下情况下，也需要进行原点校正：

(1) 断电后，机器人关节轴发生了移动；

(2) 更换了转数计数器电池(SMB 电池)；

(3) 转数计数器进行故障维修后。

机器人校准数据通常存储在串行测量板电路(简称 SMB 板)上，如果更换该电池，会丢掉机器人的零点校准。所以需要在电池耗尽之前更换新电池，否则每次接通电源都需要进行更新转数计数器的操作。更换电池可由专业人员完成。

校正时，回归 456 轴，再回归 123 轴；也可只校正某一轴(针对实体机器人)。

在 RobotStudio 软件中，可快速使机器人六轴回原点。在“布局”浏览器中右键单击机器人，在弹出的快捷菜单中选择“回到机械原点”，将一次性使机器人所有轴回到原点，如图 10.82 所示。

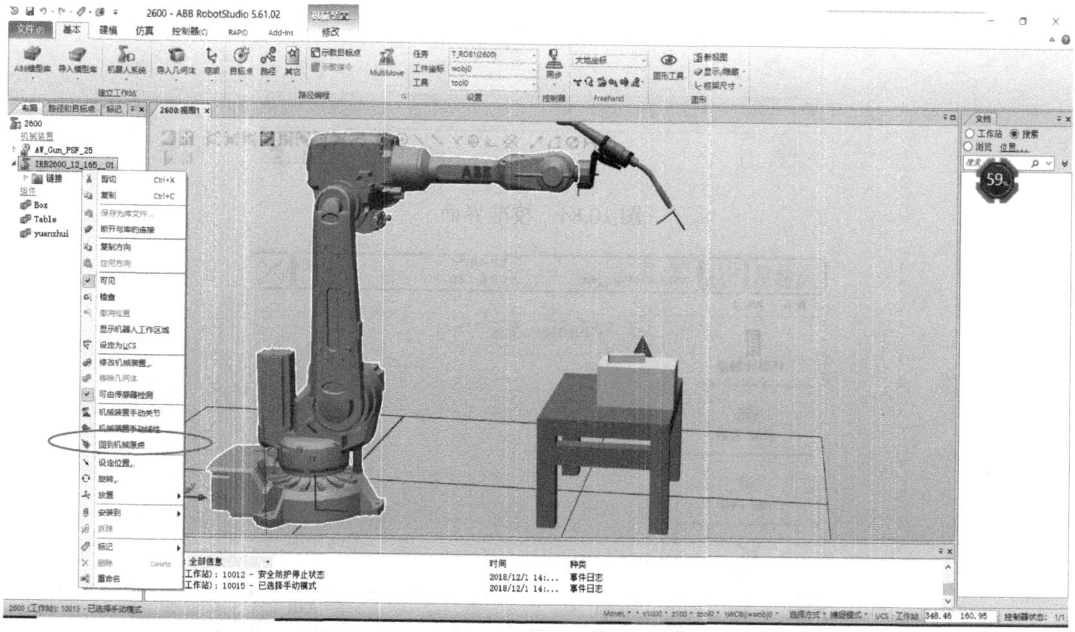

图 10.82 机器人快速六轴回机械原点

更新转数计数器可通过示教器中 ABB 界面的“校准”指令进行，如图 10.83 所示。

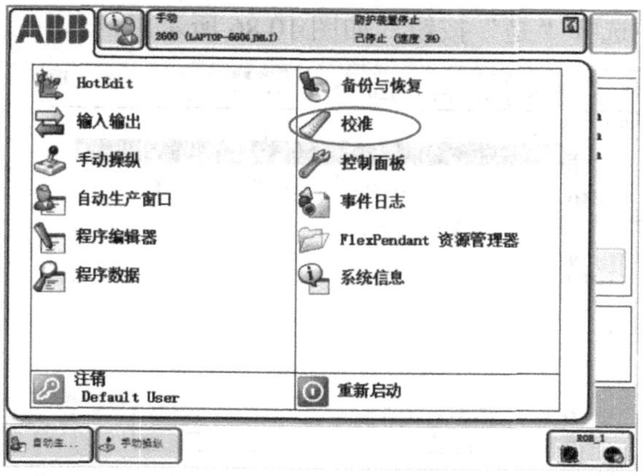

图 10.83 示教器界面

单击“校准”后弹出的窗口，如图 10.84 所示，选择“转数计数器”，勾选“更新转数计数器...”，如图 10.85 所示。

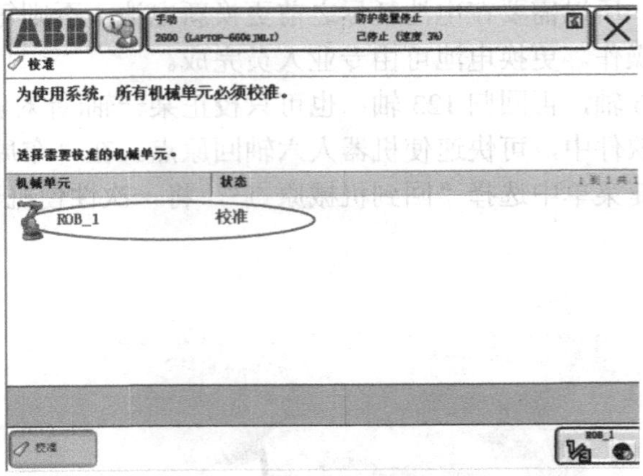

图 10.84　校准界面

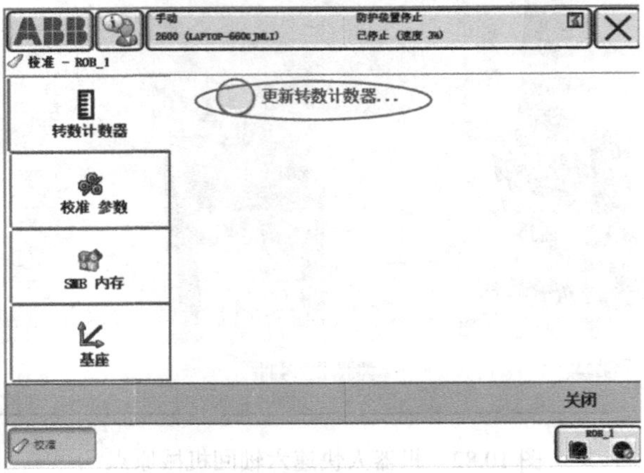

图 10.85　转数计数器界面

在弹出的对话框中选择“是”按钮，如图 10.86 所示。

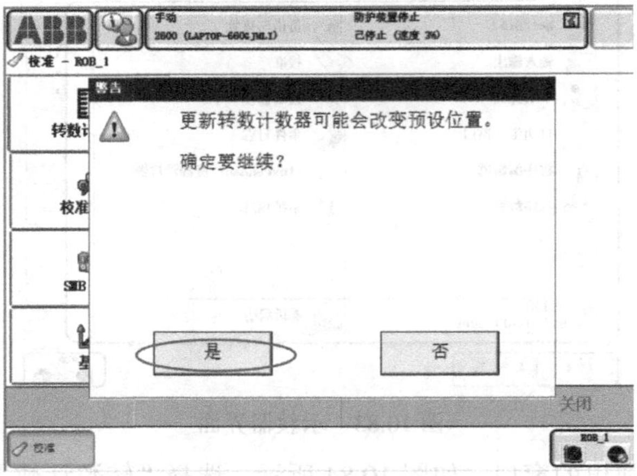

图 10.86　弹出选择对话框

选择“ROB_1”机械单元校准，单击“确定”按钮，如图 10.87 所示。

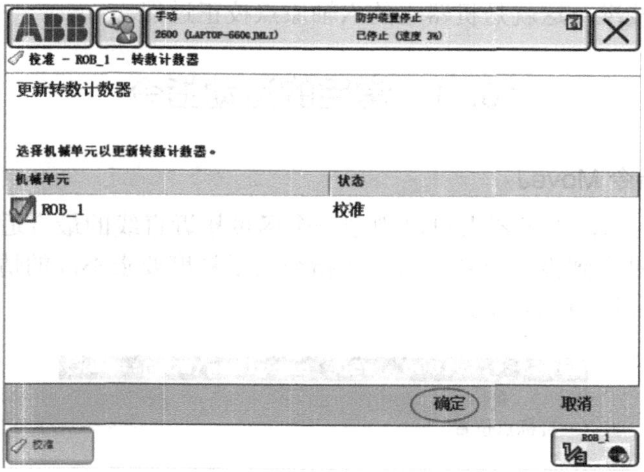

图 10.87　更新转数计数器界面

将“rob1_1”～“rob1_6”全部选中，单击“更新”，将 1～6 轴的转数计数器全部更新，如图 10.88 所示。

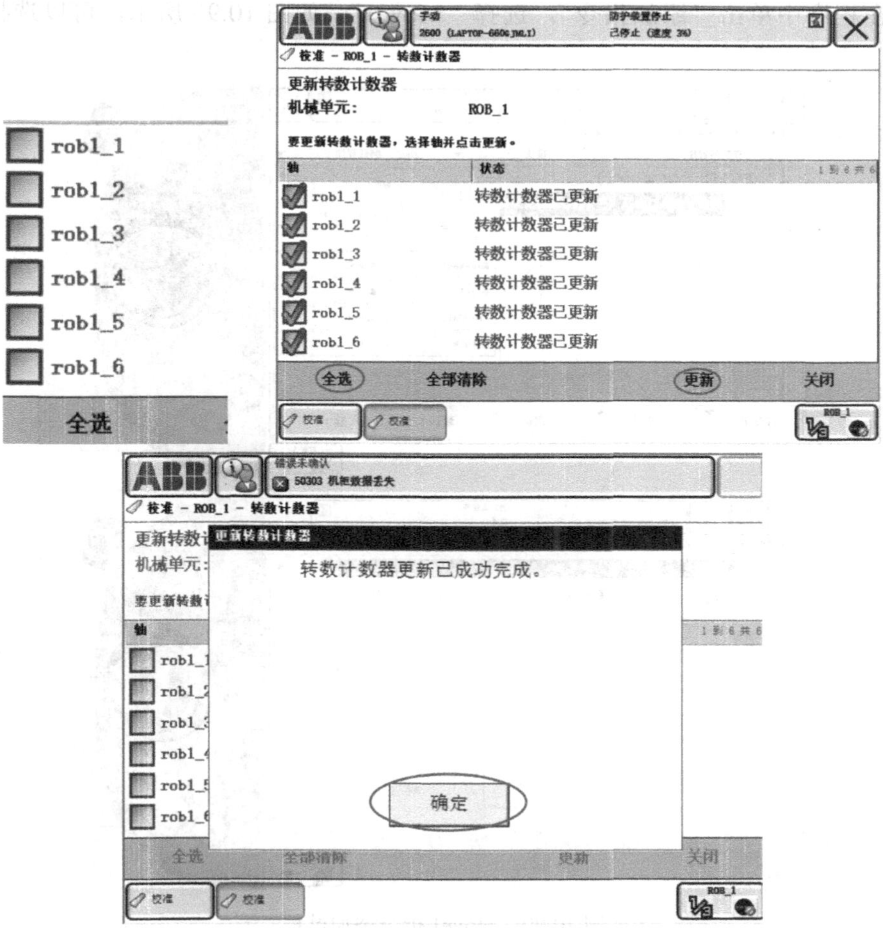

图 10.88　更新转数计数器过程

至此，六轴已校准，这就是机器人的六轴原点校正过程。

10.11 常用的运动指令

1. 关节运动指令 MoveJ

MoveJ：关节运动，由机器人自己规划一个尽量接近直线的最合适的路线，不一定是直线，这样就不容易走到极限位置。MoveJ 指令用于精度要求不高的情况，适合于大范围的运动。指令格式如图 10.89 所示。

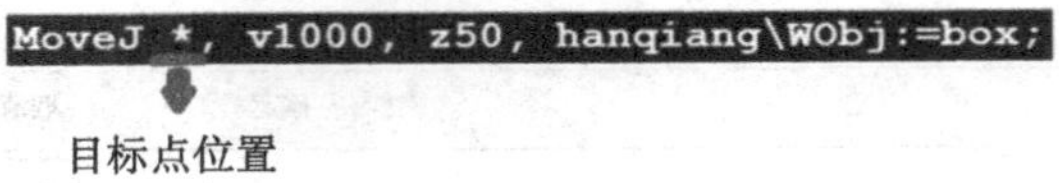

图 10.89 MoveJ 指令格式

用焊枪 TCP 做线性移动到目标的位置，然后单击“修改位置”，记录下目标点位置。具体步骤如下：

(1) 在程序中单击“添加指令”，选择“MoveJ”，如图 10.90 所示，可以选择项目的位置。

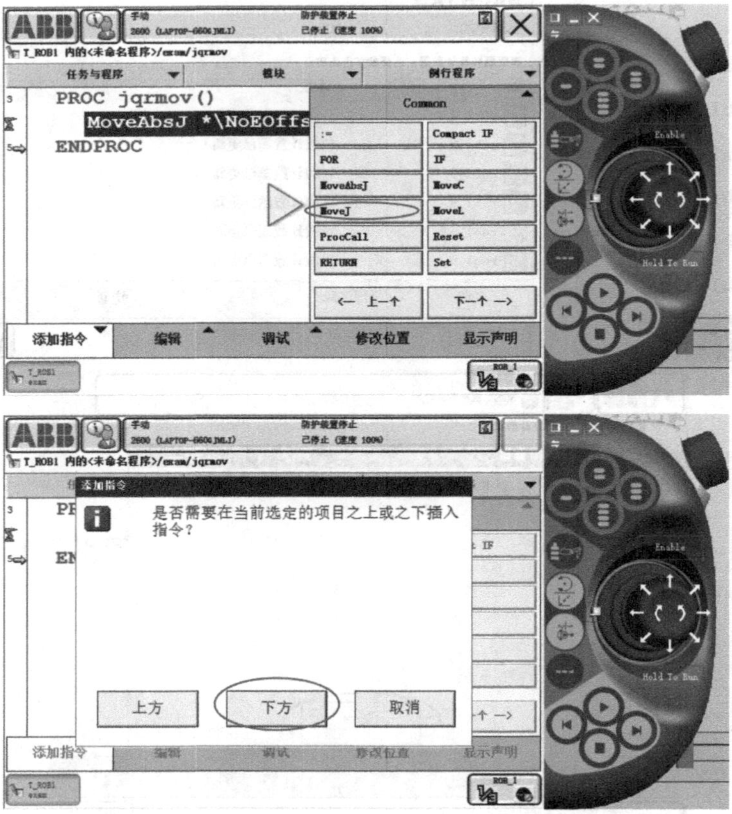

图 10.90 MoveJ 指令添加过程

(2) 将机器人工具焊枪枪头(或 TCP)用线性移动到工件的目标点，如图 10.91 所示。

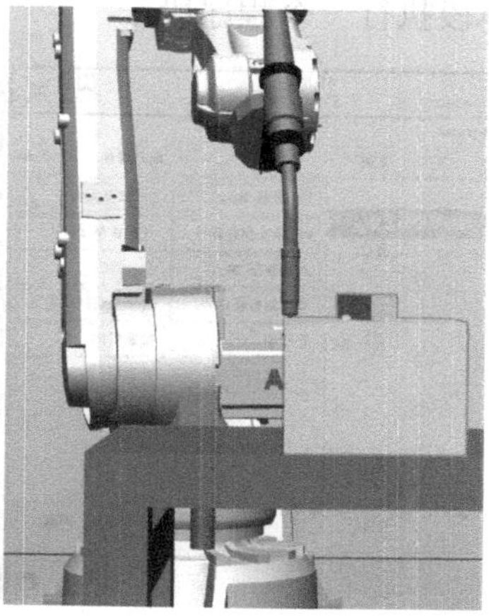

图 10.91 工具线性移动到工件目标点

(3) 在程序中选中“*”，单击“修改位置”，窗口如图 10.92 所示。

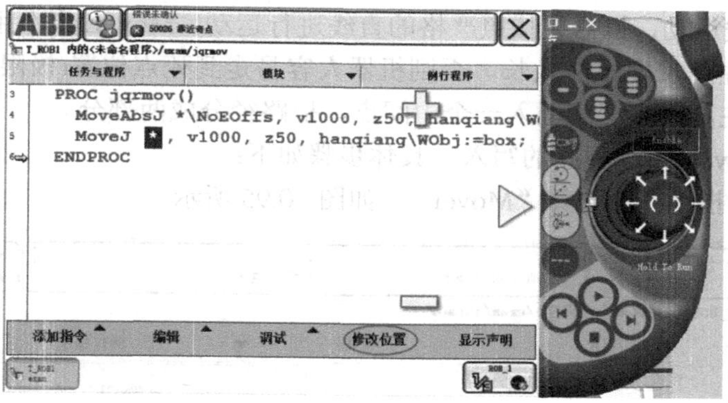

图 10.92 修改 MoveJ 目标点位置

(4) 将目标点位置修改为此时工具枪头的位置，如图 10.93 所示。

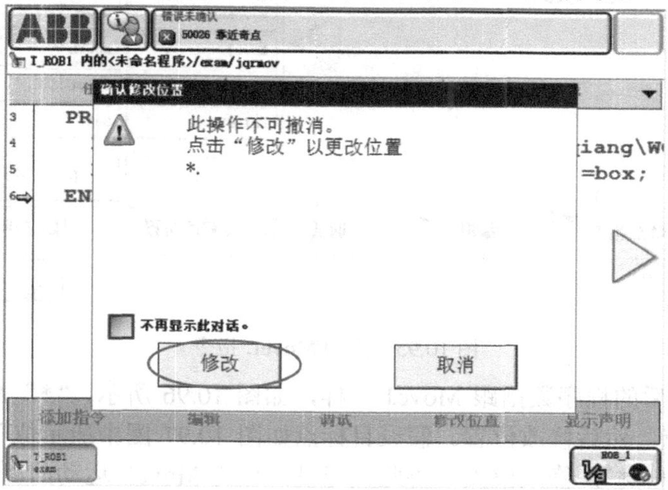

图 10.93 更改位置弹出窗口

(5) 选择程序中要执行的程序段，在“调试”中单击“PP 移至光标”，如图 10.94 所示，然后按下，这时机器人就单段执行一个程序段。

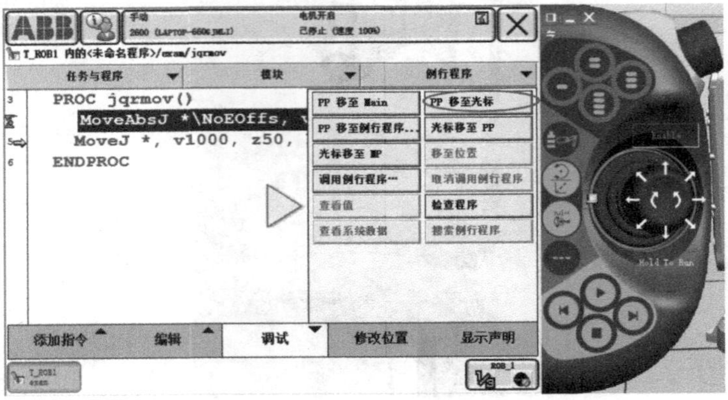

图 10.94　调试程序段

2．直线运动指令 MoveL

MoveL：直线运动，机器人按照严格的直线进行运动。MoveL 指令用于对轨迹精度要求较高的情况。注意长度不能太长，否则机器人容易走到死点位置(极限位置)。如果走到死点位置，可以在两个点之间插入一个中间点，把路径分成两部分。

接着进行 MoveL 指令程序的写入。具体步骤如下：

(1) 在“添加指令”中选择“MoveL”，如图 10.95 所示。

图 10.95　添加 MoveL 指令

(2) 添加指令后的程序数据跟 MoveJ 一样，如图 10.96 所示，“*”是目标点位置，将枪头移动到目标点，然后修改位置。假设目标点如图 10.97 圈中所示位置，将枪头移动到那一点，然后选中“*”，修改位置，将此点记录，作为 MoveL 运动的目标点。

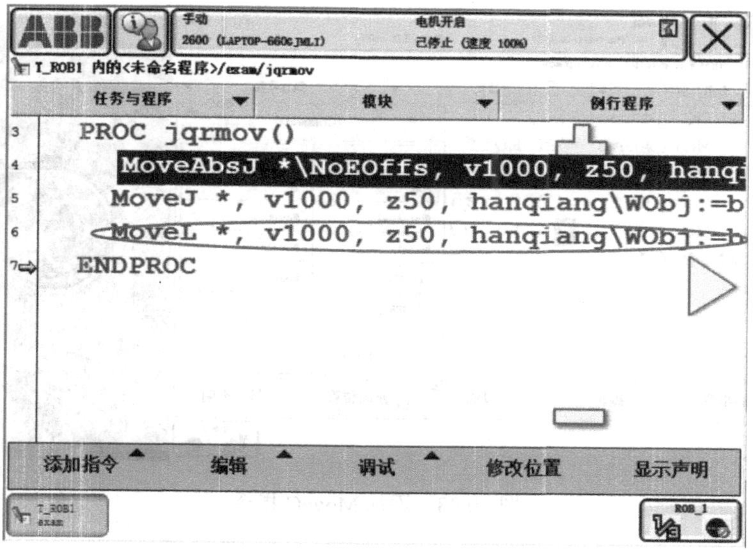

图 10.96　MoveL 指令格式

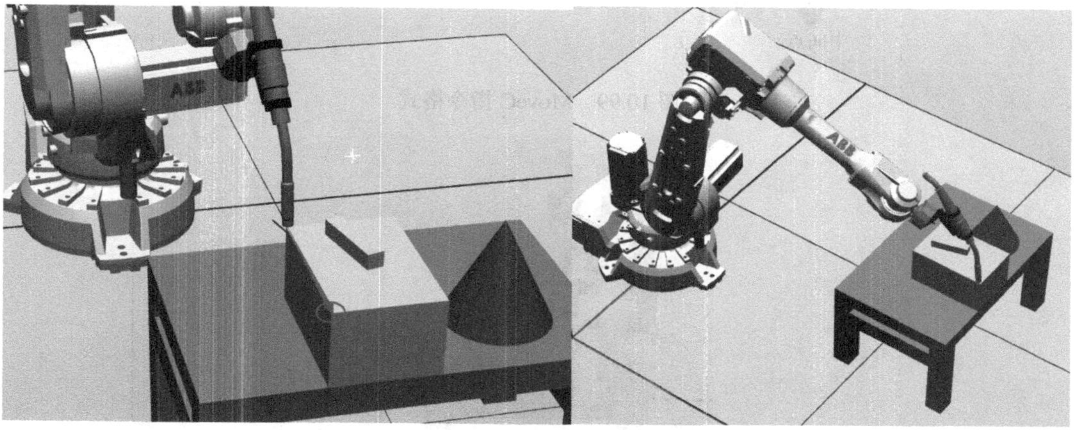

图 10.97　MoveL 指令中目标点位置

3．圆弧运动指令 MoveC

MoveC：圆弧运动，通过起点、中间点、终点来确定一个圆弧轨迹运动。具体步骤如下：

(1) 在程序的“添加指令”中选择“MoveC”，如图 10.98 所示。MoveC 中有两个目标位置点，如图 10.99 所示，一个是中间点，另一个是终点，而圆弧的起点则是上一个指令的目标位置点。

(2) 将焊枪的枪头放在中间点位置，如图 10.100 所示，单击“修改位置”，将其位置记录为中间点。然后将焊枪的枪头调整到终点位置，单击“修改位置”，将其位置记录为终点。用鼠标选中要执行的程序段，单击“调试”中的“PP 移至光标”，单击执行单段程序，机器人开始执行 MoveC 运动。

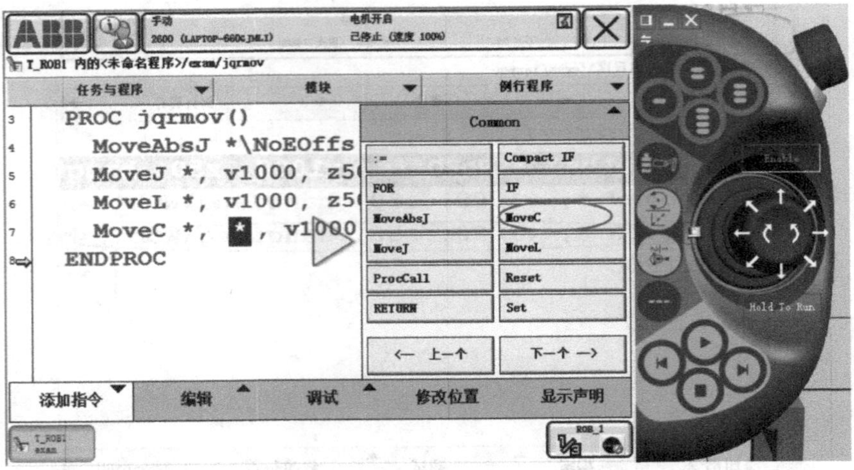

图 10.98　添加 MoveC 指令

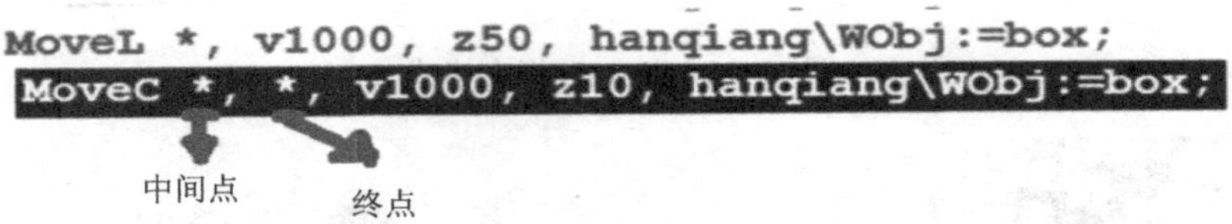

图 10.99　MoveC 指令格式

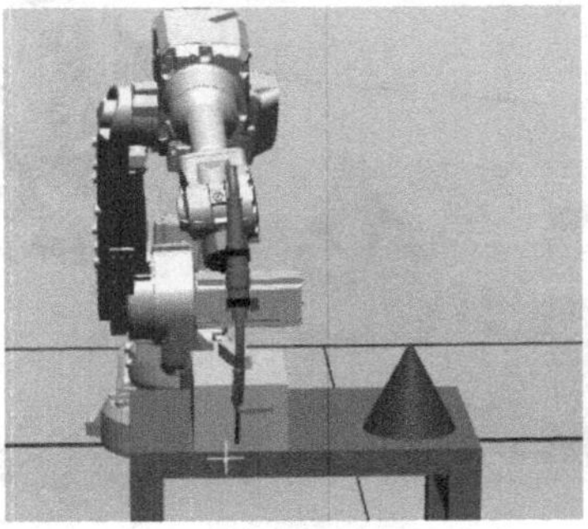

图 10.100　MoveC 指令中中间点位置

(3) 将此焊接程序补充完整，进行整个程序段的执行。单击 Enable 键激活使其变绿，单击连续执行按钮，机器人就能完整地执行焊接盒子的运动了。

RAPID 语言作为一款由 ABB 公司开发的功能非常强大的离线编程语言，允许用户根据个性需求自定义指令函数，程序库中预定义的指令(Instruments)和函数(Functions)多达数百个。由于篇幅有限，这里只简单列举了离线编程的一些常用指令。

参 考 文 献

[1] 宋云艳. 工业机器人离线编程与仿真[M]. 北京：机械工业出版社，2017.
[2] 朱洪雷，代慧. 工业机器人离线编程(ABB)[M]. 北京：高等教育出版社，2018.
[3] 邓守峰，李福运. 工业机器人离线编程仿真技术[M]. 北京：北京航空航天大学出版社，2019.
[4] 张明文. 工业机器人离线编程[M]. 武汉：华中科技大学出版社，2017.
[5] 孟庆波. 工业机器人离线编程(FANUC)[M]. 北京：高等教育出版社，2018.
[6] 韩鸿鸾，张云强. 工业机器人离线编程与仿真[M]. 北京：化学工业出版社，2018.
[7] 刘杰，王涛. 工业机器人离线编程与仿真项目教程[M]. 武汉：华中科技大学出版社，2019.
[8] 刘勇. 工业机器人离线编程实践教程[M]. 北京：北京航空航天大学出版社，2018.